新工科建设之路·计算机类系列教材
齐齐哈尔大学教材建设基金资助出版

计算机基础及数据应用
（第2版）

刘艳菊　刘相娟　王丽婧　主　编
罗阿理　陈淑鑫　姜廷慈　副主编
　　　　　　　　贾宗福　主　审

电子工业出版社
Publishing House of Electronics Industry
北京·BEIJING

内 容 简 介

本书是依据教育部关于大学计算机教学基本要求，在"互联网+"驱动下结合 MOOC 教学模式，采用数字化教材与纸质教材结合的方式，在参考同类优秀教材的基础上结合当前计算机技术发展的实际情况编写而成的。

本书反映了大数据背景下教学改革中的新成果和学科前沿知识，采用科学的、符合学生认知过程的教学方法进行教学设计。各章节内容设计注重培养读者的学习能力、创新能力及实践能力。本书共 9 章，包括：认识计算机、系统平台与计算机环境、数据表示与数据处理、Office 日常办公信息处理、多媒体技术与应用、网络信息技术、算法与程序设计、大数据基础、云计算基础及新技术相关内容。在各章都添加了二维码，便于读者进行拓展资源学习。全书以创新实践为目标，计算思维为导向，讲解计算机操作技能与实用技巧。

本书可以作为高等院校计算机公共基础课的教材，也可作为计算机爱好者或企事业单位办公自动化岗位的培训教材。

未经许可，不得以任何方式复制或抄袭本书之部分或全部内容。
版权所有，侵权必究。

图书在版编目（CIP）数据

计算机基础及数据应用 / 刘艳菊，刘相娟，王丽婧主编. —2 版. —北京：电子工业出版社，2020.8
ISBN 978-7-121-39541-3

Ⅰ．①计⋯　Ⅱ．①刘⋯　②刘⋯　③王⋯　Ⅲ．①电子计算机－高等学校－教材　Ⅳ．①TP3

中国版本图书馆 CIP 数据核字（2020）第 171406 号

责任编辑：戴晨辰
印　　刷：河北鑫兆源印刷有限公司
装　　订：河北鑫兆源印刷有限公司
出版发行：电子工业出版社
　　　　　北京市海淀区万寿路 173 信箱　邮编：100036
开　　本：787×1 092　1/16　印张：13.25　字数：383 千字
版　　次：2017 年 8 月第 1 版
　　　　　2020 年 8 月第 2 版
印　　次：2022 年 8 月第 3 次印刷
定　　价：42.00 元

凡所购买电子工业出版社图书有缺损问题，请向购买书店调换。若书店售缺，请与本社发行部联系，联系及邮购电话：（010）88254888，88258888。
质量投诉请发邮件至 zlts@phei.com.cn，盗版侵权举报请发邮件至 dbqq@phei.com.cn。
本书咨询联系方式：dcc@phei.com.cn。

第 2 版前言

随着大数据、云计算、物联网、5G 时代的到来，计算机基础教育面临着新的发展和挑战。基于计算思维和创新实践教育理念的发展，开展课堂教学改革是当前各大高校的重中之重。计算机基础课程的内容随着计算机技术的更新、信息技术的发展也在不断更新和充实。

本书从高校翻转课堂、MOOC 等教学改革思路入手，响应"教育部高等学校大学计算机课程教学指导委员会"的相关精神，重点进行计算机基础课程配套立体化教材的建设，反映大数据背景下教学改革中的新成果和学科前沿知识，致力于提高计算机基础课程教材的思想性、科学性、先进性和启发性。

本书在整体结构和内容上体现以下特点。

1. 数字化教材与纸质教材相结合

本书在"互联网+"及教学改革趋势下，采用数字化教材与纸质教材相结合的方式，结合教育教学改革的思想要求，精心选材，经过数月研讨，合作编写而成。借鉴国内外立体化教材建设的先进经验，采用科学的、符合学生认知过程的教学方法进行教学设计。各章内容设置注重培养学生的学习能力、创新能力及实践能力。本书包含二维码，读者可以使用移动设备扫描二维码，链接课程相关拓展学习资源（如文档、视频等）进行深度学习。

2. 多校联合编写，共享优质资源

计算机基础课程是一门实践性强、更新速度快的课程。针对课程的特点，全书各章节融合数据科学、计算思维等相关理念，由齐齐哈尔大学一线教师主编，并聘请有创新实践经验的科研人员参编和审阅，以适应不同层次学生的学习需求，进一步培养学生的综合能力和计算思维能力。

3. 基础理论知识、实际应用案例、科研创新成果兼具

本书依托于黑龙江省高等学校教改工程项目（JG2012010679），同时融合了一些教科研结合项目的创新研究，包括：国家自然基金项目（61403222），黑龙江省科技厅项目（黑龙江省自然基金项目）（F201439，F201334），黑龙江省教育厅高校科研基本业务专项（12541868）等。因此，本书内容不仅包括基础理论知识与实际应用案例，还包括科研创新成果相关内容。

各章主要内容如下。

第 1 章认识计算机。理论部分主要介绍计算机相关基础知识及应用、计算思维的概念等。实践部分主要介绍计算机的正确使用方法及计算机的输入和输出设备等。通过学习，以期培养学生的计算机应用技能和计算思维能力。

第 2 章系统平台与计算机环境。理论部分主要介绍计算机系统组成、如何配置高性价比计算机、Window 7 操作系统等。实践部分主要介绍 Windows 7 的相关操作。通过实践操作，以期培养学生自主实践能力，并使其养成终身学习的习惯。

第 3 章数据表示与数据处理。理论部分主要介绍数制的相关概念、进制转换、计算机信息编码等。实践部分主要介绍写字板、记事本、画图工具、媒体播放器的使用。通过学习，以期培养学生的逻辑思维能力。

第 4 章 Office 日常办公信息处理。理论部分主要介绍 Word 2010、Excel 2010、PowerPoint 2010 的基础知识及操作。实践部分主要介绍一些高级应用功能。通过学习，以期帮助学生提高信息处理的能力与解决实际问题的能力。

第 5 章多媒体技术与应用。理论部分主要介绍多媒体技术基础、图像处理、音频制作、视频动画处理。实践部分主要介绍一些使用多媒体软件处理生活中问题的案例。通过学习，以期培养学生的创新意识及审美能力。

第 6 章网络信息技术。理论部分主要介绍计算机网络的基础知识和信息安全相关内容等。实践部分主要介绍网络连接、浏览器的使用与电子邮件的收/发、信息检索、网络安全与防火墙的设置。通过学习，以期强化学生的互联网思维，提高学生的信息安全意识。

第 7 章算法与程序设计。理论部分主要介绍算法与算法设计、数据结构与算法、程序与程序设计、程序设计实现。实践部分主要介绍流程图的表示及程序实现。通过学习，以期培养学生的规则和流程意识，锻炼学生的逻辑思维能力和统筹管理能力。

第 8 章大数据基础。理论部分主要介绍大数据相关概念、大数据分析技术、大数据应用场景、大数据产业特点及大数据发展趋势等。实践部分主要介绍信息获取的方法等。

第 9 章云计算基础及新技术。理论部分主要介绍云计算、物联网、人工智能、区块链、5G 等技术的主要知识点。实践部分主要介绍网盘的使用等。

通过第 8 章和第 9 章的学习，以期为学生构建更加完备的知识体系，使学生了解新技术，感受科技的进步，促使学生保持对前沿技术的敏感性，进一步培养学生的学习热情。

本书由贾宗福任主审，刘艳菊、刘相娟、王丽婧任主编，罗阿理、陈淑鑫、姜廷慈任副主编。本书主编的工作单位为齐齐哈尔大学，并且本书由"齐齐哈尔大学教材建设基金资助出版"，中国科学院的骨干教师指导了本书部分内容的编写。本书第 1 章由罗阿理、陈淑鑫编写，第 2 章由刘相娟、王丽婧编写，第 3 章、第 8 章、第 9 章由刘相娟编写，第 4 章、第 7 章由王丽婧编写，第 5 章由刘艳菊、姜廷慈编写，第 6 章由刘艳菊编写。

本书包含的所有配套资源，如教学课件、素材等，读者可登录华信教育资源网（www.hxedu.com.cn）注册后免费下载。

计算机技术发展迅速，由于编者水平有限，书中难免有不足之处，恳请读者和同行批评指正。

编　者

目 录

第1章 认识计算机 ·········· 1
1.1 计算与计算机 ·········· 1
1.1.1 计算的概念 ·········· 1
1.1.2 计算科学 ·········· 1
1.1.3 计算机科学 ·········· 1
1.1.4 计算机的产生 ·········· 2
1.2 计算思维 ·········· 2
1.2.1 计算思维概念 ·········· 2
1.2.2 计算思维特征 ·········· 2
1.2.3 计算思维养成 ·········· 3
1.2.4 计算思维应用 ·········· 3
1.3 信息技术与计算机文化 ·········· 4
1.3.1 信息技术 ·········· 4
1.3.2 计算机的发展 ·········· 5
1.3.3 计算机的分类 ·········· 6
1.3.4 计算机的特点和应用 ·········· 9
1.4 自主实践 ·········· 10
1.4.1 正确使用计算机 ·········· 10
1.4.2 计算机的输入和输出设备 ·········· 11
1.5 拓展实训 ·········· 14
习题1 ·········· 16

第2章 系统平台与计算机环境 ·········· 18
2.1 系统平台 ·········· 18
2.1.1 计算机硬件系统 ·········· 18
2.1.2 计算机软件系统 ·········· 24
2.1.3 个人计算机硬件组成 ·········· 26
2.2 计算机基本工作原理 ·········· 31
2.2.1 冯·诺依曼设计思想 ·········· 31
2.2.2 计算机指令系统 ·········· 31
2.3 配置高性价比计算机 ·········· 32
2.3.1 计算机主要指标 ·········· 32
2.3.2 计算机性能评价 ·········· 32
2.4 计算机环境 ·········· 34

2.4.1 操作系统的基本概念 ·········· 34
2.4.2 操作系统的功能 ·········· 34
2.4.3 操作系统的分类 ·········· 35
2.4.4 典型操作系统 ·········· 37
2.5 Windows 7 操作系统 ·········· 37
2.5.1 Windows 7 操作系统特点 ·········· 37
2.5.2 文件和文件夹 ·········· 39
2.5.3 Windows 7 文件管理 ·········· 40
2.6 自主实践 ·········· 45
2.6.1 Windows 7 基本操作 ·········· 45
2.6.2 Windows 7 个性化设置与控制面板的使用 ·········· 46
2.7 拓展实训 ·········· 47
习题2 ·········· 48

第3章 数据表示与数据处理 ·········· 49
3.1 数制的相关概念 ·········· 49
3.1.1 数制的基本要素 ·········· 49
3.1.2 计算机内部采用二进制的原因 ·········· 49
3.1.3 计算机中的常用数制 ·········· 50
3.2 进制转换 ·········· 50
3.2.1 R进制数转换成十进制数 ·········· 50
3.2.2 十进制数转换成R进制数 ·········· 51
3.2.3 二进制数、八进制数和十六进制数的相互转换 ·········· 52
3.2.4 二进制数运算 ·········· 53
3.3 计算机信息编码 ·········· 55
3.3.1 计算机中的存储单位 ·········· 55
3.3.2 数值型数据编码 ·········· 55
3.3.3 非数值信息编码 ·········· 57
3.4 自主实践 ·········· 62
3.4.1 Windows 附带应用程序——写字板和记事本的使用 ·········· 62

3.4.2 Windows 附带应用程序——
画图工具和媒体播放器的
使用 ································ 62
3.5 拓展实训 ································ 63
习题 3 ·· 63

第 4 章 Office 日常办公信息处理 ········ 64
4.1 文字处理软件 Word 2010 ········ 64
 4.1.1 新建文档 ························ 64
 4.1.2 文档的输入 ···················· 64
 4.1.3 文档的编辑 ···················· 65
 4.1.4 文档的格式编辑 ············ 67
 4.1.5 段落格式化 ···················· 67
 4.1.6 设置项目符号与编号 ···· 68
 4.1.7 分栏设置 ························ 69
 4.1.8 页码、页眉和页脚设置 ···· 69
4.2 Word 2010 文档的表格编辑与
图文混排 ································ 70
 4.2.1 表格的编辑 ···················· 70
 4.2.2 表格的数据处理 ············ 71
 4.2.3 图文混排 ························ 72
4.3 电子表格软件 Excel 2010 ········ 74
 4.3.1 基本操作 ························ 74
 4.3.2 数据的输入 ···················· 74
 4.3.3 工作表的编辑操作 ········ 76
4.4 Excel 2010 数据操作与处理 ···· 78
 4.4.1 数据排序 ························ 78
 4.4.2 数据筛选 ························ 79
 4.4.3 公式与函数 ···················· 80
 4.4.4 图表 ································ 81
 4.4.5 数据分类汇总 ················ 82
4.5 演示文稿软件 PowerPoint 2010 ···· 82
 4.5.1 演示文稿的创建 ············ 82
 4.5.2 编辑和管理幻灯片 ········ 83
4.6 PowerPoint 2010 设置及放映 ···· 85
 4.6.1 幻灯片设置 ···················· 85
 4.6.2 幻灯片主题设置 ············ 87
 4.6.3 幻灯片动画设置 ············ 87
 4.6.4 放映演示文稿 ················ 90
4.7 自主实践 ································ 91
4.8 拓展实训 ································ 93
习题 4 ·· 93

第 5 章 多媒体技术与应用 ················ 95
5.1 多媒体技术基础 ···················· 95
 5.1.1 多媒体技术特性 ············ 95
 5.1.2 多媒体计算机系统 ········ 96
 5.1.3 多媒体计算机关键技术 ···· 97
 5.1.4 多媒体技术应用 ············ 98
5.2 图像处理 ································ 99
 5.2.1 图像的基础知识 ············ 99
 5.2.2 图像文件的格式 ············ 100
 5.2.3 数字图像素材获取方法 ···· 101
 5.2.4 图像处理软件 Photoshop ···· 102
5.3 音频制作 ································ 105
 5.3.1 常用的音频文件格式 ···· 105
 5.3.2 数字音频编辑制作软件
Cool Edit Pro ················ 106
5.4 视频动画处理 ························ 108
 5.4.1 视频动画概述 ················ 108
 5.4.2 视频动画种类 ················ 108
 5.4.3 三维动画制作软件
3ds MAX ························ 109
5.5 自主实践 ································ 109
 5.5.1 使用 Photoshop 处理图片 ···· 109
 5.5.2 使用 Cool Edit 编辑一首
歌曲 ································ 110
5.6 拓展实训 ································ 111
 5.6.1 设计一个三维场景 ········ 111
 5.6.2 制作动画——跳动的小球 ···· 111
习题 5 ·· 111

第 6 章 网络信息技术 ························ 113
6.1 计算机网络基础 ···················· 113
 6.1.1 计算机网络的概念 ········ 113
 6.1.2 计算机网络功能与分类 ···· 116
 6.1.3 计算机网络拓扑结构 ···· 117

6.2	计算机网络技术	118	第7章	算法与程序设计	153
	6.2.1 计算机网络体系结构	118	7.1	算法与算法设计	153
	6.2.2 计算机网络硬件	121		7.1.1 算法的基本概念	153
	6.2.3 计算机网络软件	125		7.1.2 算法度量	153
	6.2.4 数据通信技术	127		7.1.3 算法描述及分类	154
6.3	Internet 技术与应用	128		7.1.4 算法设计方法	154
	6.3.1 Internet 协议	128		7.1.5 经典算法类问题	156
	6.3.2 Internet 资源与应用	129	7.2	数据结构与算法	158
6.4	信息检索	131		7.2.1 数据结构的基本概念	158
	6.4.1 信息检索概述	131		7.2.2 数据元素及对象	160
	6.4.2 信息检索系统	131		7.2.3 数据的存储结构及逻辑结构	160
	6.4.3 计算机基本检索技术及方法	132	7.3	程序与程序设计	162
	6.4.4 网络搜索引擎的应用	133		7.3.1 程序设计基本概念	162
	6.4.5 常用数据库和特种文献的信息检索	134		7.3.2 程序设计方法	163
6.5	计算机病毒	135	7.4	程序设计实现	166
	6.5.1 计算机病毒的起源	136		7.4.1 排序	166
	6.5.2 计算机病毒的特征	136		7.4.2 查找	166
	6.5.3 计算机病毒的分类	137	7.5	自主实践	167
	6.5.4 计算机流行病毒简介	137	7.6	拓展实训	167
	6.5.5 计算机病毒的防治	139		习题7	168
	6.5.6 计算机杀毒软件	139	第8章	大数据基础	169
6.6	信息安全	140	8.1	大数据概述	169
	6.6.1 信息安全的概念	140		8.1.1 大数据基本概念	169
	6.6.2 信息安全技术	141		8.1.2 大数据的特征	169
	6.6.3 计算机使用道德规范	141		8.1.3 大数据的结构	170
6.7	自主实践	142		8.1.4 大数据的意义	171
	6.7.1 网络连接	142	8.2	大数据分析技术	171
	6.7.2 浏览器的使用与电子邮件的收/发	146		8.2.1 大数据的来源	171
	6.7.3 信息检索	146		8.2.2 大数据处理的基本流程	172
	6.7.4 网络安全与防火墙的设置	149		8.2.3 大数据分析的基本方面	173
6.8	拓展实训	151		8.2.4 大数据分析的技术基础	173
	6.8.1 组建一个局域网	151		8.2.5 大数据分析工具	174
	6.8.2 制作一个环境保护公益片	152	8.3	大数据应用场景	176
习题6		152	8.4	大数据产业特点	177
			8.5	大数据发展趋势	178
			8.6	自主实践	178

  8.7 拓展实训 ………………………… 179
  习题 8 ……………………………… 180
第 9 章　云计算基础及新技术 ………… 181
  9.1 云与云计算 ……………………… 181
    9.1.1 云的概念 ………………… 181
    9.1.2 云的特点 ………………… 181
    9.1.3 云计算的概念 …………… 181
    9.1.4 云计算的特点 …………… 182
  9.2 云计算服务类型及模式 ………… 183
    9.2.1 云计算服务类型 ………… 183
    9.2.2 云计算服务模式 ………… 184
  9.3 云计算的关键技术 ……………… 184
  9.4 云计算的应用 …………………… 185
  9.5 物联网 …………………………… 187
    9.5.1 物联网的起源 …………… 187
    9.5.2 物联网的概念 …………… 187
    9.5.3 物联网的特征 …………… 188
    9.5.4 物联网的功能 …………… 188
    9.5.5 物联网的关键技术 ……… 188
    9.5.6 物联网的应用领域 ……… 189
    9.5.7 物联网的安全性问题 …… 189
  9.6 人工智能 ………………………… 190
    9.6.1 人工智能的概念 ………… 190
    9.6.2 人工智能的发展历程 …… 190
    9.6.3 人工智能的应用领域 …… 191
    9.6.4 人工智能与大数据、
       云计算、物联网的关系 …… 191
  9.7 区块链 …………………………… 192
    9.7.1 区块链的概念 …………… 192
    9.7.2 区块链的类型 …………… 193
    9.7.3 区块链的特征 …………… 193
    9.7.4 区块链的核心技术 ……… 193
    9.7.5 区块链的应用 …………… 194
    9.7.6 区块链面临的挑战 ……… 195
  9.8 5G ………………………………… 196
    9.8.1 基本概念 ………………… 196
    9.8.2 网络特点 ………………… 196
    9.8.3 关键技术 ………………… 197
    9.8.4 5G 创新应用领域 ……… 198
  9.9 自主实践 ………………………… 199
  9.10 拓展实训 ……………………… 200
  习题 9 ……………………………… 201
参考文献 ………………………………… 203

第1章 认识计算机

21世纪是崭新的数字化信息时代,以大数据为代表的数据密集型科学已成为新一次技术变革的基石。随着信息技术的飞速发展和社会竞争的日趋激烈,特别是信息化进程的日益推进,使信息管理活动日渐活跃,各种各样的信息管理系统应运而生。计算机与信息技术的基础知识已成为人们必须掌握的基本技能,无论是信息的获取和存储,还是信息的加工、传输和发布,均通过计算机进行处理,并通过计算机网络有效地进行传送。

1.1 计算与计算机

1.1.1 计算的概念

计算(Compute)是数学领域的基础技能,也是认识整个自然科学的工具。人们学习知识最初都是从计算开始的,掌握计算更是基本的生存技能。计算在诸多基础教育及相关学科得以广泛应用,尤其在计算科学、高性能计算及相关先进技术方面都发挥着重要作用。

狭义的计算涉及数据、计算式、计算符或算子以及计算结果。计算中的关系是计算原理中必须阐明的理论基础。

广义的计算涉及数学计算、逻辑推理、文法产生式、集合论相关函数、组合数学置换、变量代换、图形图像变换、数理统计等,还涉及人工智能、解空间的遍历、问题求解、图论路径、网络安全、代数系统理论、上下文表示、感知与推理、智能空间、建筑设计等。

计算是对特定数据元的计算,因此数据元的性质对运算符的选择、计算的实现有决定性作用。计算表达式常有不同的形式,包括:代数式、方程、函数、行列式、微积分或者数理统计计算式等。

1.1.2 计算科学

计算科学(Computational Science)是围绕着数据和数据处理的科学。计算科学(或者科学计算)是关注构建数学模型和量化分析技术的研究领域,实际研究通常是计算机模拟和计算等形式在各个学科问题中的应用。自然科学研究通常可用各种类型的数学方程式表达,计算科学将寻找这些方程式的数值解。计算涉及庞大的运算量,是简单的计算工具难以胜任的。在计算机出现之前,科学研究和工程设计主要依靠实验或试验提供数据,计算仅处于辅助地位。随着计算机的迅速发展,使越来越多的复杂计算成为可能。利用计算机进行科学计算为社会带来了巨大的经济效益。

1.1.3 计算机科学

计算机科学(Computer Science)是研究计算机和可计算系统及相关信息处理的科学,分为理论计算机科学和实验计算机科学两个部分:理论计算机科学一般指信息、数学、自然科学文献中所说的计算机科学;实验计算机科学主要指计算科学领域新的应用及验证的研究。计算机科学主要围绕:①计算机程序能做什么和不能做什么(可计算性);②使程序更高效地执行特定任务(算法和复杂性理论);③程序构造存取不同类型的数据(数据结构和数据库);④程序实现更智能(人工智能);⑤便捷人类与程序沟通(人机互动和人机界面)等方面展开研究。

1.1.4 计算机的产生

计算机是实现算术和逻辑运算的机器，处理的对象是信息。20世纪30年代，英国数学家图灵和美国数学家波斯特几乎同时提出了理想计算机的概念。到了40年代数字电子计算机产生后，计算技术和有关计算机的理论研究开始得到发展。自50年代以来，计算机的性能在计算速度和编址空间方面提高了几个数量级。60年代出现了大程序，但大程序的可靠性很难保证，西方国家出现了"软件危机"（指有些程序过于庞大，包含几十万条至几百万条指令，成本过高而可靠性则较低）。70年代程序设计发展起来，机器可以模拟人用探索法解题的思维活动。21世纪，计算机成为用于高速计算的电子计算机器，实现数值计算、逻辑计算，还有存储记忆功能，程序运行时可自动、高速地处理海量数据。出现了超级计算机、工业控制计算机、网络计算机、个人计算机、嵌入式计算机，较先进的计算机还有生物计算机、光子计算机、量子计算机等。

计算机对人类的生产活动和社会活动产生了极其重要的影响，并以强大的生命力飞速发展，带动了全球范围的技术进步，引发了深刻的社会变革。目前，计算机已遍及学校、企事业单位，进入寻常百姓家，成为信息社会中必不可少的工具，然而其是否也推进了人类的思维方式呢？

1.2 计算思维

思维的本质是心里计算的过程，是由一系列知识所构成的完整解决问题的思路，思维具有普适性、联想性、启迪性及拓展性等。人类所学到的知识和技能具有时间局限性，然而思维可跨越时间。随着时间的推移，知识和技能可能被遗忘，但思维会逐渐融入未来的创新活动中，产生新理念。

1.2.1 计算思维概念

计算思维（Computational Thinking）是运用计算机科学的基础概念去求解问题、设计系统和理解人类行为的一系列思维活动的统称，2006年由美国卡内基·梅隆大学周以真教授首次提出。计算思维与理论思维、实验思维并称三大科学思维，与理论思维、实验思维一样，是一种抽象思维。计算思维涉及运用计算机科学的基础概念去求解问题、设计系统和理解人类的行为。当接触函数时，指定一个输入，就会有对应的输出关系。举一个现实中的场景：在餐厅吃饭，服务员点菜，随后服务员把做好的菜端上来。运用计算思维分析餐厅的厨房可以看成是一个函数，点菜单是传递给这个函数的参数；厨师在厨房里做菜的过程是这个函数的执行过程；做好的菜是返回结果，回显到餐桌上。尽管计算机学科研究涉及面广，但其共同特征还是基于不同层次的计算环境下专业系统问题的求解过程，需要潜移默化地培养学生用计算思维理念解决自身专业问题的能力。

1.2.2 计算思维特征

计算思维特征（Computational Thinking Characteristic）是人机结合的思维特征，其6大特征表现为抽象性、构造性、数字化、系统化、网络化和虚拟化。随着问题复杂度的提高和问题规模的增大，计算工具逐渐由单机变成了网络。使用系统化思维和网络化思维来解决问题，最终要在虚拟的计算机世界中实现。以大数据时代为背景产生的计算思维特征有如下6个方面：

① 计算思维具有概念化，并不具有程序化；
② 计算思维是人类自身所固有的，并不是计算机的思维方式；
③ 计算思维是思维的体现，并不是人所造出的产物；

④ 计算思维是数学和工程思维的互补与融合的产物；
⑤ 计算思维是根本的思维方式，并不是刻板的技能演变；
⑥ 计算思维面向所有人、所有地方，放之四海而皆准。

1.2.3 计算思维养成

计算机实现了计算执行的自动化，人们将解决问题的步骤和方法以算法的形式表示出来，并用计算机能够直接识别和运行的语言告诉计算机如何工作，计算机逐渐成为思维的执行者。解决问题的方式逐渐演变为以计算机能够识别的方式操作，问题的解决变成了算法的描述及程序的编写。利用计算机，结合数学、物理、经济、军事、社会、生活等各方面解决问题，形成以计算机为工具来解决问题的思维方式，与各个学科交叉融合，形成了新的、独特的解决问题的计算思维方式。

抽象性是计算思维的基础，在形成一切计算的发展过程中，抽象性应满足如下3个必要前提：
① 问题能形式化，即可用完备的方法建立问题的模型；
② 问题可计算，即可找到求解问题的算法并能用程序实现；
③ 问题有复杂度，即程序可在有限计算空间和时间内运行出结果。

构造性是运用计算机对抽象模型进行自动化求解。计算机算法是一个有穷规则的集合，其规则规定了一个解决某一特定类型问题的运算序列，构造出实现高效算法的步骤和方法，准确描述解题。

数字化是符号化在计算机中的特定表现，符号化是各种抽象的基本特征。计算思维是一种符号化的抽象思维。计算思维中符号抽象概念比理论思维和实验思维中的意义要丰富和复杂。

采用系统化的思维全面地审视面临的问题，就是把认识对象作为系统，从系统与要素、要素与要素、系统与环境的相互联系和相互作用中综合考察认识对象。计算思维的系统化来源于人类的系统化思维，人类运用系统化思维对复杂世界的事物和问题进行抽象、建模和构造算法。

人脑就是复杂的网络化结构。解题思维需要在计算机网络环境得以有效执行，计算工具影响人类思维，促使人类采取网络化的思维方式来描述，解决问题。

虚拟化是将人类解题的思维以计算机能够识别的方式一步一步显性地描述出来，并在一个虚拟的计算机世界中执行人类的思维。虚拟思维把人们头脑中看不见、摸不着，却又实实在在存在的思维过程在虚拟环境中展现，使实践和思维具有了实现感。

1.2.4 计算思维应用

理解计算思维的关键是把握计算思维的特征和计算思维的属性。为了培养学生的计算思维能力，首先要树立计算思维的世界观，在这种观念的指导下才能更好、更快地理解计算思维和提高计算思维的能力。计算工具影响我们的思维方式，思维方式体现计算工具的特点。在计算思维中，计算的本质是抽象的自动执行。需要我们先确定合适的抽象条件，再选择合适的某类计算机去自动解释执行该抽象。以计算机识别的方式建模并构造解决问题的高效算法，然后在计算机上运行并调试算法。将问题及其解法或算法采用符号化的形式抽象出来。进行优化，提高程序运行效率，降低复杂度，降低冗余，合理选择数据类型等，自动实现一些相关性能，在具体的运行环境中采用合适的计算机语言完成抽象的解释和自动运行。计算机硬件系统和软件系统在不同的抽象层次上提供了问题求解的计算环境。计算思维应用流程通常有5个基本步骤，如图1-1所示。

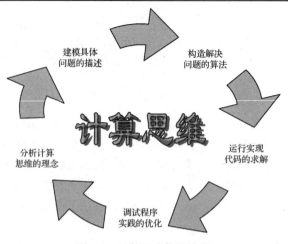

图 1-1　计算思维应用流程

1.3　信息技术与计算机文化

人类自进入文明社会以来，利用大脑存储信息，使用语言交流和传播信息，人类的信息活动从具体到抽象。文字的产生和使用可以记载、传递及交流信息，纸张和印刷术的发明成为信息记载和信息传递的载体，电报、电话、广播和电视的发明与普及大大减小了人们交流信息的时空界限。当代的信息数字化依托于互联网、物联网、电子计算机、现代通信及控制技术的发展和应用，计算机的诞生改变了人们的信息处理方式。计算机目前已成为各行各业必不可少的、最基本和最通用的工具之一。

1.3.1　信息技术

信息技术（Information Technology）是在信息科学的基本原理和方法的指导下扩展人类信息功能的技术，是实现信息化的核心手段。信息技术是以电子计算机和现代通信为主要手段实现信息的获取、加工、传递和利用等功能的技术总和。信息技术可分为以下 4 方面。

1. 传感技术

传感技术是信息的采集技术，对应于人的感觉器官，它的作用是扩展人获取信息的感觉器官功能，包括信息识别、信息提取、信息检测等技术。信息识别包括文字识别、语音识别和图形识别等。传感技术、测量技术与通信技术相结合而产生的遥感技术，能使人感知信息的能力得到进一步的加强。

2. 通信技术

通信技术是信息的传递技术，对应于人的神经系统的功能。它的主要功能是实现信息快速、可靠、安全传递。

3. 计算机技术

计算机技术是信息的处理和存储技术，对应于人的思维器官。计算机信息处理技术主要包括信息的编码、压缩、加密和再生技术等。计算机存储技术主要包括计算机存储器的读/写速度、存储容量及稳定性的内存储技术和外存储技术。

4. 控制技术

控制技术是信息的使用技术，是信息过程的最后环节，对应于人的效应器官。它包括调控技术、显示技术等。

信息技术的四种技术划分只是相对的、大致的，没有明确的界限，如传感系统里也有信息的处理和收集，而计算机系统里既有信息传递，也有信息收集的问题等。

1.3.2 计算机的发展

电子计算机的诞生是科学技术史上的里程碑，它是一种能够自动、高速、精确地进行各种信息处理的电子设备。电子数字计算机是一种不需要人的干预，能够自动连续地、快速地、准确地完成信息存储、数值计算、数据处理和过程控制等多种功能的电子机器。电子逻辑元器件是电子机器的物质基础，其基本功能是进行数字化信息处理，人们常称其为"计算机"，又因其工作方式与人的思维过程十分类似，亦被称为"电脑"。

现代计算机孕育于英国，诞生于美国。1936 年英国科学家图灵于伦敦权威的数学杂志发表了一篇著名的论文《理想计算机》，其中提出了著名的"图灵机"（Turing Machine）的设想。图灵机由 3 部分组成：一条带子、一个读写头和一个控制装置，阐述了"图灵机"不是一种具体的机器，而是一种理论模型，用来制造一种十分简单，但运算能力极强的计算装置,后续人们称图灵为"计算机理论之父"，如图 1-2 所示。

图 1-2 "计算机理论之父"图灵

世界上第一台电子数字计算机是 1946 年 2 月 14 日在美国宾夕法尼亚大学由 John Mauchly 和 J.P Eckert 为导弹设计服务小组制成的 ENIAC（Electronic Numerical Integrator and Computer），其是电子数字积分计算机。它使用了 18800 个电子管，150 多个继电器，耗电 150kW，占地面积 170m²，重量达 30t，每秒钟能完成 5000 次加法运算。运算精确度和准确率是史无前例的，以圆周率（π）的计算为例，中国古代科学家祖冲之利用算筹，耗费 15 年心血，才把圆周率计算到小数点后 7 位数，一千多年后，英国人威廉•山克斯以毕生精力计算圆周率，计算到小数点后 707 位，而使用 ENIAC 进行计算仅用了 40s 就达到了这个纪录，还发现威廉•山克斯计算结果中的第 528 位计算有误。虽然 ENIAC 体积大、速度慢、能耗大，但它却为发展电子计算机奠定了技术基础，开辟了计算机科学技术的新纪元。

在 ENIAC 计算机研制的同时，冯•诺依曼与莫尔合作研制了 EDVAC 计算机。它采用存储程序方案，此方案沿用至今，所以现在的计算机都被称为以存储程序原理为基础的冯•诺依曼型计算机。在推动计算机发展的诸多因素中，电子元器件的发展起着决定性的作用，同时计算机系统结构和计算机软件的发展也起着至关重要的作用。

1. 第一代计算机

第一代计算机称为电子管计算机，从 1946 年到 1958 年。其特征是采用电子管作为计算的逻辑元器件；计算机体积庞大，可靠性差，输入/输出设备有限，使用穿孔卡片；主存容量为数百字节到数千字节，主要以单机方式完成科学计算；数据表示主要是定点数；用机器语言或汇编语言编写程序，体积大、能耗高、速度慢、容量小、价格昂贵，应用也仅限于科学计算和军事方面。

2. 第二代计算机

第二代计算机称为晶体管计算机，从 1958 年到 1964 年。其特征是采用晶体管代替了电子管；用磁芯和磁盘作为主存储器；体积、重量和功耗方面都比电子管计算机小很多，运算速度进一步提高，主存容量进一步扩大；软件有了很大发展，出现了 FORTRAN、COBOL、ALGOL 等高级语言，以简化程序设计；计算机不但用于科学计算，而且用于数据处理，并开始用于工业控制。

有代表性的计算机是 IBM 公司生产的 IBM 7094 计算机和 CDC 公司的 CDC 1604 计算机。

3．第三代计算机

第三代计算机称为中、小规模集成电路计算机，从 1964 年到 1970 年。其特征是集成电路 IC（Integrated Circuit）代替了分立元器件；用半导体存储器逐渐取代了磁芯存储器；采用了微程序控制技术；在软件方面，操作系统日益成熟，其功能日益强化，多处理机、虚拟存储器系统，以及面向用户的应用软件的发展，大大丰富了计算机软件资源。

4．第四代计算机

第四代计算机称为大规模和超大规模集成电路计算机，从 1970 年至今。其特征是以大规模集成电路 LSI（Large-Scale Integration）或超大规模集成电路 VLSI 为计算机主要功能部件；主存储器也采用集成度很高的半导体存储器；软件方面发展了数据库系统、分布式操作系统等。此时出现了微型机，由于微型机体积小、功耗低、成本低，其性价比优于其他类型的计算机。

5．新一代计算机

神经计算机是模仿人的大脑判断能力和适应能力，并具有可并行处理多种数据功能的神经网络计算机。它本身可以判断对象的性质与状态，并采取相应的行动，同时并行处理实时变化的大量数据并引出结论。神经计算机类似于智能生物的大脑，可以完成类似于生物大脑的复杂计算，甚至可以完成类似于写作的复杂功能。

目前，计算机正向以下 5 个方面发展。

（1）巨型化。天文、军事和仿真等领域需要进行大量的计算，要求计算机有更高的运算速度和更大的存储容量，这就需要研制功能更强的巨型计算机。

（2）微型化。微型计算机已经广泛应用于仪器、仪表和家用电器中，并大量进入办公室和家庭。但人们需要体积更小、更轻便、易于携带的微型计算机，以便出门在外或在旅途中使用，便携式微型计算机和掌上微型计算机正在适应用户的需求，迅速普及。

（3）多媒体化。多媒体计算机是利用计算机技术、通信技术和大众传播技术综合处理多种媒体技术信息的计算机，这些信息包括数字、文本、声音、视频和图形图像等，使多种信息建立了有机的联系，集成为一个系统，并具有交互性。多媒体计算机将改善人机界面，使计算机朝着人类接收和处理信息的最自然的方式发展。

（4）网络化。网络可以使分散的各种资源得到共享，使计算机的实际效用提高了很多。人们足不出户就可获得所需的信息和服务，与他人快捷通信，网上贸易是计算机应用的重要组成部分。

（5）智能化。目前计算机已能够部分代替人脑劳动，但是人们希望计算机具有更多的类似人的功能。科学家们正在研制生物计算机、光子计算机和量子计算机等。

1.3.3　计算机的分类

1．按信息在计算机中的处理方式分类

1）数字计算机

数字计算机是当今电子计算机行业中的主流，其内部处理的是一种称为符号信号或数字信号的电信号。它采用二进制运算，主要特点是：离散在相邻的两个符号之间不可能有第三种符号存在；解题精度高，便于存储，是通用性很强的计算工具，既能胜任科学计算和数字处理，也能进行过程控制和 CAD/CAM 等工作。

2）模拟计算机

模拟计算机问世较早，用电信号模拟自然界的实际信号。模拟计算机处理问题的精度较差，所有的处理过程均需模拟电路来实现，电路结构复杂，抗外界干扰能力较差。

模拟计算机的机器变量是连续变化的电压变量。通用电子模拟计算机包括：线性运算部件（比

例器、加法器、积分器等）、非线性运算部件（函数产生器、乘法器等）、控制电路、电源、排线接线板、输出显示与记录装置。

模拟计算机特别适合用于求解常微分方程，也被称为模拟微分分析器。物理系统的动态过程多数是以微分方程的数学形式表示的，所以模拟计算机很适用于动态系统的仿真研究。模拟计算机在工作时把各种运算部件按照系统的数学模型连接起来，并行地进行运算，各运算部件的输出电压分别代表系统中相应的变量。因此，模拟计算机具有处理速度高，可以直观表示出系统内部关系的特点。

3）数字模拟混合计算机

数字模拟混合计算机是取数字、模拟计算机之长，既能高速运算，又便于存储信息。但这类计算机造价昂贵，目前所使用的大部分计算机属于数字计算机。

4）光计算机

激光计算机的核心部分处理机用激光产生的光波代替电波进行 0 和 1 的转换。处理机是计算机的心脏，接收各种信号或资料，根据程式指令加以处理，然后以新的形式输出，图 1-3 为激光计算机。光子计算机是一种由光信号进行数字运算、逻辑操作、信息存储和处理的新型计算机。不同于电子计算机对电子的控制，光子计算机的运行依靠激光器、光学反射镜、透镜、滤波器等光学元器件和设备对光子的控制完成光运算。美国的贝尔实验室已经研发出了世界上第一台光子计算机。

2．按功能分类

1）专用计算机

专用计算机用于解决某个特定方面的问题，配有为解决某问题使用的软件和硬件。专用计算机功能单一，可靠性高，结构简单，适应性差。但在特定用途下最有效，最经济，最快速，是其他类型计算机无法替代的。如军事系统专用计算机、银行系统专用计算机、生产过程的自动化控制、数控机床等。

2）通用计算机

通用计算机功能齐全，适应性强，用于解决各类问题。它既可以进行科学计算，也可以用于数据处理，通用性较强。目前所使用的大部分计算机属于通用计算机。

3．按规模分类

按照计算机规模，并参考其运算速度、输入/输出能力、存储能力等因素划分，通常将计算机分为巨型机、大型机、小型机、微型机等。

1）巨型机

巨型机运算速度快，存储量大，结构复杂，价格昂贵，主要用于尖端科学研究领域，如 IBM 390 系列、银河机等。2016 年，中国研发出世界上最快的超级计算机"神威·太湖之光"，如图 1-4 所示。该超级计算机安装了 40960 个自主研发的"申威 26010"众核处理器，该众核处理器采用 64 位自主申威指令系统，峰值性能为 12.5 亿亿次/秒，持续性能为 9.3 亿亿次/秒。

2）大型机

大型机的规模次于巨型机，有比较完善的指令系统和丰富的外部设备，主要用于计算机网络和大型计算中心，图 1-5 为 IBM 大型机。

3）小型机

小型机比大型机成本低，容易维护。国内小型机习惯上指 UNIX 服务器。1971 年，贝尔实验室发布多任务、多用户操作系统 UNIX，随后被一些商业公司采用，成为后来服务器的主流操作系统。小型机用途广泛，可用于科学计算、数据处理，也可用于生产过程自动控制、数据采集及分析处理等，图1-6为小型机。

图1-3 激光计算机

图1-4 神威·太湖之光

图1-5 IBM大型机

图1-6 小型机

4）微型机

微型机由微处理器、半导体存储器和输入/输出接口等组成，使得它比小型机的体积更小、价格更低、灵活性更好、可靠性更高、使用更加方便。

4．按工作模式分类

1）服务器

服务器（Server）是一种可供网络用户共享的高性能计算机。服务器一般具有大容量的存储设备和丰富的外部设备、高效的运算能力、长时间的可靠运行、强大的外部数据吞吐能力等，是网络的中枢和信息化的核心。由于要运行网络操作系统，所以需要其具有较高的运行速度、处理能力强、稳定性好、可靠性高、安全性好、易扩展和可管理等。服务器所面对的是整个网络的用户，需要7×24小时不间断工作，对稳定性要求极高。另一方面，为了实现高速运行，以满足众多用户的需求，服务器通过采用对称多处理器（SMP）安装，插入大量的高速内存来保证工作。其主板可以同时安装几个，甚至几十、上百个CPU（厂商专门为服务器开发生产的），图1-7为浪潮系列服务器。

2）工作站

工作站（Workstation）是以个人计算机和分布式网络计算为基础，主要面向专业应用领域，具备强大的数据运算与图形图像处理能力，为满足工程设计、动画制作、科学研究、软件开发、金融管理、信息服务、模拟仿真等专业领域需求而设计开发的高性能计算机。图1-8为一体化工作站。

无盘工作站是指无软盘、无硬盘、无光驱连入局域网的计算机。在网络系统中，把工作站端使用的操作系统和应用软件全部放在服务器上，系统管理员只要完成服务器上的管理和维护即可，软件的升级和安装也只需要配置一次，整个网络中的所有计算机就都可以使用新软件了。所以无盘工作站具有节省费用、系统的安全性高、易管理和易维护等优点。

图 1-7　浪潮系列服务器

图 1-8　一体化工作站

1.3.4　计算机的特点和应用

早期的计算机仅仅用于数值计算，随着计算机技术的发展，计算能力的提高，计算机广泛应用到各个领域。计算机主要具有处理速度快、运算精度高、存储能力强、逻辑判断好、可靠性高、通用性强和自动化等特点，以下简要介绍其中部分主要特点。

（1）处理速度快。处理速度是计算机的一个重要性能指标，计算机的处理速度可以用每秒钟执行加法的次数来衡量。其高速度处理能力把人们从浩繁的脑力劳动中解放出来，"瞬间"即可完成人类旷日持久的运算工作，这也是计算机被广泛使用的主要原因之一。

（2）运算精度高。计算机对数据运算的结果精度可达到十几位甚至几十位有效数字，根据需要可达到更高的精度。

（3）存储能力强。计算机超大的存储容量可存储海量信息，并且可存储当时没有做完的工作，放到计算机的"记忆"中，在任意时间再拿出来使用或继续完成。

（4）逻辑判断好。计算机不但能完成各类算术运算，而且还具有进行比较和判断等逻辑运算的功能，使计算机能够处理逻辑推理问题，是实现信息处理自动化的前提。

（5）可靠性高。由于采用集成电路技术，计算机具有非常高的可靠性，可连续无故障地运行。

自第一台电子数字计算机诞生以来，人们一直在探索计算机的应用模式，尝试利用计算机去解决各领域中的问题，计算机的应用主要有以下 8 方面。

（1）科学计算。即数值计算，科学和工程计算的特点是计算量大，逻辑关系相对复杂。例如，卫星轨道计算、导弹发射参数的计算、宇宙飞船运行轨迹和气动干扰的计算等。

（2）信息处理。即数据处理或事务处理，是指对各种信息进行收集、存储、加工、分析和统计，向使用者提供信息存储、检索等一系列活动的总和。例如，银行储蓄系统的存款、取款和计息，办公自动化中利用计算机进行信息处理，图书、书刊、文献和档案资料的管理和查询等。

（3）过程控制。即自动控制，利用计算机对动态的过程进行控制、指挥和协调，由计算机对采集到的数据按一定方法经过计算，然后输出到指定执行机构去控制生产的过程。例如，在化工厂可用来控制化工生产的某些环节或全过程等。

（4）计算机辅助系统。即设计人员使用计算机进行设计的一项专门技术，用来完成复杂的设计任务。它不仅应用于产品和工程辅助设计，还包括辅助制造、辅助测试、辅助教学以及其他许多方面的内容，这些都统称为计算机辅助系统（也称为 CAS 技术），举例如下：

① 计算机辅助设计（Computer Aided Design，CAD）；

② 计算机辅助制造（Computer Aided Manufacture，CAM）；

③ 计算机辅助教学（Computer Aided Institute，CAI）；

④ 计算机辅助测试（Computer Aided Test，CAT）；
⑤ 计算机基础教育（Computer Based Education，CBE）；
⑥ 计算机集成制造系统（Computer Intergrated Manufacturing System，CIMS）。

（5）人工智能（Artificial Intelligence，AI）。指计算机模拟人类大脑完成高级思维活动。

（6）电子商务（Electronic Commerce，EC）。广义上指使用各种电子工具从事商务或活动，狭义上指基于浏览器/服务器应用方式，利用 Internet 从事商务或活动。电子商务涵盖的范围很广，一般可分为企业对企业（Business-to-Business），或企业对消费者（Business-to-Consumer）两种。例如，消费者的网上购物、商户间网上交易和在线电子支付等。

（7）多媒体应用。多媒体计算机具有集成性和交互性的特点，集文字、声音、图像等信息于一体，并使人机双方通过计算机进行交互。多媒体技术的发展大大拓宽了计算机的应用领域，视频、音频信息的数字化使得计算机走向家庭，走向个人。

（8）网络通信。融合计算机技术和数字通信技术等产生了计算机网络。数字化时代，通过网络通信和计算机系统的使用，人们可进行网上预约、网上购物及订票订餐等，人们正在享受网络的乐趣，其也正在逐渐改变人们的工作和生活方式。

计算机在社会各领域中的广泛应用，有力地推动了社会的发展和科学技术水平的提高，同时也促进了计算机技术的不断更新，使其向微型化、网络化、智能化的方向不断发展。

1.4 自主实践

计算机相关实验很普遍，正确使用计算机可以延长计算机的寿命，同时促进操作者计算机使用技能与素养的提升。

1.4.1 正确使用计算机

一、预习内容
（1）学习计算机机房上机规则。
（2）了解启动和关闭计算机的常用方法。
二、实践目的
（1）掌握计算机机房上机规则。
（2）正确使用主机箱面板上的启动和重启按钮。
三、实践内容
（1）熟悉并牢记计算机机房上机规则。
（2）正确开机和关机。

正确地开关计算机能大大提高计算机的使用寿命。由于计算机在刚加电和断电的瞬间会有大电流，若先打开主机会发送干扰信号，可能会导致主机无法启动或出现异常。因此，在开机时应该先给外部设备加电，再给主机加电。

关机时则相反，应该先关闭主机，再关闭外部设备的电源。这样可以避免主机中的部件受到电流冲击。在使用计算机的过程中（尤其是 Windows 操作系统）不能任意使用 Power 开关键，一定要正常关机；如果死机，应先设法"软启动"，再"硬启动"，若无效再使用"硬关机"操作（按住电源开关数秒）。

（3）运行时注意事项。
良好的供电是正常使用计算机的基本条件，电压应保持稳定，没有瞬间停电的现象。若使用环境的电压不稳，可考虑为计算机加装交流稳压器或在线式 UPS 电源。计算机在使用中对温度和湿度的要求并不高，只要是常温、常湿即可。

在干燥的冬季，当手接触他人或金属物体时会感到刺痛，这就是静电放电的表现。这种静电对电子元器件的危害是非常隐蔽的，特别是在干燥的实验环境下，静电的危害更大。实验人员可通过佩戴一个防静电手环来消除静电的危害。

进入操作系统桌面时，应先等待各种程序运行，由于进入到桌面时还有很多后台程序在执行，此时处理器的负载最大，若再运行其他程序，就会增加处理器的负担，运行速度反而变慢，甚至出现无响应。

运行某个程序时只需要双击一次，不要视其没有反应就多次双击，结果等待的时间会更长。当运行程序没有反应时，可借助任务管理器（按组合快捷键 Ctrl+Alt+Del）结束某些不用的进程，来加快响应时间。

（4）除尘注意事项。

首先，断开计算机的电源（即拔下电源线），然后打开机箱盖，用棕毛刷或吸尘器扫掉或吹掉机器内部部件上的灰尘。操作过程中不要过于用力或碰坏部件。外设的清洁主要包括显示器、键盘和鼠标。显示屏幕的清洁要用半干的棉布，轻轻擦拭屏幕表面，将表面灰尘擦掉。

（5）实践步骤。

开机：先打开外设（显示器等主机以外的设备），后打开主机；开启主机时应该轻按机箱上的 Power 按钮。

关机：先关闭主机，后关闭外设；练习"关闭计算机"对话框的使用。主机电源自动切断后，再关闭其他外设电源。机房中的计算机为便于维护和管理，通常安装有还原卡等设备和相关管理系统，熟悉所操作计算机的启动与关闭。

四、更新与总结

通过实践会发现在关机时出现"计算机睡眠模式"选项，其结合了待机和休眠的功能。系统切换到睡眠状态后，会将内存中的数据全部转存到硬盘上的休眠文件中（即休眠），然后关闭除内存外所有设备的供电，让内存中的数据依然维持着（即待机）。当要恢复启动时，如果在睡眠过程中供电没有发生过异常，就可以直接从内存中的数据恢复，速度很快；但如果睡眠过程中供电异常，内存中的数据已经丢失，此时还可以从硬盘上恢复，只是速度较慢，此模式不会导致数据丢失。

1.4.2 计算机的输入和输出设备

一、预习内容

（1）了解显示器的调节步骤。

（2）了解计算机键盘、鼠标的基本操作。

二、实践目的

（1）熟悉显示器的常用操作。

（2）掌握计算机键盘、鼠标的基本操作。

（3）掌握输入/输出设备的应用操作。

三、实践内容

（1）熟悉显示器、键盘、鼠标、主机箱电源开关、重启按钮、音频输入/输出接口、USB 接口及网线设备间的连接方式。

（2）正确调节显示器。手动调节显示器菜单，进行 OSD（On-Screen Display）屏幕菜单调节：首先按 Menu 键，屏幕弹出显示器各项调节项目菜单，可通过该菜单对显示器各项工作指标（包括色彩、模式、几何形状、亮度、对比度、图形、大小及水波纹等设置）进行调整，从而达到最佳的使用状态。进入"颜色管理",一般会提供 9300K、6500K、5500K 三种常见的色温模式,可对三原色 RGB 进行独立的调节,Windows 系统内定的 sRGB 色温设定在 6500K;以印刷为目的的影像美工需要将色温设定在 5000K。由于人眼对于颜色的判定会受到当时背景光源的影响,所以除了显示器色温的调整,还需要将亮度、对比度进行适当调节。亮度一般设置在 60~80 之间,如果设置过亮(如 100)易造成眼睛疲劳;对比度一般可设置在 80~100 之间,设置数值过小,颜色对比会过于单一,易导致图像画面严重变色。

调节画面显示效果按钮用于处理显示器的显示区域不完整和出现变形等情况。进入"画面调整",通过调节"Picture(图形)"和"Geometry(几何)"选项即可解决。"Picture(图形)"区域一般包括调整显示器影像的水平、垂直位置,以及影像水平、垂直的显示区域大小。"Geometry(几何)"区域调整选项主要用来调整显示器在显示时所产生的几何失真情况。通过水波纹效果及显示模式设置可进行"消磁""恢复原厂模式"等功能的调整。

(3) 正确使用鼠标。目前主流的鼠标为三键鼠标,由左键、右键、滚轮组成。

鼠标握持的正确方法:食指和中指自然地放置在鼠标的左键和右键上,拇指横放在鼠标的左侧,无名指与小指自然放置在鼠标的右侧。

鼠标的基本操作包括:移动、单击(选择操作)、双击(执行操作)、右击(弹出快捷菜单)等。在计算机屏幕上看到的光标,即为鼠标的运动轨迹。

(4) 正确使用键盘(不同键盘按键的位置和名称可能略有区别)。键盘总体上按功能划分为 4 个区:功能键区、打字键区、编辑控制键区和小键盘区,如图 1-9 所示。功能键区包括 F1~F12 功能键;编辑控制键区具有编辑控制作用;小键盘区为了方便集中输入数据,集中提供了与打字键区、编辑控制键区某些键相同的功能(注意 NumLock 键的开启)。

图 1-9　键盘功能划分

基本键:打字键区是最常用的键区,可实现各种文字和控制信息的录入。打字键区的正中央有 8 个基本键,即左边的"A、S、D、F"键,右边的"J、K、L、;"键,其中的 F、J 两个键上都有一个凸起的小棱杠,方便盲打时手指通过触觉定位。

基本键指法:开始打字前,左手小指、无名指、中指和食指应分别轻轻地放在"A、S、D、F"键基准位置上,右手的食指、中指、无名指和小指应分别轻轻地放在"J、K、L、;"键基准位置上,两个大拇指则放在空格键上,如图 1-10 所示。基本键是打字时手指所处的基准位置,敲击其他任意键,手指都是从基准位置移动,敲击完成后立即退回到基本键位。

图 1-10　正确的指法基准位置

主键盘区的手指分工：左手食指键位为"4、5、R、T、F、G、V、B"键，中指键位为"3、E、D、C"键，无名指键位为"2、W、S、X"键，小指键位为"1、Q、A、Z"及其左边区域的所有键位；右手食指键位为"6、7、Y、U、H、J、N、M"键，中指键位为"8、I、K，"键，无名指键位为"9、O、L、。"键，小指键位为"0、P、；、/"及其右边区域的所有键位，如图1-11所示。

图1-11　主键盘区的手指分工

键盘各键位基本功能如表1-1所示。

表1-1　键盘各键位基本功能

键　符	键　名	功　能　说　明
Esc	退出键	一般用于退出正在运行的系统
F1~F12	功能键	各键的具体功能由使用的软件系统决定
A~Z（a~z）	字母键	字母键有大写和小写之分
0~9	数字键	有数字和符号功能
Tab	制表键	光标定位（制作图表）；光标跳格（默认8个字符间隔）
Caps Lock	大小写字母锁定键	开关键，默认状态为小写
Shift（↑）	换挡键	用来选择双字符键的上挡字符
Ctrl、Alt	控制键	与其他键组合，形成组合功能键
BackSpace（Back、←）	退格键	删除当前光标左边一个字符，光标左移一位
Enter	回车键	输入行结束、换行、执行DOS命令
Space	空格键	在光标当前位置输入空格
PrtScn SysRq（PrintScreen）	屏幕复制键	Windows系统：将当前屏幕复制到剪贴板（整屏）
Pause Break	暂停键	暂停正在执行的操作
Del（Delete）	删除键	删除当前光标右边一个字符
Ins（Insert）	插入键	插入字符与改写字符的切换
Home	功能键	光标移至屏首或当前行首（系统决定）
End	功能键	光标移至屏尾或当前行末（系统决定）
PgUp（PageUp）	功能键	当前页上翻一页
PgDn（PageDown）	功能键	当前页下翻一页

熟悉键盘组合快捷键：Ctrl+A 组合快捷键，将内容全部选中；Ctrl+C 组合快捷键，将复制选择的内容；Ctrl+V 组合快捷键，将粘贴复制的内容；Alt+PrtScn SysRq（PrintScreen）组合快捷键，将复制当前活动窗口图像到剪贴板。

（5）键盘输入姿势及注意事项：要求输入人员全身自然放松，腰背挺直，上身稍离键盘，上臂自然下垂，手指略向内弯曲，自然虚放在对应键位上。计算机用户在上机操作时应养成良好的上机习惯。正确的姿势不仅能提高输入速度，而且可以减轻长时间上机操作引起的疲劳。

打字时禁止看键盘，要熟悉盲打。各个手指已分工明确，一旦按错了键，或是用错了手指，可用右手小指按退格键，重新输入正确的字符。起初一定要避免因记不住键位而忍不住看着键盘打字的习惯。改正的方法是：可先短时间看键盘，然后移开眼睛，再按指法要求键入，逐渐做到凭手感而不是凭记忆去体会每个键的准确位置。

四、指法训练

下载安装金山打字软件进行指法练习。包括以下区域键的操作：

（1）原位键练习（A、S、D、F 和 J、K、L、；）；

（2）上排键练习（Q、W、E、R 和 U、I、O、P）；

（3）中间键练习（T、G、B 和 Y、H、N）；

（4）下排键练习（Z、X、C、V 和 M、，、．、/）；

（5）其他键练习（上挡键的输入）。

1.5 拓展实训

虚拟天文馆 Stellarium 是一个开源的桌面天象软件。其使用 OpenGL 实时渲染绘制天空图像，效果与观测者通过肉眼、双筒望远镜或小型望远镜看到的非常相似。

日食现象指的是月球运动到太阳和地球中间，当三者正好处在一条直线时，月球就会挡住太阳射向地球的光，月球身后的黑影正好落到地球上，使得白天出现黑暗现象。在观测安全方面，观测者禁止用肉眼直接观看太阳，以避免发生视网膜灼伤、视神经损伤。现使用 Stellarium 观察日食现象，根据曾出现日食时间（2009 年 7 月 22 日 8 时至 11 时），通过设置观测位置、时间完成日食观测。

首先，设置地理位置。通过腾讯地图开放平台找到齐齐哈尔大学的坐标（47.353570，123.930060）。

再通过经纬度转换工具转换坐标表示方式，如图 1-12 所示。使用 Stellarium，设置观测位置，如图 1-13 所示。

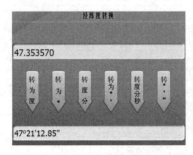
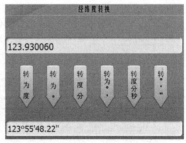

图 1-12 经纬度转换工具界面

第 1 章 认识计算机

图 1-13 增加观测位置列表界面

设置观测时间（ ![icon] ），如图 1-14 所示。在 8 时 46 分左右出现日食，放大图像如图 1-15 所示，观察日月距离。

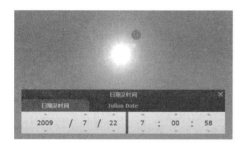

图 1-14 设置观测时间　　　　　　　　　图 1-15 8 时 46 分观测界面

可添加时间如图 1-16 和图 1-17 所示，观测日食效果。

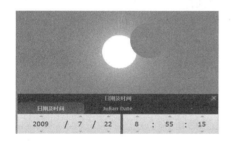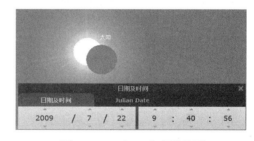

图 1-16 8 时 55 分观测界面　　　　　　　图 1-17 9 时 40 分观测界面

在不同坐标观测到的日食现象不同，可以选择最佳观测地点，重新设置观测地点为武汉，如图 1-18 所示，很容易比较两者的区别。

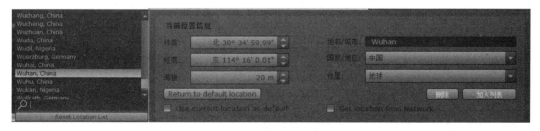

图 1-18 修改观测位置列表界面

选择较好的观测位置武汉，调整时间为 9 时 23 分，太阳、月球、地球接近在一条直线上，如图 1-19 所示。从 9 时 25 分左右开始，日全食现象持续 5~6 分钟，如图 1-20 所示。

图 1-19　较好观测位置界面

图 1-20　日全食界面

习题 1

1．第一台电子计算机是 1946 年在美国研制的，它的英文缩写名是（　　）。
　　A．ENIAC　　　B．EDVAC　　　C．EDSAC　　　D．MARK-Ⅱ
2．第四代计算机的逻辑元器件采用的是（　　）。
　　A．晶体管　　　　　　　　　　B．大规模、超大规模集成电路
　　C．中、小规模集成电路　　　　D．微处理器集成电路
3．以下物联网概念表述正确的是（　　）。
　　A．通过射频识别、红外感应器、全球定位系统、激光扫描器等信息传感设备装置获取物体上的各种信息，赋予物体智能
　　B．接口与互联网不相连而形成了物品与物品相连的巨大分布式协同网络
　　C．物联网所采集和捕获的各种数据组成了大数据，但物联网采集到的数据没有意义
　　D．物联网也是一种事物，其与互联网概念的关系并不密切
4．计算机的应用领域包括（　　）。
　　A．计算机辅助教学、专家系统、人工智能
　　B．工程计算、数据结构、文字处理
　　C．实时控制、科学计算、数据处理
　　D．数值处理、人工智能、操作系统
5．计算思维的特征是人机结合的思维特征，其 6 大特征表现为（　　）。
　　A．抽象性、构造性、数字化、系统化、网络化和虚拟化
　　B．抽象性、构造性、可视化、系统化、网络化和虚拟化
　　C．抽象性、构造性、数字化、可视化、网络化和虚拟化
　　D．抽象性、构造性、数字化、系统化、可视化和虚拟化
6．信息技术能在信息科学的基本原理和方法的指导下扩展人类信息功能，关于其实现信息化的核心手段表述错误的是（　　）。
　　A．信息技术是以电子计算机和现代通信为主要手段，实现信息的获取、加工、传递和利用等功能的技术总和
　　B．人的信息功能包括感觉器官承担的信息获取功能，神经网络承担的信息传递功能，思维器官承担的信息认知功能和信息再生功能，效应器官承担的信息执行功能
　　C．信息技术的 4 大基本技术是传感技术、通信技术、计算机技术和控制技术
　　D．信息技术的主要支柱技术是通信技术、计算机技术和传媒技术
7．以大数据时代为背景产生的计算思维特征有（　　）。
　　① 计算思维具有概念化，并不是程序化；

② 计算思维是人类自身所固有的,并不是计算机的思维方式;

③ 计算思维是思维的体现,并不是人造出的产物;

④ 计算思维是数学和工程思维互补与融合的产物;

⑤ 计算思维是根本的思维方式,并不是刻板的技能演变;

⑥ 计算思维是面向所有人,所有地方,放之四海而皆准的。

A. ①②③④⑤⑥   B. ①②③⑤⑥   C. ②③⑤⑥   D. ①②③④⑤

(习题答案)

第 2 章　系统平台与计算机环境

2.1　系统平台

（视频资料）

随着计算机功能的不断增强，应用范围不断扩展，计算机系统也越来越复杂，一个完整的计算机系统平台是由硬件系统和软件系统两大部分组成的，如图 2-1 所示。

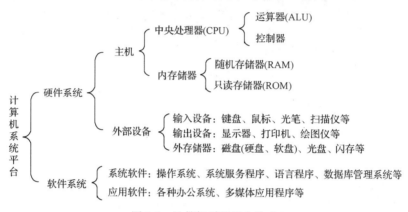

图 2-1　计算机系统平台构成

2.1.1　计算机硬件系统

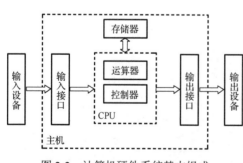

图 2-2　计算机硬件系统基本组成

计算机硬件系统是指构成计算机的所有实体部件的集合，通常这些部件由电路（电子元器件）、机械等物理部件组成，它们都是看得见、摸得着的，故称为硬件，是计算机系统的物质基础。

绝大多数计算机都是根据冯·诺依曼计算机体系结构的思想设计的，故具有共同的基本结构，即由运算器、控制器、存储器、输入设备和输出设备五大部件组成，其中核心部件是运算器，这种硬件结构也可称为冯·诺依曼结构，如图 2-2 所示。

1. 中央处理器（CPU）

CPU 是中央处理器（Central Processing Unit）的英文缩写，是一个体积不大而集成度非常高，功能强大的芯片，也称为微处理器（Micro Processor Unit，MPU），是微型机的核心。CPU 由运算器和控制器两部分组成，用以完成指令的解释与执行。

运算器由算术逻辑单元 ALU、累加器 AC、数据缓冲寄存器 DR 和标志寄存器 F 组成，是计算机的数据加工处理部件。控制器由指令计数器 IP、指令寄存器 IR、指令译码器 ID 及相应的操作控制部件组成，它产生各种控制信号，使计算机各部件能够协调工作，是计算机的指令执行部件。

CPU 的主要性能指标：时钟频率（或称主频）和字长。主频说明 CPU 的工作时钟，通常以兆赫兹（MHz）或千兆赫兹（GHz）为单位，是衡量计算机运算速度的重要指标，其中1GHz=1024MHz。字长说明CPU可以一次处理的二进制数据的位数，如16位机、32位机、64位机等。比较流行的CPU芯片有Intel公司的Core（酷睿）、Celeron（赛扬）、Pentium（奔腾）等系列及AMD公司的Opteron（皓龙）、Phenom（羿龙）、Athlon（速龙）、Sempron（闪龙）等系列。如图2-3所示为Intel公司的Core i7。

图2-3　Intel Core i7

2．存储器

存储器的主要功能是存放程序和数据，分为内存储器与外存储器两种。无论是程序还是数据，在存储器中都是用二进制数的形式表示的，统称为信息。数字计算机的最小信息单位称为位（bit），即1个二进制代码。能存储1位二进制代码的元器件称为存储单元。通常，CPU向存储器送入或从存储器取出信息时，不能存取单个的"位"，而是用B（字节）和W（字）等较大的信息单位来工作的。1字节由8位二进制数组成，而1个字则至少由1个以上的字节组成，通常把组成1个字的二进制位数称为字长。

存储器存储容量的基本单位是字节（Byte，简称B），常用的单位有千字节（KB）、兆字节（MB）、吉字节（GB）、太字节（TB）、拍字节（PB）。其中1KB=1024B、1MB=1024KB、1GB=1024MB、1TB=1024GB、1PB=1024TB。

1）内存储器

内存储器简称内存，主要用于存储计算机当前工作中正在运行的程序、数据等，相当于计算机内部的存储中心。内存按功能可分为随机存储器和只读存储器。

随机存储器（Random Access Memory，RAM），主要用来随时存储计算机中正在进行处理的数据，这些数据不仅允许被读取，还允许被修改，重新启动计算机后，RAM中的信息将全部丢失。通常所说的内存容量指的就是RAM的容量。

只读存储器（Read Only Memory，ROM），其存储的信息一般由计算机厂家确定，通常包括计算机启动时的引导程序、系统的基本输入/输出等重要信息，这些信息只能读取，不能修改，重新启动计算机后ROM中的信息不会丢失。

2）外存储器

外存储器简称外存，用于存储暂时不用的程序和数据。外存有软盘、硬盘、光盘、闪存等。它们的存储容量也是以字节为基本单位的。外存能与内存之间交换信息，而不能被计算机系统的其他部件直接访问。外存相对于内存的最大特点就是容量大，可移动，便于不同计算机之间进行信息传递。

① 软盘。

软盘记录的信息是通过软盘驱动器进行读写的。软盘只有经过格式化后才可以使用，格式化是为存储数据做准备，把软盘划分为若干个磁道，磁道又被划分为若干个扇区。如图2-4所示是3.5英寸软盘。

② 硬盘。

硬盘是由若干硬盘盘片组成的盘片组，一般被固定在机箱内。硬盘工作时，固定在同一个转轴上的数张盘片以每分钟7200转甚至更高的速度旋转，磁头在驱动马达的带动下在磁盘上做径向移动，寻找定位点完成写入或读取数据工作。硬盘要经过低级格式化、分区及高级格式化后才能使用，一般硬盘出厂前低级格式化已完成。硬盘结构如图2-5所示。

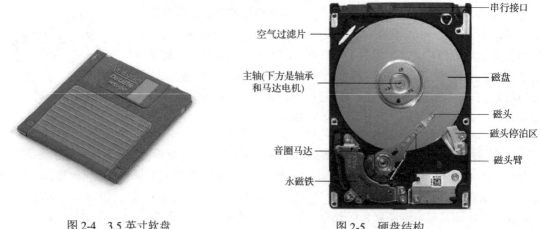

图 2-4　3.5 英寸软盘　　　　　　　　图 2-5　硬盘结构

③ 光盘。

光盘（Compact Disk，CD）通过光学方式读取其中的信息或将信息写入光盘，它利用了激光可聚集成能量高度集中的极细光束这一特点，来实现高密度信息的存储。光盘可分为：只读性光盘（CD-ROM）；一次性写入光盘（CD-R）；可抹性光盘（CD-RW），即可以写入信息，也可以擦除或修改信息；数字多用途光盘（Digital Versatile Disk，DVD），也属于光存储器，与 CD 的大小尺寸相同，但它们的结构完全不同。DVD 提高了信息储存密度，扩大了存储空间。CD 和 DVD 通过光盘驱动器读取或写入数据，如图 2-6 所示为光盘驱动器和笔记本电脑的光驱。

(a) 光盘驱动器　　　　　　　　　　　(b) 笔记本电脑的光驱

图 2-6　光盘驱动器和笔记本电脑的光驱

④ 闪存。

闪存（Flash Memory）是一种新型的移动存储器。由于闪存具有无须驱动器和额外电源、体积小、即插即用、寿命长等优点，因此受到越来越多用户的青睐。目前常用的闪存有 U 盘（USB Flash Disk）、CF 卡（Compact Flash）、SM 卡（Smart Media）、SD 卡（Secure Digital Memory Card）、XD 卡（Extreme Digital）、记忆棒（Memory Stick，又称 MS 卡）。

3. 输入设备

输入设备用于接收用户输入的数据和程序，并将它们转换成计算机能够接收的形式存放到内存中。常见的输入设备有键盘、鼠标、扫描仪、光笔等。

1) 键盘（Keyboard）

键盘是计算机系统中最基本的输入设备，通过一根电缆线与主机相连接。键盘的键数一般为 101 键或 104 键，101 键盘被称为标准键盘，如图 2-7 所示。

2）鼠标（Mouse）

鼠标是一种"指点"设备，多用于 Windows 操作系统环境下，可以取代键盘上的部分按键功能。按照工作原理可分为机械式鼠标、光电式鼠标、无线遥控式鼠标等；按照键的数目可分为两键鼠标、三键鼠标及滚轮鼠标等；按照鼠标接口类型可分为 PS/2 接口的鼠标、串行接口的鼠标、USB 接口的鼠标等，如图 2-8 所示。

图 2-7　键盘

图 2-8　鼠标

3）扫描仪（Scanner）

扫描仪是常用的图像输入设备，它可以把图片和文字材料快速地输入计算机，如图 2-9 所示为手持扫描仪。通过光源照射到被扫描材料上来获得材料的图像，被扫描材料将光线反射到扫描仪的光电元器件上，根据反射光线强弱的不同，光电元器件将光线转换成数字信号，并存入计算机的文件中，然后就可以用相关的软件进行显示和处理了。

4）光笔（Light Pen）

光笔兼有鼠标、键盘和书写笔的功能，一般由两部分组成：一部分是与主机相连的基板，另一部分是在基板上写字的笔。用户通过笔与基板的交互，完成写字、绘图和操控鼠标等操作，如图 2-10 所示为光笔。光笔具有三种用途：①利用光笔可以完成作图、改图，使图形旋转、移位、放大等多种复杂功能，这在工程设计中非常有用；②进行"菜单"选择，构成人机交互接口；③辅助编辑程序，实现编辑功能。在计算机辅助出版等系统中光笔是重要的输入设备。

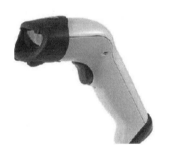
图 2-9　手持扫描仪

图 2-10　光笔

4．输出设备

输出设备是将计算机处理的结果从内存中输出，常见的输出设备有显示器、打印机、绘图仪等。

1）显示器（Monitor）

显示器用来显示输出结果，是标准的输出设备。如图 2-11 所示是阴极射线管（Cathode Ray Tube，CRT）显示器，如图 2-12 所示是液晶显示器（Liquid Crystal Display，LCD）。CRT 显示器工作时，电子枪发出电子束轰击屏幕上的某一点，使该点发光，每个点由红、绿、蓝三基色组成，通过对三基色强度的控制就能合成各种不同的颜色，电子束从左到右、从上到下，逐点轰击就可以在屏幕上形成图像。LCD 的工作原理是利用液晶材料的物理特性，当通电时液晶中分子排列有秩序，使光线容易通过，不通电时液晶中分子排列混乱，阻止光线通过，让液晶中分子如闸门般地阻隔或让光线穿透，就能在屏幕上显示出图像来。LCD 的显著特点是超薄、完全平面、没有电磁辐射、能耗低、符合环保要求。

图 2-11　阴极射线管显示器　　　　　　　图 2-12　液晶显示器

① 显示器的性能指标。

显示器的主要性能指标有颜色、像素、点间距、分辨率等。颜色是指显示器所显示的图形和文字有多少种颜色可供选择，而显示器所显示的图形和文字是由许许多多的"点"组成的，这些点称为像素。屏幕上相邻两个像素之间的距离称为点间距，也称点距。点距越小，图像越清晰，细节越清楚。单位面积上能显示的像素的数目称为分辨率。分辨率越高，所显示的画面就越精细。显示器一般都能支持 800×600、1024×768、1280×1024 等规格的分辨率。显示器在显示一帧图像时首先要将其存入显卡的内存（简称显存）中，显存的大小会限制显示分辨率的设置。

② 显示适配卡。

显示适配卡又称显卡，显示器只有连接了显卡才能正常工作。显卡一般被插在主板的扩展槽内，通过总线与 CPU 相连。当 CPU 有运算结果或图形要显示时，首先将信号送给显卡，由显卡的图形处理芯片把它们翻译成显示器能够识别的数据格式，并通过显卡后面的 VGA 接口和显示电缆传给显示器。

2）打印机（Printer）

打印机作为各种计算机的最主要输出设备之一，随着计算机技术的进步得到了较大的发展。

① 针式打印机（Stylus Printer）。

针式打印机的基本工作原理是在打印机联机状态下，通过接口接收计算机发送的打印控制命令、字符打印命令或图形打印命令，再通过打印机的 CPU 处理后，从字库中寻找与该字符或图形相对应的图像编码首列地址（正向打印时）或末列地址（反向打印时），如此一列一列地找出编码并送往打印头驱动电路，如图 2-13 所示为针式打印机。利用机械和电路驱动原理，使打印针撞击色带和打印介质，进而打印出点阵，再由点阵组成字符或图形来完成打印任务。

② 喷墨打印机（Ink-Jet Printer）。

喷墨打印机是在针式打印机之后发展起来的，采用非击打的工作方式。喷墨打印机按打印头的工作方式可以分为压电喷墨技术和热喷墨技术类打印机；按照喷墨的材料性质又可以分为水质料、固态油墨和液态油墨类打印机，如图 2-14 所示。

压电喷墨技术是将许多小的压电陶瓷放置到喷墨打印机的打印头喷嘴附近，利用其在电压作用下会发生形变的原理，适时地把电压加到上面，压电陶瓷随之产生伸缩，使喷嘴中的墨汁喷出，在输出介质表面形成图案。热喷墨技术是让墨水通过细喷嘴，在强电场的作用下将喷头管道中的一部分墨汁气化，形成一个气泡，并将喷嘴处的墨水顶出，喷到输出介质表面，形成图案或字符，所以这种喷墨打印机有时又被称为气泡打印机。

图 2-13　针式打印机　　　　　　　图 2-14　喷墨打印机

③ 激光打印机（Laster Printer）。

激光打印机是使用激光扫描技术和电子显像技术的非击打输出设备。激光打印机是由激光器、声光调制器、高频驱动、扫描器、同步器及光偏转器等组成的。其作用是把接口电路送来的二进制点阵信息调制在激光束上，之后扫描到感光体上。感光体与照相机组成电子照相转印系统，把射到感光鼓上的图文映像转印到打印纸上，其原理与复印机相同。

④ 三维打印机（3D Printer）。

三维打印机是快速成型（Rapid Prototyping，RP）的一种工艺，采用层层堆积的方式，分层制作出三维模型，其运行过程类似于传统打印机，只不过传统打印机是把墨水打印到纸质上，形成二维的平面图纸，而三维打印机是把液态光敏树脂材料、熔融的塑料丝、石膏粉等材料通过喷射黏结剂或挤出等方式实现层层堆积叠加，形成三维实体，如图 2-15 所示。

3）绘图仪（Graphic Plotter）

绘图仪在绘图软件的支持下可以绘制出复杂、精确的图形。常用的绘图仪有平板型和滚筒型两种。平板型绘图仪的绘图纸平铺在绘图板上，通过绘画笔架的运动来绘制图形，如图 2-16 所示。滚筒型绘图仪依靠绘图笔架的左右移动和滚筒带动绘图仪前后滚动绘制图形。绘图仪是计算机辅助设计不可缺少的工具。

图 2-15　三维打印机　　　　　　　图 2-16　平板型绘图仪

5. 总线与接口

微型计算机采用总线结构将各部分连接起来并与外界实现信息传送，其基本结构如图 2-17 所示。

1）总线（Bus）

总线是指计算机中传送信息的公共通路，包括数据总线、地址总线、控制总线。CPU 本身也由若干个部件组成，这些部件之间也通过总线连接。通常把 CPU 芯片内部的总线称为内部总线，而连接系统各部件间的总线称为外部总线或系统总线。

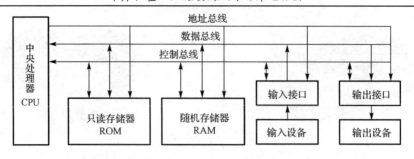

图 2-17 总线结构

① 数据总线（DB）。

数据总线用于传输数据信息，它是 CPU 同各部件交换信息的通道，数据总线是双向的。

② 地址总线（AB）。

地址总线用于传送地址信息，CPU 通过地址总线把需要访问的内存单元地址或外部设备的地址传送出去，地址总线通常是单方向的。地址总线的宽度与寻址的范围有关。例如，寻址 1MB 的地址空间，需要有 20 条地址总线。

③ 控制总线（CB）。

控制总线用来传输控制信号，以协调各部件的操作，包括 CPU 对内存和接口电路的读写信息、中断响应信号等。

2）标准总线分类

标准总线分为工业标准体系结构（Industry Standard Architecture，ISA）总线、扩展标准体系结构（Extension Industry Standard Architecture，EISA）总线和微通道体系结构（Micro Channel Architecture，MCA）总线。此外，为了解决 CPU 与高速外设之间传输速度慢的"瓶颈"问题，出现了两种局部总线，即视频电子标准协会（Video Electronic Standards Association，VESA）局部总线和外围部件互连（Peripheral Component Interconnect，PCI）局部总线。

3）接口

接口是指计算机中的两个部件或两个系统之间按一定要求传送数据的部件。不同的外部设备与主机相连都要配备不同的接口。计算机与外设之间的信息传输方式有串行和并行两种方式，串行方式是按二进制数的位传送的，传输速度较慢，但器材投入少；并行方式一次可以传输若干个二进制位的信息，传输速度比串行方式快，但器材投放较多。

① 串行端口。

计算机中采用串行通信协议的称为串行端口，也称为 RS-232 端口。一般计算机有两个串行端口——COM1 和 COM2，主要连接鼠标、键盘和调制解调器等。

② 并行端口。

计算机中一般配置并行端口，标记为 LPT1 或 PRN，主要连接打印机、外置光驱和扫描仪等。

③ PCI 接口。

PCI 接口是系统总线接口的国际标准。网卡、声卡等接口大部分是 PCI 接口。

④ USB 接口。

USB 接口是符合通用串行总线硬件标准的接口，它能够与多个外设相互串接，即插即用，树状结构最多可接 127 个外设，主要用于连接外部设备，如扫描仪、鼠标、键盘、光驱、调制解调器等。

2.1.2 计算机软件系统

计算机软件是程序、数据和相关文档的集合。计算机软件是计算机系统的重要组成部分，可以使计算机更好地发挥作用。如果把计算机硬件看成是计算机的"躯干",那么计算机软件就是计算机系统的"灵魂"。没有任何软件支持的计算机称为"裸机"。计算机软件是计算机系统中与硬件相互依存的另一部分,一般可以分为系统软件和应用软件。

1. 系统软件

系统软件是完成管理、监控和维护计算机资源的软件,是保证计算机系统正常工作的基本软件,用户不得随意修改。

1)操作系统

操作系统是系统资源的管理者,是用户与计算机的接口。操作系统为用户与计算机之间提供了一个良好的界面,用户可以通过操作系统最大限度地利用计算机的功能。操作系统是底层的系统软件,却是最重要的。常用的操作系统有 Windows 系列操作系统、UNIX 操作系统等。

2)计算机语言

计算机语言是为了编写能让计算机进行工作的指令或程序而设计的一种编程工具,其容易被用户掌握和使用,具体可分为如下几类。

① 机器语言。

机器语言的每一条指令都是由 0 和 1 组成的二进制代码序列。机器语言是底层的面向机器硬件的计算机语言,是计算机唯一能够直接识别并执行的语言。利用机器语言编写的程序执行速度快、效率高,但不直观、编写难、记忆难、易出错。

② 汇编语言。

将二进制形式的机器指令代码用符号(或称助记符)来表示的计算机语言称为汇编语言。用汇编语言编写的程序,计算机不能直接执行,必须由机器中配置的汇编程序将其翻译成机器语言目标程序后,计算机才能执行。将汇编语言源程序翻译成机器语言目标程序的过程称为汇编。汇编语言和机器语言一般被称为低级语言。

③ 高级语言。

机器语言和汇编语言都是面向机器的语言,而高级语言则是面向用户的语言。高级语言与具体的计算机硬件无关,其表达方式更接近于人们对求解过程或问题的描述方法,容易理解、掌握和记忆。用高级语言编写的程序其通用性和可移植性好,如 C 语言、Visual Basic、Java、C++等都是人们最为熟知和广泛使用的高级语言。

高级语言编写的程序计算机是不能直接识别和接收的,也需要翻译。这个过程有编译与解释两种方式:编译方式是将程序完整翻译后整体执行,如图 2-18(a)所示;而解释方式是翻译一句执行一句,如图 2-18(b)所示。解释方式的交互性好,但速度比编译方式慢,不适用于规模大的程序。

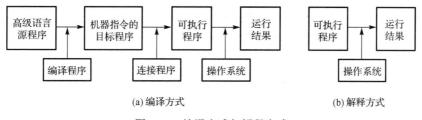

图 2-18 编译方式与解释方式

3)数据库管理系统

数据库是为了满足某部门中不同用户的需要,按照一定的数据模型在计算机中组织、存储、使用相互联系的数据的集合。常用的数据库管理系统有 Visual FoxPro、Access、SQL Server、Oracle、

MySQL、PostgreSQL、SQLite 等。

4）服务性程序

服务性程序是指协助用户进行软件开发和硬件维护的软件，如各种开发调试工具软件、编辑程序、工具软件、诊断测试软件等。

2．应用软件

应用软件是指计算机用户利用计算机的软、硬件资源为某一专门的应用目的而开发的软件。随着计算机应用领域的不断拓展，应用软件的作用越来越大。常用的应用软件有：

① 各类信息管理软件；

② 办公自动化系统软件；

③ 各类辅助设计软件及辅助教学软件；

④ 各类软件包，如数值计算程序库、图形软件包等。

2.1.3 个人计算机硬件组成

在实际应用中组装的个人计算机（即微型机）都是由显示器、键盘和主机箱构成的。以下为个人计算机中的主要硬件。

1．主板

主板又称主机板（Mainboard）、系统板（Systemboard）或母板（Motherboard），它安装在主机箱内，是计算机最基本的也是最重要的部件之一。主板一般为矩形电路板，上面安装组成计算机的主要电路系统，一般有BIOS（基本输入/输出系统）芯片、I/O 控制芯片、键盘和面板控制开关接口、指示灯插接件、扩充插槽、主板及插卡的直流电源供电接插件等元器件。主板采用开放式结构，其上设有6~15 个扩展插槽，供计算机外围设备的控制卡（适配器）插接，如图2-19 所示。通过更换这些插卡，可对计算机的相应子系统进行局部升级，使厂家和用户在配置机型方面有更大的灵活性。主板的类型和档次决定着整个计算机系统的类型和档次，主板是计算机的主体，更是计算机的核心部位，主板的性能影响着整个计算机系统的性能。

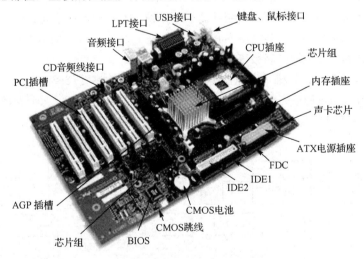

图 2-19 主板

在电路板下面是电路布线，上面是各个部件，包括插槽、芯片、电阻、电容等。主板会根据BIOS 来识别硬件，并进入操作系统，发挥出支撑系统平台工作的功能。主板的平面是一块PCB（印制电路板），一般采用四层板或六层板。为节省成本，低档主板多为四层板，包括主信号层、接地层、电源层、次信号层，而六层板增加了辅助电源层和中信号层，六层 PCB 的主板抗电磁干扰能力更强，主板也更加稳定。

1）主板的分类
- 按结构分类：可分为 AT 标准尺寸的主板，由 IBM PC/A 机首先使用而得名；Baby AT 袖珍尺寸的主板，比 AT 主板小，因此而得名，很多原装机的一体化主板首先采用此主板结构；ATX&127 是改进型的 AT 主板，对主板上元器件布局做了优化，有更好的散热性和集成度，需要配合专门的 ATX 机箱使用。一体化主板上集成了声音、显示等多种电路，一般不需要另外再插卡就能工作，具有高集成度和节省空间的优点，但也有维修不便和升级困难的缺点。在原装品牌机中采用 NLX Intel 的主板结构较多，其最大特点是主板、CPU 的升级灵活有效，不再需要每推出一种 CPU 就必须更新主板设计。此外还有一些上述主板的变形结构。
- 按功能分类：PnP 功能带有 PnP BIOS 的主板，配合 PnP 操作系统可帮助用户自动配置主机外设，做到"即插即用"。节能（绿色）功能一般在开机时有能源之星（Energy Star）标志，可在用户不使用主机时自动进入等待和休眠状态，在此期间将降低 CPU 及各部件的功耗；无跳线主板是一种新型的主板，是对 PnP 主板的进一步改进。
- 按主板的结构特点分类：可分为基于 CPU 的主板、基于适配电路的主板、一体化主板等类型。
- 按印制电路板的工艺分类：可分为双层结构板、四层结构板、六层结构板等，目前以四层结构板的产品为主。
- 按元器件安装及焊接工艺分类：可分为表面安装焊接工艺板和 DIP 传统工艺板。
- 按 CPU 插座分类：可分为 Socket 7 主板、Slot 1 主板等。
- 按存储器容量分类：可分为 16MB 主板、32MB 主板、64MB 主板等。
- 按是否即插即用分类：可分为 PnP 主板、非 PnP 主板等。
- 按系统总线的带宽分类：可分为 66MHz 主板、100MHz 主板等。
- 按数据端口分类：可分为 SCSI 主板、EDO 主板、AGP 主板等。
- 按扩展槽分类：可分为 EISA 主板、PCI 主板、USB 主板等。
- 按生产厂家分类：可分为华硕主板、技嘉主板等。

2）芯片
- BIOS 芯片：即基本输入/输出系统芯片，其是一个存储器，里面存有与该主板搭配的基本输入/输出系统程序，如图 2-20 所示。它能够让主板识别各种硬件，还可以设置引导系统的设备，调整CPU 外频等。BIOS 芯片是可以写入的，这将方便用户更新 BIOS 的版本，以获取更好的性能及对计算机最新硬件的支持，但这也将有可能让主板遭受诸如 CIH 病毒的袭击。
- RAID 控制芯片：相当于一块 RAID 卡的作用，可支持多个硬盘组成各种 RAID 模式。主板上集成的 RAID 控制芯片主要有两种，包括 HPT372 RAID 控制芯片和 Promise RAID 控制芯片。

图 2-20　BIOS 芯片

3）插槽
所谓的"插拔部分"是指这部分的配件可以用"插"来安装，用"拔"来反安装。内存插槽是指主板上用来插内存条的插槽。主板所支持的内存种类和容量都由内存插槽决定。内存插槽一般位于 CPU 插座下方。

- AGP 插槽：颜色多为深棕色，位于北桥芯片和 PCI 插槽之间。AGP 插槽有 1X、2X、4X 和 8X 之分。
- PCI Express 插槽：随着 3D 性能要求的不断提高，AGP 插槽已越来越不能满足视频处理带宽，因此转向使用 PCI Express 插槽。PCI Express 插槽有 1X、2X、4X、8X 和 16X 之分。
- PCI 插槽：PCI 插槽是主板上用于固定扩展卡并将其连接到系统总线上的插槽，多为乳白色，可以插上软 Modem、声卡、股票接收卡、网卡、检测卡、多功能卡等设备，这种插槽越多，其扩展性就越好。
- CNR 插槽：多为淡棕色，长度只有 PCI 插槽的一半，可以接 CNR 的软 Modem 或网卡。这种插槽的前身是 AMR 插槽。CNR 插槽和 AMR 插槽的不同之处在于 CNR 插槽增加了对网络的支持性，并且占用的是 ISA 插槽的位置；共同点是它们都是把软 Modem 或软声卡的一部分功能交由 CPU 来完成的。这种插槽的功能可在主板的 BIOS 中开启或禁止。

4）对外接口

- 硬盘接口：硬盘接口可分为 IDE 接口和 SATA 接口。在型号较老的主板上，多集成两个 IDE 接口，而在新型主板上，IDE 接口大多缩减，甚至没有，以 SATA 接口代之。
- 软驱接口：连接软驱所用，多位于 IDE 接口旁，比 IDE 接口略短一些，因为它是 34 针的，所以数据线也略窄一些。
- COM 接口（串口）：大多数主板都提供两个 COM 接口，分别为 COM1 和 COM2，作用是连接串行鼠标和外置 Modem 等设备。COM1 接口的 I/O 地址是 03F8h～03FFh，中断号是 IRQ4；COM2 接口的 I/O 地址是 02F8h～02FFh，中断号是 IRQ3，由此可见 COM2 接口的响应有优先权。
- PS/2 接口：PS/2 接口的功能比较单一，仅能用于连接键盘和鼠标。一般情况下，鼠标的接口为绿色，键盘的接口为紫色。PS/2 接口的传输速率比 COM 接口稍快一些，但支持该接口的鼠标和键盘越来越少，大部分外设厂商也不再推出基于该接口的外设产品，更多的是 USB 接口的外设产品。
- USB 接口：USB 接口是现在最为流行的接口，最大可以支持 127 个外设，并且可以独立供电，其应用非常广泛。
- LPT 接口（并口）：一般用来连接打印机或扫描仪。其默认的中断号是 IRQ7，采用 25 脚的 DB-25 接头。并口的工作模式主要有三种：①SPP 标准工作模式，SPP 数据是半双工单向传输，传输速率较慢，一般设为默认的工作模式；②EPP 增强型工作模式，EPP 采用双向半双工数据传输，其传输速率比 SPP 高很多；③ECP 扩充型工作模式，ECP 采用双向全双工数据传输，传输速率比 EPP 还要高一些，但支持的设备不多。现在使用 LPT 接口的打印机与扫描仪已经很少了，多为使用 USB 接口的打印机与扫描仪。
- MIDI 接口：声卡的 MIDI 接口和游戏杆接口是共用的。接口中的两个针脚用来传送 MIDI 信号，可连接各种 MIDI 设备，如电子键盘等。
- SATA 接口：SATA 的全称是 Serial Advanced Technology Attachment（串行高级技术附件，一种基于行业标准的串行硬件驱动器接口），是由 Intel、IBM、Dell、APT、Maxtor 和 Seagate 公司共同提出的硬盘接口规范。

5）主板产生故障的原因

- 人为故障：由于使用者在计算机操作方面的学习较少，且在操作时不注意操作规范及安全，这样对计算机的有些部件将会造成损伤，如带电插拔设备及板卡，安装设备及板卡时用力过度，造成设备接口、芯片和板卡等损伤或变形，从而引发故障。
- 环境故障：因外界环境引起的故障，一般是指在未知的情况下或不可预测、不可抗拒的情况下引起的，如雷击、供电不稳定，可能会直接损坏主板，这种情况下一般都没有办法预防。外界环境引起的另外一种情况就是因温度、湿度和灰尘等引起的故障。这种情况表现出来的症状有：经常死机、重启或有时能开机有时又不能开机等，从而造成机器的性能不稳定。
- 质量故障：因元器件质量问题而引起的故障，这种情况是指主板的某个元器件因本身质量问题而损坏。这种故障一般会导致主板的某部分功能无法正常使用，系统无法正常启动，自检过程中报错等现象。

2. 显卡

显卡是个人计算机的基本组成部分之一。显卡的用途是将计算机系统所需要显示的信息进行转换驱动，并向显示器提供行扫描信号，控制显示器的正确显示。其是连接显示器和计算机主板的重要元器件，是"人机对话"的重要设备之一。显卡作为计算机主机里的一个重要组成部分，承担输出显示图形的任务，民用显卡图形芯片供应商主要包括AMD（超威半导体）和NVIDIA（英伟达），显卡图形芯片如图 2-21 所示。

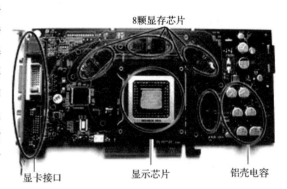

图 2-21 显卡图形芯片

集成显卡是将显示芯片、显存及其相关电路都集成在主板上，与其融为一体。集成显卡的显示芯片有单独设计的，但大部分都集成在主板的北桥芯片中。一些主板集成的显卡也在主板上单独安装了显存，但其容量较小，集成显卡的显示效果与处理性能相对较弱，不能对显卡进行硬件升级，但可以通过 CMOS 调节频率或刷入新 BIOS 文件实现软件升级，来挖掘显示芯片的潜能。

集成显卡的优点是功耗低、发热量小，部分集成显卡的性能已经可以媲美入门级的独立显卡，所以不用花费额外的资金购买独立显卡；集成显卡的缺点是性能相对略低，且固化在主板或 CPU 上，本身无法更换，如要更换，就需要换主板。

独立显卡是指将显示芯片、显存及其相关电路单独做在一块电路板上，自成一体，作为一块独立的板卡存在，它需占用主板的扩展插槽。

独立显卡的优点是单独安装有显存，一般不占用系统内存，在技术上也较集成显卡先进得多，相比集成显卡有更好的显示效果和性能，容易进行显卡的硬件升级；独立显卡的缺点是系统功耗有所加大，发热量也较大，需额外资金购买显卡，同时（特别是对笔记本电脑）占用更多空间。

3. 声卡

声卡（Sound Card）也叫音频卡，是多媒体技术中最基本的组成部分，是实现声波、数字信号相互转换的一种硬件，如图 2-22 所示。声卡的基本功能是把来自话筒、磁带、光盘的原始声音信号加以转换，输出到耳机、扬声器、扩音机、录音机等设备，或通过音乐设备数字接口（MIDI）使乐器发出美妙的声音。

世界上第一块声卡为 ADLIB 魔奇音效卡，于 1984 年诞生于英国的 ADLIB AUDIO 公司。当然，那时的技术还并不成熟，声卡在性能上存在着许多不足之处，且仅为单声道的，但它的诞生开创了音频技术的先河。声卡发展至今，主要分为板卡式、集成式和外置式三种接口类型，以适用不同用户的需求。

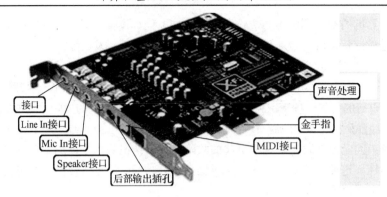

图 2-22　声卡芯片

声卡线输入接口标记为"Line In"，其将品质较好的声音、音乐信号输入，通过计算机的控制将该信号录制成一个文件。通常，该端口用于外接辅助音源，如影碟机、收音机、录像机及 VCD 回放卡的音频输出。声卡线输出接口标记为"Line Out"，用于外接音箱功放或带功放的音箱。

话筒输入接口标记为"Mic In"，它用于连接麦克风（话筒）。扬声器输出接口标记为"Speaker"或"SPK"，用于插外接音箱的音频线插头。游戏杆接口标记为"MIDI"。几乎所有的声卡上均带有一个游戏杆接口来配合模拟飞行、模拟驾驶等游戏软件，这个接口与 MIDI 乐器接口共用一个 15 针的 D 型连接器（高档声卡的 MIDI 接口可能还有其他形式）。

4．网卡

图 2-23　网卡

计算机与外界局域网的连接是通过在主机箱内插入一块网络接口板实现的（或者是在笔记本电脑中插入一块 PCMCIA 卡）。网络接口板又称为通信适配器、网络适配器（Network Adapter）或网络接口卡（Network Interface Card），一般简称为"网卡"，如图 2-23 所示。

网卡是计算机局域网中最重要的连接设备，计算机主要通过网卡连接网络。在网络中，网卡的工作是双重的。一方面它负责接收网络上传过来的数据包，解包后将数据通过主板上的总线传输给本地计算机；另一方面它将本地计算机上的数据打包后送入网络。网卡上面装有处理器和存储器（包括 RAM 和 ROM）。网卡和局域网之间的通信是通过电缆或双绞线，以串行传输方式进行的，而网卡和计算机之间的通信则是通过计算机主板上的 I/O 总线，以并行传输方式进行的。因此网卡的一个重要功能就是要进行串行/并行转换。由于网络上的数据率和计算机总线上的数据率并不相同，因此在网卡中必须装有对数据进行缓存的存储芯片。

在安装网卡时，必须将管理网卡的设备驱动程序安装在计算机的操作系统中。当从存储器的相应位置上将局域网传送过来的数据块存储下来时，网卡还要能够实现以太网协议。网卡并不是独立的自治单元，因为网卡本身不带电源，其必须使用所插入的计算机的电源，并受该计算机的控制，因此网卡可看成一个半自治的单元。当网卡收到一个有差错的帧时，它就将这个帧丢弃，而不必通知它所插入的计算机；当网卡收到一个正确的帧时，它就使用中断来通知该计算机，并交付给协议栈中的网络层。当计算机要发送一个 IP 数据包时，它就由协议栈向下交给网卡组装成帧后发送到局域网。随着集成度的不断提高，网卡上的芯片的个数不断地减少。虽然各个厂家生产的网卡种类繁多，但其功能大同小异。

网卡最终是与网络进行连接的，所以也就必须有一个接口使网线通过它与其他计算机网络设备连接起来。不同的网络接口适用于不同的网络类型，常见的接口主要有以太网的 RJ-45 接口、细同轴电缆的 BNC 接口和粗同轴电缆的 AUI 接口、FDDI 接口、ATM 接口等。而且有的网卡为了适用于更广泛的应用环境，提供了两种或多种类型的接口，如有的网卡会同时提供 RJ-45、BNC 或 AUI 接口。

无线网络是利用无线电波作为信息传输的媒介构成的无线局域网（WLAN），与有线网络的用途十分类似，最大的不同在于传输媒介的不同，其利用无线电技术取代网线，可以和有线网络互为补充，无线上网设备如图 2-24 所示。

图 2-24　无线上网设备

2.2　计算机基本工作原理

计算机不但能够按照指令的存储顺序依次读取并执行指令，而且还能根据指令执行的结果进行程序灵活转移，因此计算机具有了类似于人的大脑的判断思维能力。

2.2.1　冯·诺依曼设计思想

世界上第一台电子数字计算机 ENIAC 诞生后，美籍匈牙利数学家冯·诺依曼提出了新的设计思想，主要有两方面，首先，计算机应该以二进制为运算基础，其次，计算机需采用"存储程序和程序控制"方式工作，进一步指出整个计算机的结构由 5 个部分（运算器、控制器、存储器、输入设备和输出设备）组成，"存储程序和程序控制"是计算机利用存储器来存放所要执行的程序，中央处理器依次从存储器中取出程序的每一条指令，并加以分析和执行，直至完成全部指令任务为止。这一设想对后来计算机的发展起到了决定性的作用。

20 世纪 40 年代末期诞生的 EDVAC（Electronic Discrete Variable Automatic Computer）是第一台具有冯·诺依曼设计思想的电子数字计算机。

2.2.2　计算机指令系统

指令是一种采用二进制数表示的，使计算机执行某种操作的命令，每一条指令都规定了计算机所要执行的一种基本操作。程序是完成既定任务的一组指令序列，计算机按照程序规定的流程依次执行一条一条的指令，最终完成程序所要实现的功能。

指令通常由两部分组成，即操作码和地址码。操作码指明计算机应该执行的某种操作的性质与功能，地址码则指出被操作的数据（操作数）存放在何处，即指明操作数所在的地址。

指令按其功能可以分为两种类型，即操作类指令和控制转移类指令。操作类指令命令计算机的各个部件完成基本的算术逻辑运算、数据存取和数据传送等操作。控制转移类指令用来控制程序本身的执行顺序，实现程序的分支、转移等。

计算机执行程序的过程是一条一条执行指令的过程，程序中的指令和需要处理的数据都存放在存储器中，由中央处理器负责从存储器中逐条取出并执行它所规定的操作，中央处理器执行每一条指令都需要分成若干步骤，一条指令的执行步骤大致如下：

（1）取出指令，即中央处理器从存储器中取得一条指令；

（2）分析指令，即中央处理器对得到的指令进行分析；

（3）获取操作数，即中央处理器根据指令分析结果计算操作数的地址，并根据地址从存储器中获取操作数；

（4）运算，即中央处理器根据操作码的要求，对操作数完成指定的运算，将运算结果保存到存储器中；

（5）修改指令地址，即为中央处理器获取下一条指令做好准备。

每一种类型的中央处理器都有自己的指令系统，某一类计算机的程序代码未必能够在其他计算机上执行，这就是所谓的计算机"兼容性"问题。目前个人计算机中使用最广泛的中央处理器是 Intel 公司和 AMD 公司的产品，由于两者的内部设计相似，指令系统几乎一致，因此这类个人计算机是相互兼容的。即使是同一公司生产的产品，随着技术的发展和新产品的推出，它们的指令系统也是不同的，如 Intel 公司的产品发展经历了 8088→80286→80386→80486→⋯→Pentium→⋯→Pentium 4→⋯→Core i 系列，每种新处理器包含的指令数目和种类越来越多。为了解决兼容性问题，通常采用"向下兼容"的原则，即新类型的处理器包含旧类型的处理器的全部指令，从而保证在旧类型处理器上开发的软件能够在新类型处理器中正确执行。

2.3 配置高性价比计算机

2.3.1 计算机主要指标

个人计算机（Personal Computer，PC）是指一种大小、价格和性能适用于个人使用的多用途计算机，个人计算机的主要指标如下。

（1）主频：是指 CPU 的工作频率，CPU 主频越高，计算机的运行速度就越快，CPU 主频是以 MHz（兆赫）和 GHz（吉赫）为单位的。

（2）字长：是指 CPU 内部各寄存器之间一次能够传递的数据位，即在单位时间内（同一时间）能一次处理的二进制数的位数，CPU 内部有一系列用于暂时存放数据或指令的存储单元，称为寄存器，如果 CPU 的字长为 16 位，则每执行一条指令可以处理 16 位二进制数据，如果要处理更多位的数据，则需要几条指令才能完成，字长反映出 CPU 内部运算处理的速度和效率。

（3）内存容量和存取周期：内存容量是指内存中能存储信息的总字节数，内存容量越大，存取周期越小，计算机的运算速度就越快。

（4）高速缓冲存储器（Cache）：简称高速缓存，对提高计算机的速度有重要的作用。高速缓存的存取速度比内存快，但容量小，主要用来存放当前内存中使用最多的程序和数据，并以接近 CPU 的速度向 CPU 提供程序指令和数据。高速缓存分为一级缓存（L1 Cache，内部缓存）和二级缓存（L2 Cache，外部缓存），一级缓存在 CPU 内部，二级缓存在内存和 CPU 之间。

（5）总线速度：决定了 CPU 与高速缓存、内存和输入/输出设备之间的信息传输容量。

计算机的运算速度是一项综合性的指标，其是包括上述 5 种指标在内的多种因素的综合衡量。

2.3.2 计算机性能评价

计算机的性能代表计算机系统的使用价值。性能评价使性能成为可量化的、能进行度量和评比的客观指标。性能评价通常是与成本分析综合考虑的,借以获得各种系统性能和性能价格比的定量值,从而指导新型计算机系统的设计和改进,以及指导计算机应用系统的设计和改进,包括选择计算机类型、型号和确定系统配置等。

性能评价有两类:一是可用性;二是工作能力,即在正常工作状态下系统所具有的能力。表征工作能力的性能指标很多,一般根据评价的系统和目标来划分,它们是系统性能评价的主要研究对象。下面介绍计算机系统及其子系统性能评价的相关概念。

(1) 吞吐率:在评价期间内,计算机系统完成的所有工作负载,称为吞吐量。单位时间内系统的吞吐量称为吞吐率。工作负载的单位因系统不同而有所不同,如实时处理系统为事务,批处理系统为作业等。吞吐率单位为每秒事务数或每秒作业数。研究和确定性能评价使用的工作负载是一项重要而困难的任务。

(2) 响应时间:指用户输入一个作业或事务结束至输出开始之间的时间。

(3) 周转时间:指用户开始输入一个作业或事务至输出结束之间的时间。

(4) 响应特性:是实时处理和分时处理计算机系统的重要性能指标。

(5) 测量:是最基本、最重要的系统性能评价手段。测试设备向被测设备输入一组测试信息并收集被测设备的原始输出,然后进行选择、处理、记录、分析和综合,并且解释其结果。上述这些功能一般是由被测的计算机系统和测量工具共同完成的,其中测量工具完成测量和选择功能。

(6) 硬件测量工具:将其附加到被测计算机系统内部,测量系统中出现的比较微观的事件(如信号、状态)。典型的硬件测量工具有定时器、序列检测器、比较器等。例如,可用定时器测量某项活动的持续时间;可用序列检测器检测系统中是否出现某一序列(事件)等。

(7) 软件测量工具:对数据的采集、状态的监视、寄存器内容变化的检测可通过软件测量工具实现。例如,可按程序名或作业类收集主存储器、辅助存储器的使用量、输入卡片数、打印纸页数、处理机使用时间等基本数据;可从经济的角度收集管理者需要的信息;可收集诸如传送某个文件的若干个记录的传送时间等特殊信息;可针对某个程序或特定的设备收集程序运行过程中的一些统计量,以及发现需要优化的应用程序段等。

硬件测量工具的监测精度和分辨率高,对系统干扰少;软件测量工具的灵活性和兼容性好,适用范围广。

在系统的设计、优化、验证和改进(如功能升级)过程中,当不可能或不便于采用测量方法和分析方法时,可以构造模拟模型设计近似目标系统,进而了解目标系统的特性。模拟模型建立后,需要检验它的合理性、准确度等,还要设计模拟实验,对感兴趣的输出值进行统计分析、误差分析等数据处理。分析技术可为计算机系统建立一种用数学方程式表示的模型,进而在给定输入条件的情况下,通过计算获得目标系统的性能特性。

计算机系统由一组有限的资源组成,系统中运行的所有进程共享这些资源,必然会出现排队现象。因此可以应用排队论来描述计算机系统中的这类现象。例如,可采用单队列、单服务台的排队系统来描述处理机的工作模型。通过求解排队系统的参数获得处理机性能指标,如服务台忙的程度对应处理机利用率,顾客等待服务的平均时间对应处理机响应时间,顾客在排队系统中的平均逗留时间对应处理机周转时间等。

计算机系统的分析模型一般是某种网状的排队系统,求解往往是困难的。有些复杂的计算机系统要建立它的分析模型就很困难,因此分析技术的应用是有局限性的。

计算机性能评价是一项重要工作,其最终目的是使计算机系统的设计、制造和使用形成有机的整体,并不断升级。

2.4 计算机环境

2.4.1 操作系统的基本概念

操作系统（Operating System，OS）是计算机系统中重要的系统软件，整个计算机系统的控制管理中心，用户与计算机之间的接口。一方面，操作系统管理着计算机的所有系统资源，另一方面，操作系统为用户提供了一个抽象概念上的计算机。在操作系统的帮助下，用户使用计算机可避免对计算机系统硬件的直接操作。对计算机系统而言，操作系统是对所有系统资源进行管理的程序集成；对用户而言，操作系统提供了对系统资源进行有效利用的简单抽象的方法。安装了操作系统的计算机称为虚拟机（Virtual Machine）。

常见的操作系统有 UNIX、Xenix、Linux、Windows 等。所有的操作系统一般都具有并发性、共享性、虚拟性和不确定性 4 个基本特征。操作系统的形态多样，不同类型计算机中安装的操作系统也不相同，如手机上安装的是嵌入式操作系统，超级计算机上安装的是大型操作系统等。操作系统的研究者对操作系统的定义也不相同，如有些操作系统集成了图形化界面，而有些操作系统仅使用文本接口，将图形化界面视为一种非必要的应用程序。

2.4.2 操作系统的功能

操作系统管理整个计算机系统的所有资源，包括硬件资源和软件资源。通过内部命令和外部命令，操作系统可以为用户提供 5 种主要功能：任务管理、存储管理、设备管理、文件管理和作业管理。

1. 任务管理

操作系统可以使 CPU 按照预先规定的顺序和管理原则，轮流地为若干外部设备和用户服务，或在同一时间间隔内并行地处理几项任务，以实现资源共享，从而使计算机系统的工作效率得到最大的发挥。操作系统提供的任务管理有进程管理、分时处理和并行处理 3 种不同的方式。

1）进程管理

进程是操作系统调度的基本单位，它可以反映程序的一次执行过程（包括启动、运行，并在一定条件下中止或结束）。进程管理主要是对处理机资源进行管理，CPU 是计算机系统中最重要的硬件资源，任何程序只有占用了 CPU 才能运行，其处理信息的速度远比存储器的速度和外部设备的工作速度快，只有协调好它们之间的关系才能充分发挥 CPU 的作用。为了提高 CPU 的利用率，一般采用多进程技术。如果一个进程因等待某一条件而不能运行下去，就将处理机占用权转给另一个可运行进程。当出现了一个比当前运行进程优先权更高的可运行进程时，后者将抢占 CPU 资源。操作系统按照一定的调度策略，通过进程管理来协调多个程序之间的关系，解决 CPU 资源的分配和回收等问题，使 CPU 资源得到最充分的利用。

2）分时处理

在较大型的计算机系统中，如有上百个远程或本地的用户同时执行存取操作，操作系统可采用分时方式进行处理。分时的基本思想是将 CPU 时间划分成许多小片，称为"时间片"，轮流去为多个用户程序服务。如果在时间片结束时该用户程序尚未完成，它就被中断，等待下一轮再处理，同时让另一个用户程序使用 CPU 下一个时间片。由于 CPU 运行速度很快，用户程序的每次要求都能得到快速的响应，因此每个用户都会感觉自己在"独占"计算机，其实这是操作系统使用户轮流"分时"共享了 CPU。

3）并行处理

配置较高的计算机系统都有不止一个处理器，并行处理操作系统可以充分利用计算机系统中提供的所有处理器，让多个处理器同时工作，通过一次执行多个指令，以提高计算机系统的效率。实现并行处理需要操作系统完成合理的调度，并行处理系统能够把多项任务分配给不同的 CPU 同时执行，且保持系统正常有效的工作，如下面的作业包含 3 个计算：

$X:a+b$；$Y:c+d$；$Z:X+Y$ 中操作系统就可以安排 CPU1 执行计算 X，CPU2 同时执行计算 Y，然后由 CPU3 执行计算 Z，这样的并行调度将比按序执行 3 次计算快。

2．存储管理

当计算机在处理一个具体问题的时候，需要使用操作系统、编译系统、多用户程序和数据等，这就需要由操作系统统一分配内存并加以管理，使其既保持联系，又避免相互干扰。如何合理地分配与使用有限的内存空间，是操作系统进行存储管理的一项重要工作。操作系统按一定的原则回收空闲的存储空间，必要时还可以使有用的内容临时覆盖掉暂时无用的内容（把暂时不用的内容调入外存），待需要时再把被覆盖掉的内容从外存调入内存，从而相对增加可用的内存容量。

特别是当多个程序共享有限内存资源时，更加需要合理地为其分配内存空间，做到用户存放在内存中的程序和数据既能彼此隔离，互不侵扰，又能在一定条件下共享。尤其是当内存不够用时，还要解决内存扩充问题，把内存和外存结合起来管理，为用户提供一个容量比实际内存大得多的"虚拟存储器"。操作系统的这一存储管理功能与硬件存储器的组织结构密切相关。

3．设备管理

操作系统是控制外部设备和 CPU 之间的通道，把提出请求的外部设备按一定的优先顺序排好队，等待 CPU 响应。操作系统通常会在内存中设定一些缓冲区，使 CPU 与外部设备通过缓冲区成批传输数据。数据传输的方式是，先从外部设备一次写入一组数据到内存的缓冲区，CPU 依次从缓冲区读取数据，待缓冲区中的数据用完后再从外部设备读入一组数据到缓冲区。这样成组进行 CPU 与输入/输出设备之间的数据交互，减少了 CPU 与外部设备之间的交互次数，从而提高了运算速度。

4．文件管理

文件是存储在外部介质上的，逻辑上具有完整意义的信息集合。每个文件必须有名字，称为文件名。例如，一个源程序、一批数据、一个文档、一个表格或一幅图片都可以各自组成一个文件。操作系统根据用户要求实现按文件名存取文件，负责组织文件，以及对文件的存取权限、打印等进行控制。

5．作业管理

操作系统对进入系统的所有作业进行组织和管理，提高运行效率，为用户提供了一个使用计算机的界面，使用户能够方便地运行自己的程序。作业包括程序、数据及解题的控制步骤。一个计算机问题是一个作业，一个文档的打印也是一个作业。作业管理提供"作业控制语言"，用户通过它来书写控制作业执行的说明书。同时，还为操作员和终端用户提供了与系统对话的"命令语言"，用其请求系统服务。操作系统按操作说明书的要求或收到的命令控制用户作业的执行。

此外，操作系统一般还具有中断处理、错误处理等功能。操作系统的各个功能之间并不是完全独立的，它们之间存在着相互依赖的关系。

2.4.3 操作系统的分类

操作系统的分类方法很多，常见的分类方法可以按照系统提供的功能分为单用户操作系统、批处理操作系统、实时操作系统、分时操作系统、网络操作系统、分布式操作系统和嵌入式操作系统。

1. 单用户操作系统

单用户操作系统面对单一用户，所有资源均提供给单一用户使用，用户对系统有绝对的控制权。单用户操作系统是从早期的系统监控程序发展起来的，进而成为系统管理程序，再进一步发展为独立的操作系统。单用户操作系统是针对一台机器、一个用户的操作系统。

2. 批处理操作系统

批处理操作系统一般分为两种，即单道批处理操作系统和多道批处理操作系统。它们都是成批处理或者顺序共享式操作系统，允许多个用户以高速、非人工干预的方式进行成组作业工作和程序执行。批处理操作系统将作业成组（成批）提交给系统，由计算机按顺序自动完成后再给出结果，从而减少了用户作业建立和打断的时间。批处理操作系统的优点是系统吞吐量大、资源利用率高。

3. 实时操作系统

实时操作系统（Real Time Operating System）分为实时控制和实时信息处理。实时是立即的意思，该系统对特定的输入在限定的时间内做出准确的响应。实时操作系统有如下特点。

① 时钟管理：实时操作系统设置了定时时钟，将完成时钟中断处理和实时任务的定时或延时管理。

② 中断管理：外部事件通常以中断的方式通知系统，因此系统中配置有较强的中断处理机构。

③ 系统可靠性：实时操作系统追求高度可靠性，在硬件上采用双机系统，具有容错管理功能。

④ 多重任务性：外部事件的请求通常具有并发性，因此实时操作系统具有多重任务处理能力。

4. 分时操作系统

批处理操作系统的缺点是用户不能和其运行的作业交互。为了满足用户的人机对话需求，引出了分时操作系统（Time Sharing Operating System）。分时操作系统的基本思想是基于人的操作和思考速度比计算机慢得多的事实。将处理时间分成若干个时间段，并规定每个作业在运行了一个时间段后暂停，将处理器让给其他作业，经过一段时间后，所有的作业都被运行了一段时间，当处理器被重新分给第一个作业时，用户将感觉不到其内部发生的变化及其他作业的存在。分时操作系统使多个用户共享一台计算机成为可能，其主要有如下特点。

① 独立性：用户之间可互相独立操作，互不干扰。

② 同时性：若干远程、近程终端上的用户可在各自的终端上"同时"使用同一台计算机。

③ 及时性：计算机可以在很短的时间内做出响应。

④ 交互性：用户可以根据系统对自己的请求和响应情况，通过终端直接向系统提出新的请求，以便进行程序检查和调试。

5. 网络操作系统

网络操作系统也叫网络管理系统，与传统的单机操作系统有所不同，它是建立在单机操作系统之上的一个开放式的软件系统，面对的是各种不同的计算机系统的互联操作。

网络操作系统用于多台计算机软件和硬件资源的管理和控制，提供网络通信和网络资源共享功能。网络操作系统需要保证网络信息传输的准确性、安全性和保密性，提高系统资源的利用率和可靠性。

常用的网络操作系统有 Windows NT Server、Netware 等，这类操作系统通常用在计算机网络系统的服务器上。

6. 分布式操作系统

分布式操作系统管理系统中的所有资源，负责全系统的资源分配和调度、任务划分、信息传输控制和协调工作，并为用户提供一个统一的界面。其具有统一界面资源、对用户透明等特点。

7. 嵌入式操作系统

嵌入式操作系统（Embedded Operating System）是运行在嵌入式系统环境中，对整个嵌入式系统及其所操作、控制的各种部件装置等资源进行统一协调、调度、指挥和控制的系统软件，具有实时高效性、硬件依赖性、软件固态化及应用专用性等特点。

2.4.4 典型操作系统

在计算机的发展过程中，出现过许多不同的操作系统，其中最为常用的有 DOS、Mac OS、Windows、Linux、UNIX/XENIX、OS/2 等，扫描二维码可详细了解几种常用操作系统的发展过程和功能特点。

（扩展阅读）

2.5 Windows 7 操作系统

Windows 7 是微软公司开发的继 Windows Vista 系统之后的新一代操作系统，引入了 Life Immersion 的概念，即在系统中集成人性的因素。其具有多层安全保护，可以有效抵御病毒、间谍软件等的威胁，简洁实用。Windows 7 操作系统包括：Windows 7 Starter（简易版），其保留了大家熟悉的特点和兼容性，并吸收了可靠性和响应速度方面的新技术；Windows 7 Home Basic（家庭版），其可以更快、更方便地访问使用最频繁的程序和文档；Windows 7 Home Premium（家庭高级版），其可以轻松地欣赏和共享用户喜爱的电视节目、照片、视频和音乐；Windows 7 Professional（专业版），其具备各种商务功能，并拥有家庭高级版卓越的媒体和娱乐功能；Windows 7 Enterprise（企业版），其提供一系列企业级增强功能，包括 BitLocker 内置和外置驱动器数据保护，AppLocker 锁定非授权软件运行，DirectAccess 无缝连接基于 Windows Server 2008 R2 的企业网络；Windows 7 Ultimate（旗舰版），其具备 Windows 7 家庭高级版的所有娱乐功能和专业版的所有商务功能，同时增加了安全功能，以及增强了多语言环境下工作的灵活性。

2.5.1 Windows 7 操作系统特点

Windows 7 在功能方面既保留了 Windows XP/Vista 的大多数强大功能，同时也简化了部分华而不实的内容。Windows 7 还简化了搜索和信息使用，包括本地网络和互联网搜索功能，使用户体验更直观。Windows 7 具有如下特点。

1. 更快的速度和性能

Windows 7 在系统启动时间上进行大幅度的改进，对从休眠模式唤醒系统这样的细节做了完善，使 Window 7 成为一款反应更快速、性能更高的操作系统。Windows 7 安装速度快，只需 20 分钟左右，其开机、关机速度，文件、图片、音频、视频、网页等浏览速度及错误响应处理速度均有明显提高。

2. 更个性化的桌面

在 Windows 7 中用户能对自己的桌面进行更多的操作和个性化设置。首先 Windows 中原有的侧边栏被取消，而原来依附在侧边栏中的各种小插件现在可以任用户自由放置在桌面的不同位置，不但释放了更多的桌面空间，而且视觉效果也更加直观和个性化。Windows 7 中内置主题包带来的不仅是局部的变化，更是整体风格的统一，壁纸、面板色调，甚至系统声音都可以根据用户喜好选择定义。如果用户喜欢的桌面壁纸有很多，不用再为选哪一张而烦恼，可以同时选择多张壁纸，让其在桌面上像幻灯片一样播放，还可设置播放的速度等。同时，用户可以根据需要设置个性的主题包，包括自己喜欢的壁纸、颜色、声音和屏保。Windows 7 中有极富人性化的系统界面和 Aero 特效功能。"Aero"是 Authentic（真实）、Energetic（动感）、Reflective（具反射性）及 Open（开阔）的首字母缩写，Aero 界面是具立体感、震撼感、透视感和阔大性的用户界面。这一特效使桌面、任务栏、标题栏等都呈现为半透明状态，给人耳目一新的感觉，使系统具有亮丽的外观。

3．更简洁的工具栏设计

进入 Windows 7 操作系统，用户首先会注意到屏幕最下方经过全新设计的工具栏。工具栏上所有的应用程序都不再有文字说明，只剩下一个图标，而且同一个程序的不同窗口自动合并成群组，当光标移到图标上时，会出现已打开窗口的缩略图，单击便会打开该窗口。

4．更强大的多媒体功能

Windows 7 具有远程媒体流控制功能，能够帮助用户解决多媒体文件共享的问题，支持计算机安全地从远程互联网访问家里系统中的数字媒体中心，随心所欲地欣赏保存在计算机中的任何数字娱乐内容。有了这样的创新功能，用户可以随时随地地享受自己的多媒体文件。Windows 7 中强大的综合娱乐平台和媒体库不仅可以让用户轻松管理计算机硬盘上的音乐、图片和视频，还是可定制化的个人电视，用户只要将计算机与网络连接或插上一块电视卡，就可以享受丰富多彩的互联网视频内容或者高清的地面数字电视节目。

5．Windows Touch 全面极致触屏操作系统

Windows 7 支持通过触摸屏来控制计算机。在配置有触摸屏的硬件上，用户可以通过自己的指尖来实现功能。

6．Libraries 和 Homegroups 简化局域网共享

Windows 7 通过图书馆（Libraries）和家庭组（Homegroups）两大新功能对 Windows 网络进行改进。图书馆将放在不同文件夹中的文件通过相似文件可分组的方式进行分组，如用户的视频库可以包含电视文件夹、电影文件夹、DVD 文件夹及 HomeMovies 文件夹。创建一个家庭组可让这些图书馆更容易地在各个家庭组用户之间共享。Windows 7 智能化地采用库的方式归类管理文档、音频、视频等。

7．全面革新用户安全机制

"用户账户控制"在 Windows Vista 中引入，能够提供更高级别的安全保障，但频繁出现的提示窗口有时会让用户感到反感。在 Windows 7 中微软对这项安全功能进行革新，不仅大幅降低提示窗口出现的频率，用户在设置方面还拥有更大的自由度。

8．超强硬件兼容性

Windows 7 的诞生意味着整个信息生态系统将面临全面升级，硬件制造商们也将迎来更多的商业机会。全球知名的厂商（如 Sony、ATI、Apple 等）都表示能够确保各自产品对 Windows 7 正式版的兼容性能。

9．Windows Azure 云计算操作系统

近几年各种以云平台为依托的云服务，如雨后春笋般不断吸引着用户的眼球。云计算的特点是弱化了终端功能，以互联网为根基，为用户提供各种在线云服务，凡是可以连接互联网的终端，几乎都可以通过在线租赁各种软、硬件资源，从而实现各种应用。微软的 Windows Azure 云计算操作系统就是在这样一种思路下开发并发布的。云计算模式使得未来的云时代需要一种基于 Web 的操作系统，这种系统依靠分布在各地的数据中心提供运行平台，通过互联网应用这种系统平台。在云计算时代，这种架构模式使得用户不需要强大的终端，甚至仅仅依靠一个显示屏、一个鼠标和一个键盘就可以实现一切功能，这种情况需要很高的网络带宽。

2.5.2 文件和文件夹

计算机的资源是以文件或文件夹的形式存储在计算机的硬盘中的，这些资源包括文字、图片、音乐、电影、游戏及各种软件等。将这些内容井然有序地存储在计算机内，需要掌握文件和文件夹的基本操作方法。计算机中的一切数据都是以文件的形式存放的，而文件夹则是文件的集合。

1. 磁盘

磁盘是指计算机硬盘上划分出的分区，用来存放计算机的各种资源。磁盘由盘符来加以区别，盘符通常由磁盘图标、磁盘名称和磁盘使用信息组成，用大写英文字母加一个冒号来表示，如"E:"简称为 E 盘。用户可以根据自己的需求在不同的磁盘内存放相应的内容，通常 C 盘就是第一个磁盘分区，用来存放系统文件（操作系统的安装文件），D 盘可用于存放安装的应用程序，E 盘可保存工作学习中使用的文件，其他盘符用于备份其他重要文件等。

2. 文件

文件是指被赋予名称并保存在磁盘中的信息的集合，它是最小的信息组织单位。这些信息可以是程序、程序所使用的一组数据、图片、声音或用户创建的文档等。用户可以根据需要对文件进行修改、更名、删除、移动、复制和发送等操作。为了区分不同的文件，每个文件都有自己的名称，即文件名。系统以文件名的形式保存及管理文件。

文件名一般由两部分组成，即主文件名和扩展文件名（扩展名），之间用"."分隔，其格式为"主文件名.扩展名"，如"信息技术基础.txt"，如图 2-25 所示。一般主文件名由用户根据需要自己定义，以方便记忆和管理；扩展名一般由创建文件的应用程序自动给出，如在 Word 环境下创建的文件，自动被赋予文件扩展名 doc 或 docx。

图 2-25 文本文件的命名

在 Windows 中文件名长度最多可达 255 个字符（包括盘符和路径在内），但其中不能包括回车符。文件名中可以使用数字字符 0~9、英文字符 A~Z 和 a~z，还可以使用空格字符和加号（+）、逗号（,）、分号（;）、左右方括号（[ ]）和等号（=）等，但不允许使用尖括号（<>）、正斜杠（/）、反斜杠（\）、冒号（:）、双撇号（"）、星号（*）和问号（?）。在 Windows 中常用的扩展名及文件类型见表 2-1。

表 2-1 常用扩展名及文件类型

扩 展 名	文 件 类 型	对应的应用程序
avi	Windows 格式的视频文件	Windows Media Player
bak	备份文件	备份数据
bat	批处理文件	执行批处理命令
bmp	位图文件	画图
com	DOS 环境下的可执行程序	可执行程序
dat	数据文件	数据存储
dcx	传真文件	传真
dll	动态链接库	库文件
doc 或 docx	Word 文档文件	Office 组件 Word
drv	驱动程序文件	安装驱动
exe	Windows 环境下的可执行程序	可执行程序
jpg	压缩格式的图像文件	图片处理

续表

扩 展 名	文 件 类 型	对应的应用程序
htm 或 html	网页文件（超文本文件）	Dreamweaver
hlp	帮助文件	帮助文件
gif	交换格式的图像文件	图片处理
mpg	压缩格式的视频文件	视频处理
mp3	压缩格式的声音文件	音频处理
mid	记谱形式的音乐文件	音频处理
psd	Photoshop 图像文件	Photoshop
ppt 或 pptx	PowerPoint 演示文件	Office 组件 PowerPoint
rar	压缩文件	压缩
swf	Flash 动画文件	Flash
txt	文本文件	记事本
wav	声音文件	录音机
xls 或 xlsx	Excel 电子表格文件	Office 组件 Excel

3．文件夹（目录树）

文件夹是磁盘上一种上下层次分明的组织结构。文件夹的顶级是根文件夹（根目录），而文件夹（目录）中存在的文件夹（目录）称为子文件夹（子目录）。

文件夹中可以包含多个文件，同时也可以包含多个子文件夹。为了更方便地管理众多的文件，必须将这些文件分类和汇总，利用文件夹就可以对文件进行有效的管理。文件夹是文件的窗口，它可以把同类的文件放置在同一文件夹中，同类文件夹和文件又可以放置到一个更大的文件夹中。它是在磁盘上组织文件的一种手段，只要存储空间不受限制，一个文件夹中可以放置任意多的内容，用户可以对其进行删除和移动等操作。

4．路径

路径是计算机中描述文件位置的一条通路，这些文件可以是文档或应用程序。要指定文件的完整路径，应先输入盘符号（如 C、D 或其他），后面紧跟一个冒号（:）和反斜杠（\），然后输入所有文件夹名。如果文件夹不止一个，中间用反斜杠分隔，最后输入文件名。路径分为相对路径和绝对路径两种，绝对路径是从根目录开始的路径；相对路径是从当前目录开始的路径（当前目录是指正在工作的目录）。

2.5.3　Windows 7 文件管理

Windows 7 一般是用"计算机"和"我的文档"来存放文件的，文件是最小的数据组织单位，文件可存放在"计算机"的任意位置，"我的文档"是 Windows 7 的一个系统文件夹，也是系统为用户建立的文件夹，主要用于保存文档、图形，以及其他文件，对于常用的文件，用户可以将其放在"我的文档"中，便于及时调用。

1．管理文件和文件夹

管理计算机中的资源，首先要掌握文件和文件夹的基本操作方法。文件和文件夹的基本操作主要包括新建、选定、复制、移动、删除、重命名、搜索等。

1）新建文件和文件夹

在使用应用程序编辑文件时，通常需要新建文件，如需要编辑文本文件，则在需创建文件的窗口中右击，在弹出的快捷菜单中选择"新建"菜单中"文本文档"命令，即可新建一个"记事本"文件。要创建文件夹，可在想要创建文件夹的地方直接右击，然后在弹出的快捷菜单中选择"新建"菜单中的"文件夹"命令即可。根据文件夹内包括的不同类型的文件，其显示的图标也不同，如图 2-26 所示。

　　空文件夹　　　　　　存有文本文档的文件夹　　　　　存有照片的文件夹

图 2-26　文件夹的显示图标

2）选择文件和文件夹

用户对文件和文件夹进行操作之前，首先要选定文件和文件夹，选中的目标在系统默认下呈蓝色状态。Windows 7 提供了如下几种选择文件和文件夹的方法。

- 选择单个文件或文件夹：单击文件或文件夹图标即可将其选择。
- 选择多个相邻的文件或文件夹：选择第一个文件或文件夹后，按住 Shift 键，然后单击最后一个文件或文件夹即可。
- 选择多个不相邻的文件和文件夹：选择第一个文件或文件夹后，按住 Ctrl 键，逐一单击要选择的文件或文件夹即可。
- 选择所有的文件或文件夹：按 Ctrl+A 组合快捷键即可选中当前窗口中所有文件或文件夹。另外，选择"组织"菜单中的"全选"命令，也可选定当前窗口中的所有文件和文件夹。
- 选择某一区域的文件和文件夹：在需要选择的文件或文件夹的起始位置处按住左键进行拖动，此时在窗口中出现一个蓝色的矩形框，当该矩形框包含了需要选择的文件或文件夹后松开鼠标，即可完成选择。

3）复制文件和文件夹

复制文件和文件夹是指制作文件或文件夹的副本，目的是防止因程序出错、系统问题或计算机病毒所引起的文件或文件夹的损坏或丢失。用户将文件和文件夹进行备份，可通过"复制"和"粘贴"命令实现。

4）移动文件和文件夹

移动文件和文件夹是指将文件和文件夹从原先的位置移动至其他的位置，移动的同时，会删除原先位置下的文件和文件夹。在 Windows 7 中，用户可以使用鼠标拖动的方法，或者右击选择快捷菜单中的"剪切"和"粘贴"命令，对文件或文件夹进行移动操作。若目标文件夹有同名文件，则出现如图 2-27 所示对话框。

注意：这里所说的移动不是指改变文件或文件夹的摆放位置，而是指改变文件或文件夹的存储路径。"复制"命令可以使用 Ctrl+C 组合快捷键来代替；"剪切"命令可以使用 Ctrl+X 组合快捷键来代替；"粘贴"命令可以使用

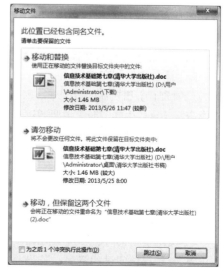

图 2-27　移动文件

Ctrl+V 组合快捷键来代替。另外，用户还可以使用鼠标拖动的方法移动文件或文件夹。如在不同的磁盘之间或文件夹之间执行拖动操作，可同时打开两个窗口，然后将文件从一个窗口拖动至另一个窗口。

注意：将文件和文件夹在不同磁盘分区之间进行拖动时，Windows 的默认操作是"复制"；在同一磁盘分区中拖动时，Windows 的默认操作是"移动"。如果要在同一分区中从一个文件夹复制对象到另一个文件夹，那么必须在拖动时按住 Ctrl 键，否则将"移动"文件而不是"复制"。同样，若要在不同的磁盘分区之间移动文件，则必须要在拖动的同时按住 Shift 键。

5) 删除文件和文件夹

当计算机磁盘中存在损坏或用户不需要的文件和文件夹时，用户可以删除这些文件或文件夹，这样可以保持计算机系统运行流畅，也节省了计算机的磁盘空间。

删除文件和文件夹的方法有以下几种。

- 选中想要删除的文件或文件夹，然后按 Delete 键。
- 右击要删除的文件或文件夹，然后在弹出的快捷菜单中选择"删除"命令。
- 将要删除的文件或文件夹直接拖动到桌面的"回收站"图标上。
- 选中想要删除的文件或文件夹，单击窗口工具栏中的"组织"按钮，在弹出的下拉菜单中选择"删除"命令。

按照以上方法删除文件或文件夹后，文件和文件夹并没有彻底删除，而是放到了回收站内，放入回收站里的文件，用户可以执行恢复操作。若要彻底删除，用户可以清空回收站，或者在执行删除的操作中按住 Shift 键不放，系统会跳出询问是否完全删除的对话框，只需单击"是"按钮，即可完全删除文件或文件夹。

提示：要注意的是，正在使用的文件或文件夹，系统不允许对其进行删除操作，若要删除这些文件和文件夹，应先将其关闭。

6) 重命名文件和文件夹

用户在新建文件和文件夹后，已经给文件和文件夹命名了。不过在实际操作过程中，为了方便用户管理和查找文件和文件夹，需要根据用户需求对其重新命名。

7) 搜索文件或文件夹

当忘记了文件或文件夹的保存位置或记不清楚文件或文件夹的全名时，使用 Windows 7 的搜索功能便可快速地查找到所需的文件或文件夹，并且此操作非常简单和方便，只需单击工具栏中的"搜索"按钮，在"搜索"文本框中输入关键的字或词，系统将自动进行搜索，搜索完成后，该窗口中将显示所有与文件名相关的文件或文件夹。

2. 查看文件和文件夹

在管理计算机资源的过程中，需要随时查看某些文件和文件夹，Windows 7 一般在"计算机"窗口中查看计算机中的资源，主要通过窗口工作区、地址栏和文件夹窗格 3 种方法进行查看。

通过窗口工作区查看计算机中的资源是最常用的查看资源的方法。单击""（开始）按钮，在弹出的菜单中选择"计算机"命令；或者双击桌面上的"计算机"图标，打开"计算机"窗口，再双击需要查看的资源所在的磁盘符，双击要打开的文件夹图标即可。

通过地址栏可快速查看计算机中的资源，查看不同的内容可选择不同的方法。

- 查看未访问过的资源：双击"计算机"图标打开"计算机"窗口，单击地址栏中"计算机"文本框后的▶按钮，在弹出的下拉列表中选择所需的盘符。
- 查看已访问过的资源：若当前"计算机"窗口中已访问过某个文件夹，则只需单击地址栏最右侧的▼按钮，在弹出的下拉列表中选择该文件夹，即可快速将其打开。

通过文件夹窗格查看计算机中的资源，将鼠标光标移至文件夹窗格中，单击需要查看资源所在的根目录前的▷按钮，可展开下一级目录，此时该按钮变为◢按钮，单击某个文件夹目录，在右侧的窗口工作区中将显示该文件夹中的内容。

3．显示文件和文件夹

Windows 7 提供了超大图标、大图标、中等图标、小图标、列表、详细信息、平铺和内容 8 种类型的查看方式，光标指向窗口中的空文件夹与存有文件的文件夹图标会显示不同提示信息。

- "超大图标"、"大图标"和"中等图标"显示方式：这3种方式类似于 Windows XP 中的"缩略图"显示方式，它们将文件夹所包含的图像文件显示在文件夹图标上，以方便用户快速识别文件夹中的内容。
- "小图标"显示方式：类似于 Windows XP 中的"图标"显示方式，以图标形式显示文件和文件夹，并在图标的右侧显示文件或文件夹的名称、类型和大小等信息。
- "列表"显示方式：将文件与文件夹通过列表显示其内容，若文件夹中包含很多文件，列表显示便于快速查找某个文件，在该显示方式中可以对文件和文件夹进行分类，但是无法按组排列文件。
- "详细信息"显示方式：显示相关文件或文件夹的详细信息，包括文件名称、类型、大小和日期等。
- "平铺"显示方式：以图标加文件信息的方式显示文件或文件夹，是查看文件或文件夹的常用方式。
- "内容"显示方式：将文件的创建日期、修改日期和大小等内容显示出来，方便进行查看和选择。

4．资源管理器（库）

在 Windows 7 中使用资源管理器可以方便地进行文件浏览、查看、移动、复制等各种操作，在窗口中用户可浏览所有的磁盘、文件和文件夹。用户单击"开始"按钮，在"开始"菜单中选择"所有程序"，再选择"附件"，单击"Windows 资源管理器"命令，或直接单击任务栏中"Windows 资源管理器"图标，即可打开"库"窗口。"库"是专用的虚拟视图，用户可以将磁盘中不同位置的文件夹添加到库中，并在库这个统一的视图中浏览不同的文件夹内容。一个库中可以包含多个文件夹，同时同一个文件夹中也可包含多个不同的库。库中的链接会随着原始文件夹的变化而自动更新，可以以同名的形式存在于文件库中。

用户在系统默认提供库目录的基础上还可新建库目录。在"库"窗口空白处右击，在弹出的快捷菜单中选择"新建"→"库"选项，此时窗口出现一个"新建库"的图标，直接输入新库名称即可。

5．文件和文件夹的高级设置

在对计算机中的文件和文件夹等资源进行管理时，还可对文件和文件夹进行各种设置，包括设置文件和文件夹属性、显示隐藏文件和文件夹及设置文件夹外观等。

1）设置文件夹外观

管理计算机中的资源时，可对文件夹图标进行个性化设置，使用户快速识别该文件夹的内容。在操作的文件夹上右击，在弹出的快捷菜单中选择"属性"命令，打开"属性"对话框，选择"自定义"选项卡，然后单击"更改图标"按钮，如图 2-28 所示，在打开的对话框中进行选择，最后单击"确定"按钮，此时文件

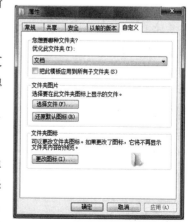

图 2-28　"属性"对话框

夹图标已经改变。

用户还可为默认的文件夹更改其外观样式，在"属性"对话框"自定义"选项卡的"文件夹图片"栏内，单击"选择文件"按钮，可在计算机中选择图片，单击"打开"按钮，返回"属性"对话框，最后单击"确定"按钮，则文件夹外观变成增加图片的样式。

2）设置文件和文件夹属性

若某个文件或文件夹只能被打开并查看，而内容不能被修改，或者需将某些文件或文件夹隐藏起来，则可对其属性进行相应的设置。例如，在文件夹上右击，在弹出的快捷菜单中选择"属性"命令，打开"属性"对话框，在"常规"选项卡的"属性"栏中选中"只读"或"隐藏"复选框，单击"确定"按钮，打开"确认属性更改"对话框，选中"仅将更改应用于此文件夹"单选按钮，单击"确定"按钮，返回保存文件夹的窗口，选择"隐藏"属性后将不会显示该文件夹。

3）显示隐藏文件和文件夹

隐藏文件夹或文件后，若需重新对其进行查看，可通过"文件夹选项"对话框进行设置，将其再次显示出来。单击工具栏中的"组织"按钮，在弹出的菜单中选择"文件夹和搜索选项"命令，打开"文件夹选项"对话框，选择"查看"选项卡，在"高级设置"列表框中选中"显示隐藏的文件、文件夹和驱动器"单选按钮，单击"确定"按钮。

4）加密文件和文件夹

加密文件和文件夹是指将文件和文件夹加以保护，使其他用户无法访问该文件或文件夹，保证文件和文件夹的安全性和保密性。Windows 7 的文件和文件夹加密方式和以往 Windows 系统有所不同，它提供了一种基于 NTFS 文件系统的加密方式，称为加密文件系统（Encrypting File System，EFS）。EFS 可以保证在系统启动以后（只有 Windows 7 商业版、企业版和旗舰版才拥有 EFS 功能），继续对用户数据提高保护。当一个用户设置了加密的数据时，其他任何未授权的用户，甚至是管理员都无法访问其数据。

右击加密文件夹，从弹出的快捷菜单中选择"属性"命令，打开"属性"对话框，单击"高级"按钮，打开"高级属性"对话框，选中"加密内容以便保护数据"复选框，单击"确定"按钮，返回至"属性"对话框，单击"确定"按钮，打开"确认属性更改"对话框，选中"将更改应用于此文件、子文件夹和文件"单选按钮，并单击"确定"按钮，即可加密该文件夹下的所有内容。

加密后的文件或文件夹将变为绿色，表明加密成功，该加密文件或文件夹只能在该用户名下访问，其他用户无法对其查看和修改。

5）共享文件和文件夹

多台计算机的文件和文件夹可以通过局域网供多用户共享，用户只需将文件或文件夹设置为共享属性，以供其他用户查看、复制及修改该文件或文件夹即可。右击要共享的文件夹，从弹出的快捷菜单中选择"属性"命令，打开"属性"对话框，选择"共享"选项卡，单击"高级共享"按钮，打开"高级共享"对话框，选中"共享此文件夹"复选框，另外"共享名""将同时共享的用户数量限制为""注释"都可以自己设置，也可以保持默认状态，单击"权限"按钮，可在"组或用户名"区域里看到组里成员，默认为"Everyone"，即所有的用户。

"Everyone 的权限"区域中"完全控制"是指其他用户可以删除修改本机上共享文件夹里的文件；"更改"是指可修改但不能删除；"读取"是指只能浏览复制，不得修改。在对应选项后选中"允许"复选框，然后连续单击"确定"按钮，关闭所有的对话框，完成文件夹的共享设置。注意，共享文件和文件夹后，用户必须启用来宾账户，方可让局域网内其他用户访问共享文件夹。

6．回收站的使用

回收站是系统默认存放删除文件的场所，一般文件和文件夹的删除分为逻辑删除和永久删除（物理删除），逻辑删除是指自动移动到回收站里，而不是从磁盘里彻底删除，可防止文件的误删除，随时可从回收站里还原文件和文件夹。

1）管理回收站

回收站中的文件和文件夹可以进行还原、清空和删除操作。从回收站中还原文件和文件夹的两种方法如下。

- 右击要还原的文件或文件夹，在弹出的快捷菜单中选择"还原"命令，即可将该文件或文件夹还原到被删除之前的磁盘目录位置。
- 选中要还原的文件或文件夹，直接单击回收站窗口中工具栏中的"还原此项目"按钮，也能将其还原到被删除之前的磁盘目录位置。

在回收站中删除文件和文件夹是永久删除，方法是：右击要删除的文件或文件夹，在弹出的快捷菜单中选择"删除"命令，然后会弹出提示对话框，单击"是"按钮，该文件或文件夹则被永久删除。

清空回收站是将回收站里的所有文件和文件夹全部永久删除，不必选择要删除的文件，直接右击桌面上的"回收站"图标，在弹出的快捷菜单中选择"清空回收站"命令，在弹出的对话框中，单击"是"按钮即可清空回收站。

2）设置回收站属性

在回收站还原或删除文件和文件夹的过程中，可使用回收站默认设置，也可按照自己的需求进行属性设置。回收站的属性设置很简单，用户只需右击桌面"回收站"图标，在弹出的快捷菜单中选择"属性"命令，打开"回收站属性"对话框，进行相应设置即可。

2.6 自主实践

2.6.1 Windows 7 基本操作

一、预习内容

（1）学习 Windows 7 的启动、退出。

（2）了解 Windows 7 桌面图标、任务栏、窗口等环境设置方法。

二、实践目的

（1）掌握 Windows 7 的启动、退出方法。

（2）掌握 Windows 7 的添加、删除、排列桌面图标方法。

（3）掌握任务栏、窗口、菜单及对话框的基本操作。

三、实践内容

（一）实训任务

（1）Windows 7 添加、删除桌面图标，完成如下操作。

① 将系统图标"计算机""网络"等添加到桌面上。

② 将"记事本"程序添加为桌面图标。

③ 删除桌面"网络"图标。

（2）Windows 7 桌面图标相关操作。

① 排列桌面图标。

② 改变桌面图标大小。

（操作视频）

（操作视频）

③ 改变任务栏大小及位置。
（3）Windows 7 窗口操作。
① 认识"计算机"窗口的组成。
② Windows 7 排列窗口和切换。
（二）思考与探究
（1）思考添加、删除桌面图标的方法。
（2）如何设置任务栏的位置和大小？
（3）Windows 窗口的切换方法有哪些？

2.6.2 Windows 7 个性化设置与控制面板的使用

一、预习内容
（1）学习 Windows 7 个性化设置。
（2）了解控制面板的功能及设置方法。
二、实践目的
（1）掌握设置 Windows 7 外观、主题、屏幕的方法。
（2）掌握设置任务栏和开始菜单的方法。
（3）掌握设置 Windows 7 系统日期和时间的方法。
（4）掌握设置计算机使用权限的方法。
（5）掌握设置鼠标和键盘及调整输入法的方法。
（6）掌握添加、删除打印机的方法。
三、实践内容
（一）实训任务
（1）设置 Windows 7 外观、主题和显示器分辨率。
① 设置桌面背景。
② 更改窗口颜色和外观。
③ 设置系统声音。
④ 设置屏幕保护程序。
⑤ 设置分辨率和刷新频率。
⑥ 设置 Windows 7 的主题。

（操作视频）

（2）设置任务栏和开始菜单。
① 调整任务栏的位置。
② 设置任务栏的外观属性。
③ 自定义任务栏通知图标。
④ 设置"开始"菜单。

（操作视频）

（3）设置日期和时间。
① 调整系统日期和时间。
② 添加附加时钟。
③ 设置时间同步。
（4）设置计算机使用权限。
① 认识账户类型。
② 创建用户账户。

（操作视频）

③ 更改用户账户。
④ 删除用户账户。
⑤ 退出与登录用户账户。
⑥ 使用家长控制。
(5) 设置鼠标和键盘及调整输入法。
① 设置鼠标属性。
② 设置键盘属性。
③ 调整输入法。
(6) 设置添加和删除打印机。
① 添加打印机。
② 删除打印机或其他设备。
(二) 思考与探究
(1) Windows 7 个性化外观设置包括哪些内容？
(2) 屏幕保护程序有什么作用？如何添加自己的图片作为屏幕保护内容？
(3) 如何添加和删除输入法？
(4) 如何添加网络打印机？

（操作视频）

2.7 拓展实训

1. 认识主要部件

(1) CPU：CPU 指中央处理器，一般由运算器和控制器组成。

(2) CPU 风扇：CPU 工作的时候要散发出大量的热量，如不及时散热，可能会烧坏，所以使用 CPU 风扇解决散热问题。

(3) 主板：主板是安装在机箱内的一块矩形电路板，上面有计算机的主要电路系统，主板上的插槽用于插接各种接口卡，以扩展计算机的功能。

(4) 内存条：内存条用来存放计算机正在使用的（即执行中的）数据或程序。动态内存（即 DRAM），指的是将数据写入 DRAM 后，经过一段时间，数据会丢失，因此需要额外电路进行内存刷新操作。也就是说它只是一个临时储存器，断电后数据会消失。

(5) 硬盘：硬盘是计算机的数据存储中心，应用程序和文档数据几乎都存储在硬盘上，需要时从硬盘上读取。它包括存储盘片及驱动器，特点是储存量大。硬盘是计算机中不可缺少的存储设备。

(6) 软驱：可以插入软盘，用以存放数据。

(7) 电源：电源是计算机供电的主要配件，是将 AC 交流电转换成直流电的设备。电源关系到整个计算机的稳定运行。

(8) 显卡：显卡的主要作用是对图形函数进行加速处理。显卡通过系统总线连接 CPU 和显示器，是 CPU 和显示器之间的控制设备。用来存放要处理的图形的数据信息。

(9) 声卡：声卡的主要功能是处理声音信号，并把信号传输给音箱或耳机，使其发出声音。

2. 安装硬件

(1) 安装机箱：在机箱的背后拧下右边的两个螺钉（有大有小）就可打开机箱。

(2) 安装电源：先将电源装在机箱的固定位置上，注意电源的风扇要朝向机箱的后面，这样才能正确地散热。然后用螺钉将电源固定起来。待主板安装后把电源线连接到主板上。

（3）安装主板：主板上要安装各种板卡，如 CPU、CPU 风扇、内存条、硬盘连接线、软驱连接线、光驱连接线、电源线、显卡、声卡、网卡等。

习题 2

1. 微型机硬件的最小配置包括主机、键盘和（　　）。
   A．打印机　　　　　B．硬盘　　　　　C．显示器　　　　　D．外存储器
2. 用汇编语言或高级语言编写的程序称为（　　）。
   A．用户程序　　　　B．源程序　　　　C．系统程序　　　　D．汇编程序
3. 一台彩色显示器的显示效果（　　）。
   A．取决于分辨率　　　　　　　　　　B．取决于显示器
   C．取决于显示卡　　　　　　　　　　D．既取决于显示器，又取决于显示卡
4. 通常所说的 24 针打印机属于（　　）。
   A．点阵式打印机　　　　　　　　　　B．激光式打印机
   C．喷墨式打印机　　　　　　　　　　D．热敏式打印机
5. 微型计算机硬件系统中最核心的部件是（　　）。
   A．主板　　　　　　B．CPU　　　　　C．内存储器　　　　D．I/O 设备
6. 配置高速缓冲存储器（Cache）是为了解决（　　）。
   A．内存与辅助存储器之间速度不匹配问题
   B．CPU 与辅助存储器之间速度不匹配问题
   C．CPU 与内存储器之间速度不匹配问题
   D．主机与外设之间速度不匹配问题
7. 计算机的主机由（　　）组成。
   A．CPU、外存储器、外部设备　　　　B．CPU 和内存储器
   C．CPU 和存储器系统　　　　　　　　D．主机箱、键盘、显示器
8. 运算器的组成部分不包括（　　）。
   A．控制线路　　　　B．译码器　　　　C．加法器　　　　　D．寄存器
9. 计算机的存储单元中存储的内容（　　）。
   A．只能是数据　　　　　　　　　　　B．只能是程序
   C．可以是数据和指令　　　　　　　　D．只能是指令
10. 微型计算机的内存储器是（　　）的。
    A．按二进制位编址　　　　　　　　　B．按字节编址
    C．按字长编址　　　　　　　　　　　D．按十进制位编址

（习题答案）

第3章 数据表示与数据处理

信息包括文字、数字、图片、图表、图像、音频、视频等。信息的表示有两种形态：一种是人类能够识别和理解的信息形态；另一种是计算机能够识别和理解的信息形态。由于计算机硬件是由电子元器件组成的，而电子元器件大多都有两种稳定的工作状态，可以很方便地用"0"和"1"来表示，因此，在计算机内部普遍采用二进制编码"0"和"1"来表示信息，也就是说，各种信息都必须经过数字化编码后才能被传送、存储和处理，这就使得通过输入设备输入到计算机中的任何信息，都必须转换成"0"和"1"编码的表示形式，才能被计算机所识别。

计算机需要处理的信息分为数值信息和非数值信息。本章主要介绍数制的基本概念和数值信息及非数值信息的表示与处理。

3.1 数制的相关概念

（视频资料）

生活中数制是人们利用符号来计数的科学方法，又称为计数制。数制有很多种，例如，最常使用的是十进制，钟表是六十进制，年是十二进制等。无论是哪种数制，都包含基数和位权两个基本要素。

3.1.1 数制的基本要素

1. 基数

在一个计数制中，表示每个数位上可用字符的个数称为该计数制的基数。例如，十进制数，每一位可使用的数字为0，1，…，9共10个，则十进制的基数为10，即逢十进一；二进制中用0和1来计数，则二进制的基数为2，即逢二进一。一般来说如果数制只采用 R 个基本符号，则称为 R 数制，R 称为数制的"基数"。

2. 位权

数制中每一个固定位置对应的单位值称为"权"，一个数码处在不同位置所代表的值不同，例如，十进制中数字5在十位数位置上表示"50"，在百位数上表示"500"，而在小数点后第1位则表示"0.5"，可见每个数码所代表的真正数值等于该数码乘以一个与数码所在位置相关的常数，这个常数就叫位权。位权的大小是以基数为底幂的形式，数码所在位置的序号为指数的整数次幂，其中位置序号的排列规则在小数点左边，从右向左分别为0，1，…在小数点右边，从左向右分别为-1，-2，…

以十进制为例，十进制的个位数位置的位权为 10^0，十位数位置的位权为 10^1，小数点后第1位的位权为 10^{-1}。十进制数 12345.678 的值等于 $1\times10^4+2\times10^3+3\times10^2+4\times10^1+5\times10^0+6\times10^{-1}+7\times10^{-2}+8\times10^{-3}$。十进制的基数 R 为10，十进制数"权"的一般形式为 10^n ($n=\cdots,1,0,-1,-2,\cdots$)。

3.1.2 计算机内部采用二进制的原因

（1）技术实现简单：计算机是由逻辑电路组成的，逻辑电路通常只有两种状态，使用0和1进行计数。对于物理元器件而言，一般也都具有两种稳定状态，例如，开关的接通与断开，二极管的导通与截止，电平的高与低等，这些都可以用0和1两个数码来表示，假如采用十进制数，制造具有10种稳定状态的电子元器件是非常困难的。

（2）简化运算规则：两个二进制数和、积运算组合各有三种，运算规则简单，有利于简化计算机内部结构，提高运算速度。

（3）适合逻辑运算：逻辑代数是逻辑运算的理论依据，二进制只有两个数码 1 和 0，正好与逻辑代数中的"真"和"假"相吻合，可以很自然地进行逻辑运算。

（4）易于进行转换：二进制数与十进制数之间易于互相转换。

（5）用二进制表示数据具有抗干扰能力强、可靠性高等优点。因为每位数据只有高、低两种状态，当受到一定程度的干扰时，仍能可靠地分辨出它是高还是低。

3.1.3 计算机中的常用数制

人们在日常生活中常使用的时间、消费的钱币等是存在进制关系的。计算机中有十进制系统（Decimal System），即有 10 个数 0、1、2、3、4、5、6、7、8、9，也存在二进制、八进制和十六进制。在计算机内部均用二进制数来表示各种信息，但计算机与外部的交互仍采用人们熟悉和便于阅读的形式，它们的转换则由计算机系统的软、硬件来实现。

1．二进制

在现代电子计算机中，无论是什么类型的信息（数字、文本、图形、图像、音频、视频等），在计算机内部都采用二进制数形式表示，即采用 0 和 1 表示的二进制进行计数，基数为 2，如二进制数 1010 可以表示为$(1010)_2$。

2．八进制和十六进制

计算机使用二进制数进行各种算术运算和逻辑运算虽然有计算速度快、简单等优点，但也存在一些不足。在一般情况下，使用二进制数表示信息需要占用更多的位数，如十进制数 11，对应的二进制数为 1011，占 4 位。因此，为了方便读写，人们又发明了八进制和十六进制。

八进制基数为 8，使用数字 0，1，…，7 共 8 个数字来表示，运算时逢八进一。

十六进制基数为 16，使用数字 0，1，…，9，A，B，…，F 共 16 个数字和字母来表示，运算时逢十六进一。

为了区别这几种数制表示方法，通常会在数字后面加一个缩写的大写字母，或者将要表示的数用圆括号括起来，然后用进制下标来标识，如表 3-1 所示。

表 3-1 数制表示方法

类别	基数	使用基本符号	字母标识	书写格式	英文单词
二进制数	2	0，1	B	$(1001)_2$ 或 1001B	Binary
八进制数	8	0，1，…，7	O	$(1001)_8$ 或 1001O	Octal
十进制数	10	0，1，…，9	D	$(1001)_{10}$ 或 1001D	Decimal
十六进制数	16	0，1，…，9，A，B，…，F	H	$(1001)_{16}$ 或 1001H	Hexadecimal

3.2 进制转换

3.2.1 R 进制数转换成十进制数

任意 R 进制数可以按其位权方式进行展开。若 L 有 n 位整数，m 位小数，则其各位数为：$(K_{n-1}K_{n-2}\cdots K_0.K_{-1}K_{-2}\cdots K_{-m})$，$L$ 可以表示为：

$$L = \sum_{i=-m}^{n-1} K_i R^i = K_{n-1}R^{n-1} + K_{n-2}R^{n-2} + \cdots + K_0 R^0 + K_{-1}R^{-1} + K_{-2}R^{-2} + \cdots + K_{-m}R^{-m}$$

当一个 R 进制数按位权展开后，也就得到了该数值所对应的十进制数。所以，当 R 进制数转换为十进制数时，采用按位权展开各项相加的法则。

【例 3-1】将二进制数 10110.11B 转换成对应的十进制数。

$$(10110.11)_2 = 1 \times 2^4 + 0 \times 2^3 + 1 \times 2^2 + 1 \times 2^1 + 0 \times 2^0 + 1 \times 2^{-1} + 1 \times 2^{-2} = (22.75)_{10}$$

【例 3-2】将八进制数 45.7O 转换成对应的十进制数。

$$(45.7)_8 = 4 \times 8^1 + 5 \times 8^0 + 7 \times 8^{-1} = (37.86)_{10}$$

【例 3-3】将十六进制数 9B.4H 转换成对应的十进制数。

$$(9B.4)_{16} = 9 \times 16^1 + 11 \times 16^0 + 4 \times 16^{-1} = (155.25)_{10}$$

3.2.2 十进制数转换成 R 进制数

十进制数转换成 R 进制数，应该把十进制数分为整数部分和小数部分分别转换。

整数部分的转换法则是除以 R 取余法；小数部分的转换法则是乘以 R 取整法。

对于整数 L，我们可以表示为：

$$L = K_{n-1}R^{n-1} + K_{n-2}R^{n-2} + \cdots + K_0 R^0$$

其中 K_i 表示除以 R 得到的各位余数。

对于小数 L，我们可以表示为：

$$L = K_{-1}R^{-1} + K_{-2}R^{-2} + \cdots + K_{-m}R^{-m}$$

其中 K_{-i} 表示乘以 R 得到的各位整数。

【例 3-4】将十进制数 35.625D 转换为二进制数。

整数部分转换：35 除以 2 取各位余数。

除以 R	取余数	对应二进制位数	
35÷2=17	1	K_0	最低位
17÷2=8	1	K_1	↑
8÷2=4	0	K_2	
4÷2=2	0	K_3	
2÷2=1	0	K_4	
1÷2=0	1	K_5	最高位

所以 35D=100011B。

注意：当除以 R 的商为 0 时，应停止取余操作。先得到的余数作为低位，后得到的余数作为高位。

小数部分转换：0.625 乘以 2 取各位上的整数。

乘以 R	取整数	对应二进制位数	
0.625×2=1.250	1	K_{-1}	小数点后最高位
0.25×2=0.5	0	K_{-2}	
0.5×2=1.0	1	K_{-3}	小数点后最低位

所以 0.625D=0.101B。

注意：在转换小数部分时，当乘以 R 后小数部分为 0 时，或满足某些精度要求时，应停止取整操作。先得到的整数作为高位，后得到的整数作为低位。另外，取走的整数部分不再参与下次乘法运算。

最后将整数部分和小数部分的转换结果相加，得到 35.625D=100011.101B。

【例3-5】将十进制数 42.425D 转换为八进制数，精确到小数点后两位。

整数部分转换：

```
8 | 42
  8 | 5      2     ↑ 低
      0      5     │
      商    余数   │ 高
```

所以 42D=52O。

小数部分转换：

```
        0.425           ↑ 高
      ×   8             │
        3.400     3     │
        0.400           │
      ×   8             │
        3.200     3     │
        0.200           │
      ×   8             │
        1.600     1     ↓ 低
          积    整数
```

所以 0.425D=0.33O。

注意：精确到小数点后两位，需要求出小数点后的第三位，然后按照舍入规则进行取舍（八进制 3 舍 4 入，二进制 0 舍 1 入，十六进制 7 舍 8 入）。

所以 42.425D=52.33O。

【例3-6】将十进制数 246.325D 转换为十六进制数，精确到小数点后两位。

整数部分转换：

```
16 | 246
   16 | 15     6     ↑ 低
        0      F     │
        商    余数   │ 高
```

所以 246D=F6H。

小数部分转换：
所以 0.325D=0.53H。
所以 246.325D=F6.53H。

3.2.3 二进制数、八进制数和十六进制数的相互转换

1. 二进制数与八进制数的转换

由于 $2^3=8$，三位二进制数正好可以用一位八进制数表示，所以，只要把每三位二进制数码转换成相应的八进制数码即可。基本法则是整数部分以小数点为界从右向左，每三位为一组进行转换，小数部分从小数点开始，从左向右，每三位为一组进行转换。整数部分不足三位一组者，左边补 0，小数部分不足三位一组者，右边补 0。

若是八进制数转换成二进制数，则只要把八进制数的每一位数码用相应的三位二进制数码表

示出来，排列在一起就是这个八进制数的二进制表示。

【例 3-7】二进制数 10101101.101B 转换成八进制数。

10101101.101B=<u>010</u>　<u>101</u>　<u>101</u>．<u>101</u> B=255.5O

【例 3-8】将八进制数 255.6O 转换成二进制数。

<u>2</u>　<u>5</u>　<u>5</u>．<u>6</u> O=<u>010</u>　<u>101</u>　<u>101</u>．<u>110</u> B=10101101.11B

2．二进制数与十六进制数的转换

与八进制和二进制之间的转换类似，由于 $2^4=16$，四位二进制数正好可以用一位十六进制数表示，所以，只要把每四位二进制数码转换成相应的十六进制数码即可。基本法则是，整数部分以小数点为界从右向左，每四位为一组进行转换，小数部分从小数点开始，从左向右，每四位为一组进行转换，整数部分不足四位一组者，左边补 0，小数部分不足四位一组者，右边补 0。

若是十六进制数转换成二进制数，则只要把十六进制数的每一位数码用相应的四位二进制数码表示出来，排列在一起就是这个十六进制数的二进制表示。

【例 3-9】将二进制数 11011010.011B 转换成十六进制数。

11011010.011B=<u>1101</u>　<u>1010</u>．<u>0110</u>B=DA.6H

【例 3-10】将十六进制数 B9C.AH 转换成二进制数。

<u>B</u> <u>9</u> <u>C</u>．<u>A</u>H=<u>1011</u>　<u>1001</u>　<u>1100</u>．<u>1010</u>B=101110011100.101B

常用计数制对照表如表 3-2 所示

表 3-2　常用计数制对照表

十进制数	二进制数	八进制数	十六进制数	十进制数	二进制数	八进制数	十六进制数
0	0	0	0	8	1000	10	8
1	1	1	1	9	1001	11	9
2	10	2	2	10	1010	12	A
3	11	3	3	11	1011	13	B
4	100	4	4	12	1100	14	C
5	101	5	5	13	1101	15	D
6	110	6	6	14	1110	16	E
7	111	7	7	15	1111	17	F

3.2.4　二进制数运算

计算机内二进制数可以做两种基本运算：算术运算和逻辑运算。

1．算术运算

算术运算包括加、减、乘、除，运算规则类似于十进制数运算。

（1）加法规则：0+0=0、0+1=1、1+0=1、1+1=10（向高位进位）。

【例 3-11】计算二进制数 $(1101)_2+(1011)_2=(11000)_2$。

```
      1101
  +   1011
      11000   （向高位进位）
```

（2）减法规则：0-0=0、0-1=1（向高位借位）、1-0=1、1-1=0。

【例 3-12】计算二进制数 $(1101)_2 - (1011)_2 = (0010)_2$。

```
    1101
  - 1011
  ─────
    0010    （向高位借位）
```

若被减数小于减数，则将被减数与减数交换位置，按上述方法计算后，在两数的差前面加一个负号。

【例3-13】计算二进制数$(1011)_2 - (1101)_2 = -(1101)_2 - (1011)_2 = (-0010)_2$。

（3）乘法规则：0×0=0、0×1=0、1×0=0、1×1=1。

【例3-14】计算二进制数$(1101)_2 \times (1011)_2 = (10001111)_2$。

```
         1101
    ×    1011
    ─────────
         1101
        1101
       0000
      1101
    ─────────
     10001111
```

（4）除法规则：0÷1=0、1÷1=1。

【例3-15】计算二进制数$(110111)_2 \div (101)_2 = (1011)_2$。

```
            1011
       ┌─────────
    101│ 110111
            101
          ─────
            111
            101
          ─────
             101
             101
          ─────
               0
```

2. 逻辑运算

逻辑运算包括与、或、非，是在对应的两个二进制数位之间进行的，不存在算术运算中的进位或借位情况。

（1）逻辑与规则：0∩0=0、0∩1=0、1∩0=0、1∩1=1。

【例3-16】计算二进制数$(1101)_2 \cap (1011)_2 = (1001)_2$。

```
       1101
    ∩  1011
    ───────
       1001
```

（2）逻辑或规则：0∪0=0、0∪1=1、1∪0=1、1∪1=1。

【例3-17】计算二进制数$(1101)_2 \cup (1011)_2 = (1111)_2$。

```
       1101
    ∪  1011
    ───────
       1111
```

（3）逻辑非规则：$\overline{0}=1$、$\overline{1}=0$。

3.3 计算机信息编码

3.3.1 计算机中的存储单位

计算机内部均用二进制数来表示各种信息，计算机与外部的交互仍采用人们熟悉和便于阅读的形式，由计算机系统的软、硬件来实现转换。

信息存储的单位有以下 3 种。

1．位（b）

位（bit）是计算机内部存储信息的最小单位，1 个二进制位只能表示 0 或 1，要想表示更大的数，就得把更多的位组合起来作为一个整体，每增加 1 位所能表示的信息量就增加 1。

2．字节（B）

字节（Byte）是计算机内部存储信息的基本单位，1 个字节由 8 个二进制位组成，即 1B=8b。在计算机中，常用的信息存储单位还有千字节（KB）、兆字节（MB）、吉字节（GB）和太字节（TB）等，其中：

$1KB=2^{10}B = 1024B$　　　　$1MB=2^{10}KB=1024KB$　　　　$1GB=2^{10}MB=1024MB$

$1TB=2^{10}GB =1024GB$　　　$1PB =2^{10}TB = 1024 TB$　　　$1EB=2^{10}PB = 1024 PB$

$1ZB=2^{10}EB = 1024 EB$　　$1YB=2^{10}ZB = 1024 ZB$　　　$1BB=2^{10}YB = 1024 YB$

$1NB=2^{10}BB = 1024 BB$　　$1DB=2^{10}NB =1024 NB$　　　$1CB=2^{10}DB =1024DB$

3．字（Word）

1 个字通常由 1 个字节或若干个字节组成，是计算机进行信息处理时 1 次存取、加工和传送的数据长度。字长是衡量计算机性能的重要指标，字长越长，计算机 1 次所能处理信息的实际位数就越多，运算精度就越高，最终表现为计算机的处理速度越快，常用的字长有 8 位、16 位、32 位和 64 位等。

3.3.2 数值型数据编码

数值在计算机中采用"二进制"方式存储。数值有正、负和大、小之分，为了解决数据的正、负问题，引入数据的原码、反码、补码表示。为了解决数据的表示范围问题，引入数据的定点表示和浮点表示。

1．真值数与机器数

1）真值数

在机器外用"+""−"表示有符号数的正、负，如-6。

2）机器数

机器数可分为无符号数和带符号数两种，无符号数是指计算机字长的所有二进制位均表示数值；带符号数是指机器数分为符号和数值两部分，且均用二进制数表示，在机器内用"0"表示"正号"，"1"表示"负号"。如真值数+6 和-6 用 8 位带符号机器数分别表示为 00000110 和 10000110。

3）机器数的特点

① 机器字长是有限的，因此由字长决定数的表示范围。机器字长是指以多少个二进制位表示一个数。

② 符号数值化，参与运算。

③ 小数点按约定方式标出，而不是由专门元器件表示。

2. 数的定点和浮点表示

1) 定点数

所有数值数据的小数点隐含在某一个固定位置上,称为定点表示法,简称定点数,通常分为定点小数和定点整数。

① 定点小数。

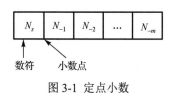

图 3-1 定点小数

指小数点固定在符号位之后,机器中的所有数均为纯小数。任何一个小数都可以写成:$N = N_s N_{-1} N_{-2} \cdots N_{-m}$,$N_s$ 表示符号位(数符),如图 3-1 所示。注意,在这种表示数的方法中,小数点紧接在符号位之后,不用明确表示出来,即不占用二进制的位。对 $m+1$ 个二进制位表示的小数,其值的范围为:$|N| \leq 1 - 2^{-m}$。

【例 3-18】±0.625D 的机器数表示。

数的真值　±0.625D=±0.101B

机器数								
+0.625	0	1	0	1	0	0	0	0
−0.625	1	1	0	1	0	0	0	0

② 定点整数。

指小数点固定在最低位之后,机器中的所有数均为整数。整数分为带符号和不带符号两类。带符号整数,符号位仍然在最高位。可以写成:$N = N_s N_N N_{N-1} \cdots N_0$,$N_s$ 表示符号位,如图 3-2 所示。对 $N+1$ 个二进制位表示的整数,其值的范围为:$|N| \leq 2^N - 1$。

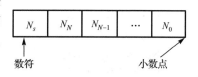

图 3-2 定点整数

对于不带符号的整数,所有的 $N+1$ 个二进制位均看成数值,此时数值表示范围为:$0 \leq N \leq 2^{N+1} - 1$。

由于实际参与运算的数往往既有整数部分又有小数部分,因此必须选取合适的比例因子,把原始的数缩小成纯小数或扩大成纯整数后再进行处理,所得到的运算结果还需要根据比例因子还原成实际的数值,这是很烦琐的。所以定点表示法仅适用于计算较简单且数的范围变化不太大的场合。

2) 浮点数

指小数点的位置不固定的数。与科学计数法相似,任意一个 J 进制数 N,总可以写成 $N = J^E \times M$,式中 M 称为数 N 的尾数,是一个纯小数;E 为数 N 的阶码,是一个整数,其符号位称为阶符,J 称为比例因子 J^E 的底数。这种表示方法相当于数的小数点位置随比例因子的不同而在一定范围内自由浮动,所以称为浮点表示法。

底数是事先约定好的(常取 2),在计算机中不出现。当在机器中表示一个浮点数时,一是要给出尾数,用定点小数形式表示,尾数部分给出有效数字的位数,从而决定了浮点数的表示精度;二是要给出阶码,用整数形式表示,阶码指明小数点在数据中的位置,从而决定了浮点数的表示范围,浮点数也要有符号位,称为数符。如果用 16 位二进制来表示一个浮点数,则 16 位二进制位的分配方式如图 3-3 所示。

15	14–12	11	10 ---------------- 0
阶符	阶码	数符	尾数

图 3-3 浮点数

【例 3-19】$N = -35.625 = -100011.101B = -0.100011101 \times 2^{110}$ 的浮点表示,如图 3-4 所示。

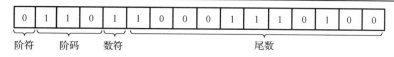

图 3-4 浮点表示

阶码是一个带符号的整数,它用来指示尾数中的小数点应当向左或向右移动的位数。尾数表示数值的有效数字,其本身的小数点约定在数符和尾数之间。

3. 原码、反码和补码

常见的机器数有原码、反码、补码三种不同形式。

原码是指在表示数的时候最高位为符号位,其余各位为数值本身的绝对值。

反码要分两种情况考虑,正数的反码与原码相同;负数的反码符号位为 1,其余位对原码取反。

补码也分两种情况考虑,正数的原码、反码、补码相同;负数的补码最高位为 1,其余位为原码取反,再对整个数加 1。

【例 3-20】求 –7 的原码、反码、补码。

–7D=10000111B

原码：10000111

反码：11111000　　在原码的基础上符号位不变,其余各位取反。

补码：11111001　　在反码的基础上加 1,得到补码。

注意:对于 0 这个数字来讲,也分为正数 0 和负数 0 两种,它们的原码、反码是不同的。若以 $N+1$ 位二进制位表示一个数,若按照原码的形式表示数,则该数所表示的范围为:$-2^N+1 \sim 2^N-1$；若按照补码的形式表示数,则该数所表示的范围为:$-2^N \sim 2^N-1$。

特别规定：–128 的补码为 10000000,所以有符号字节的补码表示范围为：–128～127,–128 不在表示范围之内,所以没有反码。

（1）原码：把真值数的符号位用"0"表示正号,"1"表示负号。

【例 3-21】+6 的原码为：00000110

　　　　　 –6 的原码为：10000110

（2）反码：正数的反码与原码相同,负数的反码即除符号位之外其他位按位取反而成。

【例 3-22】+6 的反码为：00000110

　　　　　 –6 的反码为：11111001

（3）补码：正数的补码与原码相同,负数的补码为将它的反码加 1。

【例 3-23】+6 的补码为：00000110

　　　　　 –6 的补码为：11111010

3.3.3 非数值信息编码

所谓非数值信息,通常是指字符、图像、音频、视频等信息,在计算机中用得最多的非数字信息是文本字符,字符又可以分为汉字字符和非汉字字符。非数值信息通常不用来表示数值的大小,在计算机内部都采用了某种编码标准,通过编码标准可以把其转换成 0、1 代码串进行处理,计算机将这些信息处理完毕再转换成可视的信息显示出来。

1. 西文字符编码

字符是计算机中使用最多的信息形式之一,是人与计算机进行通信、交互的重要媒介。字符的集合称为"字符集"。西文字符集由字母、数字、标点符号和一些特殊符号组成。在计算机中,要为每个字符指定一个确定的编码,作为识别与使用这些字符的依据。各种字母和符号也必须使用规定的二进制码表示，计算机才能处理。

在西文领域，目前普遍采用的是 ASCII 码（American Standard Code for Information Interchange，美国标准信息交换码），ASCII 码虽然是美国国家标准，但它已被国际标准化组织（ISO）定为国际标准，并在全世界范围内通用，作为国际通用的信息交换标准代码，对应的国际标准是 ISO 646。ASCII 码有 7 位 ASCII 码和 8 位 ASCII 码两种。

标准的 ASCII 码是 7 位码，用一个字节表示最高位是 0，可以表示 128（2^7）个字符。前 32 个码和最后一个码通常是计算机系统专用的，代表一个不可见的控制字符。数字字符 0～9 的 ASCII 码是连续的，为 30H～39H（H 表示十六进制数）；大写英文字母 A～Z 和小写英文字母 a～z 的 ASCII 码也是连续的，分别为 41H～5AH 和 61H～7AH。因此知道一个字母或数字的 ASCII 码，就很容易推算出其他字母和数字的 ASCII 码，如表 3-3 所示。

表 3-3 ASCII 码表

低4位		高3位							
		0	1	2	3	4	5	6	7
		000	001	010	011	100	101	110	111
0	0000	NUL	DLE	SP	0	@	P	`	p
1	0001	SOH	DC1	!	1	A	Q	a	q
2	0010	STX	DC2	"	2	B	R	b	r
3	0011	ETX	DC3	#	3	C	S	c	s
4	0100	EOT	DC4	$	4	D	T	d	t
5	0101	ENQ	NAK	%	5	E	U	e	u
6	0110	ACK	SYN	&	6	F	V	f	v
7	0111	BEL	ETB	'	7	G	W	g	w
8	1000	BS	CAN	(	8	H	X	h	x
9	1001	HT	EM	)	9	I	Y	i	y
A	1010	LF	SUB	*	:	J	Z	j	z
B	1011	VT	ESC	+	;	K	[	k	{
C	1100	FF	FS	,	<	L	\	l	|
D	1101	CR	GS	-	=	M	]	m	}
E	1110	SO	RS	.	>	N	↑	n	~
F	1111	ST	US	/	?	O	↓	o	DEL

8 位 ASCII 码称为扩展的 ASCII 码字符集，由于 7 位 ASCII 码只有 128 个字符，在很多应用中无法满足要求，为此国际标准化组织又制定了 ISO 2002 标准，它规定了在保证与 ISO 646 兼容的前提下，将 ASCII 码字符扩充为 8 位编码的统一方法，8 位 ASCII 码可以表示 256 个字符。

ASCII 码的每个字符用 7 位二进制表示，其排列次序为 $d_6d_5d_4d_3d_2d_1d_0$，d_6 为高位。但是一个字符在计算机内部实际上是用 8 位表示的。所以，最高一位 d_7 设置为"0"。如果需要奇偶校验，这一位可用于存放奇偶校验的值，此时称这一位为校验位。

00H～1FH 段的 32 个代码是对控制符的编码。一个控制符代表一种操作。例如，"CR"代表"回车"操作，在键盘上按下回车键，将代码 0DH 送入主机。

20H 是对"空格"的编码，"空格"是字符，而且在文字之间是可见的字符。

2. 中文字符编码

由于汉字是象形文字，具有字形结构复杂、重音字和多音字多等特殊性，因此汉字的输入、存储、处理及输出过程中所使用的汉字编码是不相同的,其中包括用于汉字输入的输入码,用于机内存储和处理的机内码和用于输出显示和打印的字模点阵码(或称字形码)。

1)汉字的输入码

汉字的输入码是为了利用现有的计算机键盘,将形态各异的汉字输入计算机而编制的代码。目前在我国推出的汉字输入编码方案很多,其表示形式大多使用字母、数字或符号。编码方案大致可以分为,以汉字发音进行编码的音码,如全拼码、简拼码、双拼码等;以汉字书写的形式进行编码的形码,如五笔字型码等。

2)汉字的机内码

汉字的机内码是供计算机系统内部进行存储、加工处理、传输等统一使用的代码,又称为汉字内部码或汉字内码。不同的系统使用的汉字机内码有所不同。使用最广泛的是一种2B(2个字节)的机内码,俗称变形的国标码。其最大优点是表示简单,且与交换码之间有明显的对应关系,同时也解决了中西文机内码存在二义性的问题。

3)汉字的字形码

汉字的字形码是汉字字库中存储的汉字字形的数字化信息,用于汉字的显示和打印。汉字字形的产生方式大多是数字式,即以点阵方式形成汉字。因此,汉字字形码主要是指汉字字形点阵的代码。汉字字形点阵有16×16点阵、24×24点阵、32×32点阵、64×64点阵等。如"春"字的24×24点阵表示形式,如图3-5所示。一个汉字方块中行数、列数分得越多,描绘的汉字也就越精确,但占用的存储空间也就越大。

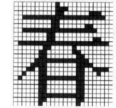

图3-5 "春"字的24×24点阵表示形式

4)国标码

国标码就是国家标准汉字编码GB 2312—80所规定的机器内部编码,代表中文简化字,在我国广泛使用。其用于汉字信息处理系统之间或者通信系统之间交换信息,因此,又称为汉字交换码。国标码采用ASCII码表中的可显示字符的代码21H～7EH作为汉字的区码和位码,构成94×94的矩阵,对收录的6763个汉字、682个西文字符和图符进行编码。矩阵的每行称为"区",每列称为"位"。国标码规定每个汉字用2个字节二进制编码表示,每个字节的最高位为0,其余7位用于表示汉字信息。如汉字"啊"的国标码为00110000 00100001。

5)区位码

国标码是一个4位十六进制数,区位码是一个4位的十进制数,每个国标码或区位码都对应着一个唯一的汉字或符号,但因为十六进制数很少用到,所以常用的是区位码,它的前两位叫区码,后两位叫位码。

在Windows中常用Ctrl+空格组合快捷键和Ctrl+Shift组合快捷键调出区位码。如"2901"代表"健"字,"4582"代表"万"字,"8150"代表"楮"字,这些都是汉字,用区位码还可以很轻松地输入特殊符号,如"0189"代表"※"(特殊符号),"0528"代表"ゼ"(日文),"0711"代表"Ю"(俄文),"0949"代表"┳"(制表符)。

6)UCS编码

为了统一表示世界各国的文字,1993年我国国家标准采用国际标准化组织公布的"通用多八位编码字符集"的国际标准ISO/IEC 10646,简称UCS(Universal Code Set)。UCS包含了中、日、韩等国的文字,这一标准为包括汉字在内的各种正在使用的文字规定了统一的编码方案。该标准是用4个字节来表示每个字符,并相应地指定组、平面、行和字位。

整个编码字符集包含128(1个字节的低7位即$2^7=128$)个组,其中每个组表示256($2^8=256$)

个平面，每个平面包含 256 行，每行有 256 个字位。4 个字节共 32 位，足以包容世界上所有的字符，同时也符合现代处理系统的体系结构要求。

第 1 个平面（00 组中的 00 平面）称为基本多文种平面，它包含字母文字、音节文字及表意文字等，其分成 4 个区。

① A 区：代码位置 0000H～4DFFH（19903 个字位），用于字母文字、音节文字及各种符号。

② I 区：代码位置 4E00H～9FFFH（20992 个字位），用于中、日、韩统一的表意文字。

③ O 区：代码位置 A000H～DFFFH（16384 个字位），留作未来标准化用。

④ R 区：代码位置 E000H～FFFDH（8190 个字位），作为基本多文种平面的限制使用区，它包括专用字符、兼容字符等各种符号。

如汉字"大"的国标码为 3473H，UCS 编码为 00005927H，即在 00 组，00 面，59H 行，第 27H 字位上。

3. Unicode 编码

随着因特网的迅速发展，人们进行信息交换的需求越来越大，不同的编码成为信息交换的障碍，于是 Unicode 编码应运而生。Unicode 编码是由国际标准化组织于 20 世纪 90 年代初制定的一种字符编码标准，它用多个字节表示 1 个字符，几乎所有的书面语言都能够用单一的 Unicode 编码表示。前 128 个 Unicode 字符是标准 ASCII 码字符，接下来是 128 个扩展的 ASCII 码字符，其余的字符供不同的语言使用。在 Unicode 中，ASCII 码字符也用多个字节表示，这样 ASCII 码字符与其他字符的处理就统一起来了，大大简化了处理的过程。

4. 图形和图像的表示

图形是由计算机绘图工具绘制的图形，图像是由数码相机或扫描仪等输入设备捕捉的实际场景画面，通常可以将图形和图像统称为图像。在计算机中图像常采用位图图像或矢量图像两种表示方法。

图 3-6 位图图像表示

1）位图图像

计算机屏幕图像是由一个个像素点组成的，将这些像素点的信息有序地储存到计算机中，用来保存整幅图的信息，这种图像文件类型叫位图图像，如图 3-6 所示。

对于黑白图像只有黑白两种颜色，计算机只要用 1 位（1bit）数据即可记录 1 个像素的颜色，用 0 表示黑色，1 表示白色。若增加表示像素的二进制数的位数，则能够增加计算机表示的灰色度。例如，计算机用 1 个字节（8 位）数据记录 1 个像素的颜色，则从 00000000（纯黑）到 11111111（纯白）可以表示 256 色灰度图像。

对于彩色图像，每个像素的颜色用红（R）、绿（G）、蓝（B）三原色的强度表示，若每个颜色的强度用 1 个字节来表示，则每种颜色包括 256 个强度级别，强度从 00000000 到 11111111。因此，描述每个像素需要 3 个字节，该像素的颜色是三种颜色的复合结果。例如，11111111（R）、00000000（G）、00000000（B）为红色，11111111（R）、11111111（G）、00000000（B）为黄色，11111111（R）、11111111（G）、11111111（B）为白色。

常见的位图图像文件类型有.bmp、.pcx、.gif、.jpg、.tif、.psd 和.cpt 等，同样的图形以不同类型的文件保存时，文件大小也会有所差别。

位图图像能够制作出颜色和色调变化丰富的图像，可以逼真地表现出自然界的景观，广泛应用在照片和绘图图像中，而且很容易在不同软件之间交换文件。其缺点是无法制作真正的三维图像，并且图像在缩放、旋转和放大时会产生失真现象，同时文件较大，对内存和硬盘空间容量的

2）矢量图像

矢量图像是用一组指令集合来描述图像的内容，包括描述构成该图像的所有直线、圆、圆弧、矩形、曲线等图元的位置、维数和形状。

矢量图像所占的存储容量较小，可以很容易地进行放大、缩小和旋转等操作，并且不会失真，适合用于表示线框型的图画、工程制图、美术字和三维建模等方面。但是矢量图像不易制作色调丰富或色彩变化太多的图像。

常见的矢量图图像文件类型有.ai、.eps、.svg、.dwg、.dxf、.wmf 和.emf 等。

5．音频的表示

音频用于表示声音和音乐，音频本身是模拟信号，是连续的，不适合在计算机中存储，需要对其离散化。首先需要对其采样，采样就是以相等的间隔来测量信号的值；然后再量化采样值，就是给采样值分配值，例如，如果一采样值为 34.2，而值集为 0 到 63 的整数值，那么将该采样值量化为值 34；最后将量化值转换为二进制并存入计算机。

常见的音频格式有.wav、.midi、.mp3、.au、.wma 等。

6．视频的表示

视频实际上是由一系列的静态图像组成的动态图像，其中每幅静态图像称为帧。若组成动态图像的每帧图像是由人工或计算机加工而成的，则称为动画。若组成动态图像的每帧图像是通过实时摄取自然景象或活动对象而成的，则称为视频。

视频文件是将静态图像运用位图的形式有序储存，但这样数据量太大，因此现在的视频文件大多采用了视频压缩技术。总体而言，空间冗余性可以借由"只记录单帧画面的一部分与另一部分的差异性"来降低，这种技巧称为帧内压缩（Intraframe Compression）。而时间冗余性则可借由"只记录两帧不同画面间的差异性"来降低，这种技巧被称为帧间压缩（Interframe Compression），包括运动补偿及其他技术。

根据所采用的压缩编码技术的不同，常见的视频格式有 MPEG/MPG/DAT、AVI、RA/RM/RAM、MOV、WMV、RMVB、FLV 等。

7．动画的表示

动画是通过把人物的表情、动作、变化等分解后画成许多动作瞬间的画幅，再用摄影机连续拍摄成一系列画面，给人们的视觉带来连续变化的图画感。它的基本原理与电影、电视一样，都是视觉暂留原理。

按工艺技术可将动画分为：平面手绘动画、立体拍摄动画、虚拟生成动画、真人结合动画；

按传播媒介可将动画分为：影院动画、电视动画、广告动画、科教动画；

按动画性质可将动画分为：商业动画、实验动画。

动画由于应用领域不同，也存在着不同的存储格式，常见的有.gif、.swf、.mov、.fli、.flc、.mov 等格式。

动画和视频经常被认为是多媒体技术中重要的媒体形式，主要是缘于它们都属于"动态图像"的范畴。动态图像是连续渐变的静态图像或者图形序列，沿时间轴顺序更换显示，从而产生运动视觉感受的媒体形式。

然而，动画和视频事实上是两个不同的概念。动画的每帧图像都是由人工或计算机产生的。根据人眼的特性，用 15~20 帧/秒的速度顺序地播放静止图像帧，就会产生运动的感觉。视频的每帧图像都是通过实时摄取自然景象或者活动对象获得的。视频信号可以通过摄像机、录像机等连续图像信号输入设备来产生。

3.4 自主实践

3.4.1 Windows 附带应用程序——写字板和记事本的使用

一、预习内容

（1）学习写字板和记事本的启动、退出。
（2）了解文档的创建、打开、保存及窗口的组成。

二、实践目的

（1）掌握写字板和记事本的启动和退出方法。
（2）熟悉写字板和记事本的功能界面。
（3）掌握写字板和记事本的基本操作。

三、实践内容

（1）"写字板"是一个使用简单，功能强大的文字处理程序，用户可以利用它在日常工作中进行文件的编辑。它不仅可以进行中英文文档的编辑，而且还可以进行图文混排，插入图片、声音、视频等多媒体资料。

实践内容如下：

单击"开始"按钮，选择"所有程序"→"附件"→"写字板"命令，即可打开默认文件名为"文档.rtf"的写字板文档，输入文字内容，完成效果。

（2）"记事本"用于纯文本文档的编辑，功能没有写字板强大，适合编写一些篇幅短小的文件。在记事本中用户可以使用不同的语言格式创建文档，而且可以用不同的格式打开或保存文件。

实践内容如下：

单击"开始"按钮，选择"所有程序"→"附件"→"记事本"命令，即可打开默认文件名为"无标题.txt"的记事本文档，粘贴复制的内容，自行测试相应功能。

3.4.2 Windows 附带应用程序——画图工具和媒体播放器的使用

一、预习内容

（1）学习画图工具和媒体播放器的启动、退出。
（2）了解画图工具和媒体播放器的基本操作。

二、实践目的

（1）掌握画图工具和媒体播放器的启动、退出方法。
（2）熟悉画图工具和媒体播放器的功能界面。
（3）掌握画图工具和媒体播放器的基本操作。

三、实践内容

1. 使用画图工具编辑文件

在 Windows 7 中，画图工具的界面和功能得到了进一步提升，可用于在空白绘图区域或在现有图片上创建绘图。下面简单介绍一下 Windows 7 系统中画图工具的功能。

（1）画图预先设置了可插入的图形的形状区。
（2）加入图片后还可以加入文字，而且字体、大小、颜色都可以调整。
（3）画图工具可以修改照片的尺寸。
（4）画图工具最常用的功能是配合键盘上的截图抓屏键保存当时的屏幕显示，按 PrtScn SysRq 键保存整个屏幕，按 Alt+ PrtScn SysRq 组合快捷键抓取当前活动窗口的区域。

读者可自行选定内容完成一幅作品并加工美化。

2．使用媒体播放器编辑文件

Windows 7 系统的强大功能和酷炫界面深受用户们的喜欢，其自带的一些实用功能更是给用户带来了方便。Windows 7 系统中自带多媒体播放器 Windows Media Player，它能够将计算机变身为媒体工具，实现本地媒体的播放。

单击"开始"按钮，选择"所有程序"→"Windows Media Player"命令，即可打开应用程序，读者可自行熟悉程序功能。

3.5 拓展实训

使用计算器进行各种进制的计算。单击"开始"按钮，选择"所有程序"→"附件"→"计算器"命令，系统默认启动的计算器为标准型计算器。单击"查看"菜单，里面提供了标准型、科学型、程序员、统计信息4种模式，下面还有基本、单位转换、日期计算、工作表4种功能。

科学型计算器的功能比标准型计算器的功能更加强大，它不仅可以完成标准型计算器的计算操作，还能进行进制、弧度、角度转换及三角函数等高级运算。

习题 3

1．十进制算术表达式：3×512+7×64+4×8+5 的运算结果用二进制数表示为（　　　）。
   A．10111100101　　　　　　　　B．11111100101
   C．11110100101　　　　　　　　D．11111101101　11111100101
2．与二进制数 101.01011 等值的十六进制数为（　　　）。
   A．A.B　　　　B．5.51　　　　C．A.51　　　　D．5.58
3．与十进制数 2004 等值的八进制数为（　　　）。
   A．3077　　　　B．3724　　　　C．2766　　　　D．4002
4．$(2004)_{10} + (32)_{16}$ 的结果是（　　　）。
   A．$(2036)_{10}$　　B．$(2054)_{16}$　　C．$(4006)_{10}$　　D．$(100000000110)_2$
5．与十进制数 2006 等值的十六制数为（　　　）。
   A．7D6　　　　B．6D7　　　　C．3726　　　　D．6273
6．与十进制数 2003 等值的二进制数为（　　　）。
   A．11111010011　　B．10000011　　C．110000111　　D．1111010011
7．$(2008)_D - (3723)_O$ 的结果是（　　　）。
   A．$(-1715)_D$　　B．$(5)_D$　　C．$(-5)_H$　　D．$(111)_B$
8．100 个 24×24 点阵的汉字字模信息所占用的字节数是（　　　）。
   A．2400　　　　B．7200　　　　C．57600　　　　D．73728
9．已知英文大写字母 D 的 ASCII 码值是 44H，那么英文大写字母 F 的 ASCII 码值为十进制数（　　　）。
   A．46　　　　B．68　　　　C．70　　　　D．15
10．一汉字的机内码是 B0A1H，那么它的国标码是（　　　）。
    A．3121H　　　B．3021H　　　C．2131H　　　D．2130H

（习题答案）

第 4 章　Office 日常办公信息处理

Microsoft 公司推出的 Office 2010 办公软件是日常办公信息处理的重要软件之一，用户可进行文字编辑、数据处理、统计分析、演示文稿制作等。其操作快捷方便，排版轻松、美观。Word、Excel、PowerPoint 等是 Microsoft 公司推出的 Office 2010 办公软件的重要组件，Office 2010 办公软件的全新的导航搜索窗口、专业级的图文混排功能、丰富的样式效果，让用户在处理文档时更加得心应手。本章主要介绍 Word 2010、Excel 2010、PowerPoint 2010 的应用及操作方法。

4.1　文字处理软件 Word 2010

Word 2010 具有文字处理、传真、电子邮件、电子表格、HTML 和 Web 网页制作等功能，其操作界面和操作方法与 Windows 的操作界面和操作方法类似，易学、易用。

Word 2010 文档以扩展名.docx 标识。.docx 区别于此前的 Word 版本.doc，其中的 x 表示 XML 格式，Word 高版本同样也支持生成和使用.doc 格式文档。

4.1.1　新建文档

使用 Word 2010 新建文档的方法有以下几种。

1. 创建空白文档

启动 Word 2010 都会自动创建一个空白的 Word 文档，用户可以对文档进行各种编辑操作。

在启动的 Word 2010 中，单击"文件"选项卡，在弹出的列表中选择"新建"命令，在"可用模板"中选择"空白文档"，单击"创建"按钮，即可创建空白的 Word 文档。

2. 创建系统自带的模板文档

利用模板创建的新文档，系统已经将模板文档预设完成，用户在使用时，只需根据文档的提示填写相关的文字即可。单击"文件"选项卡，选择"新建"命令，在"可用模板"窗口中选择所需要的模板，单击"创建"按钮，按提示进行操作即可。

3. 创建专业联机模板

微软公司提供了很多精美的专业联机模板。用户可以单击"文件"选项卡，选择"新建"命令，在"可用模板"区域的"Office.com 模板"选项中选择所需要的模板，单击"下载"按钮即可下载对应的模板。

4.1.2　文档的输入

用户可以单击编辑区中的任意其他位置，来重新确定插入点的位置。

1. 插入和改写

插入和改写是 Word 的两种编辑状态。插入是指将输入的文本添加到插入点所在位置，插入点以后的文本依次向后移动；改写是指输入的文本将替换插入点所在位置右边的文本。根据需要可按 Insert 键切换插入和改写编辑状态。

2. 中英文文字输入

启动中文输入法以后，要输入汉字，键盘必须处于小写状态，在大写状态下不能输入汉字，利用键盘左侧的 Caps Lock 键可以切换大、小写状态。

3. 各种符号的输入

- 常用的标点符号：切换到中文输入法时，直接按键盘上的标点符号键。
- 数学符号、序号、希腊字母等：在标准输入法下打开软键盘，直接选择所需的字符。
- 特殊符号：单击"插入"选项卡"符号"组中的"符号"按钮，在弹出的下拉列表框中选择"其他符号"选项，在"符号"对话框中选择需要的符号。

4.1.3 文档的编辑

1. 文本选择

文本编辑前，首先要选定被编辑的文本，编辑操作都是对选定的文本进行的。选定文本的方法分以下两种情况。

1）利用鼠标选定文本

- 选定任意数量的文本：将鼠标指针移动到要选定文本的开始处，按下鼠标左键并将鼠标指针拖动到所选文本的末端。
- 选定一句：按住 Ctrl 键，然后在该句中的任意处单击鼠标。
- 选定一行：将鼠标指针移到该行左侧的选定栏，鼠标指针变成指向右上角的箭头时，单击鼠标即可。
- 选定一段：双击该段左侧的选定栏，或者在该段的任意位置三击鼠标。
- 选定全文：按住 Ctrl 键的同时，再单击选定栏，或者在选定栏中三击鼠标。
- 选定大范围文本：先在要选定文本的起始处单击鼠标，用滚动条移动到所选内容的末端，按 Shift 键，并单击鼠标左键。
- 选定竖块文本：按住 Alt 键，单击鼠标并将鼠标指针拖动至所选文本的末端。
- 多项选择：按住 Ctrl 键，结合鼠标操作可以选择文档中不连续的区域。

2）利用键盘选定文本

将插入点定位到要选定文本的开始位置，然后使用组合快捷键选取。

- Shift+↑：选定插入点所在位置向前到上一行该位置的文本。
- Shift+↓：选定插入点所在位置向后到下一行该位置的文本。
- Shift+→：选定插入点所在位置右边文本。
- Shift+←：选定插入点所在位置左边文本。
- Ctrl+A：选定整个文档。

2. 复制文本

复制选定的文本有两种操作方法。

1）利用鼠标复制

按下鼠标左键拖动选定要复制的文本，同时按住 Ctrl 键，将文本拖动到要复制位置后松开 Ctrl 键和鼠标，复制操作完成。

2）利用剪贴板

单击"开始"选项卡"剪贴板"组右下角的对话框启动器按钮，打开"剪贴板"对话框，在"剪贴板"对话框中选择对应操作。

具体操作过程如下：

选定要复制的文本，单击"开始"选项卡"剪贴板"组中的"复制"按钮，选定的文本被送到剪贴板中，将插入点移动到要复制的文本的新位置，单击"开始"选项卡中"剪贴板"组中的"粘贴"下拉列表按钮，选择一种方式进行粘贴。

3. 移动文本

移动选定的文本有两种操作方法：

1）利用鼠标拖动

与复制文本相似，只是在拖动鼠标时不需要按 Ctrl 键，直接拖动选定文本即可。

2）利用剪贴板

使用剪贴板移动过程与复制的过程一样，只是将单击"复制"按钮改为"剪切"按钮。

另外，复制、剪切与粘贴操作也可以采用相应的组合快捷键，如复制按"Ctrl+C"组合快捷键、剪切按"Ctrl+X"组合快捷键、粘贴按"Ctrl+V"组合快捷键。

4. 删除文本

删除选定文本，可以通过键盘上的 Delete 键实现，也可以通过剪切来实现。区别在于前者直接删除，而后者在剪贴板上保存着被剪切的内容，当剪贴板有新的内容进入时会覆盖之前保存的内容。

5. 取消与恢复操作

当用户操作失误，可利用"取消"按钮恢复到原来的状态；通过"恢复"按钮还原刚才被取消的动作。

6. 查找和替换

在编辑文本时，经常需要对文字进行查找和替换，用户可以借助 Word 2010 的"查找和替换"功能快速查找或替换 Word 文档中的目标内容。

1）简单查找

在"开始"选项卡"编辑"组中单击"查找"按钮，打开"导航"任务窗格。在"导航"任务窗格的"搜索文档"位置输入要查找内容的关键字，Word 将列出文档中包含该关键字的段落。单击窗格中要查看的段落，Word 将自动切换到相应的位置，而文档正文中该关键字将以黄色高亮度显示。

2）高级查找

在"开始"选项卡"编辑"组中单击"查找"下拉列表按钮，在下拉列表中选择"高级查找"命令，打开"查找和替换"对话框，在对话框中单击"更多"按钮，展开对话框隐藏内容。在"查找内容"文本框中输入要查找的关键词，无法输入的内容单击"特殊格式"按钮，在查找内容文本框中插入特殊格式的内容，同时单击"格式"按钮设置"查找"内容的格式，设置"搜索选项"相关内容，单击"查找下一处"按钮，从当前位置往下查找。

3）替换

Word 的替换功能既可以替换整个文档中查找到的全部文本，又可以有选择地替换部分文本，操作步骤如下：

单击"开始"选项卡"编辑"组中的"替换"按钮，打开"查找和替换"对话框，选择"替换"选项卡，在"查找内容"下拉列表框中输入要查找的内容，在"替换为"下拉列表框中输入要替换的内容。

7. 保存文件

1）保存新文档

单击快速访问工具栏的"保存"按钮，在弹出的"另存为"对话框中输入文件名，单击"保存"按钮完成文档保存。

2）文档另存为

将当前文档保存到另一个位置，或要保存为另一个文件名，需要单击"文件"选项卡，选择"另存为"命令，弹出"另存为"对话框，然后在对话框中重新选择保存位置，输入新文件名。

4.1.4 文档的格式编辑

文档的输入、编辑完成后，要对文档进行必要的排版设计，也就是文档的格式编辑。格式编辑可以使整个文档层次清晰、美观大方。

1．页面布局

页面布局是对文档整体布局的设置，是格式编辑和打印前需要完成的工作。单击"页面布局"选项卡"页面设置"组右下角的对话框启动器按钮，弹出"页面设置"对话框，如图 4-1 所示。

对话框中有 4 个选项卡，功能如下。

- 页边距：设置文本与纸张边线之间的距离，在设置页边距的同时，还可以添加装订线、选择纸张方向等。
- 纸张：选择打印纸的大小，也可以自定义纸张的大小。
- 版式：设置页眉、页脚离页边距的距离，还可以设置奇数页与偶数页分别采用不同的页眉和页脚。
- 文档网格：设置每行打印的字数，每页打印的行数，文字打印的方向、行列网格线是否要打印等。

图 4-1 "页面设置"对话框

2．字符格式化

字符格式化是对文档中的文字进行格式化的设置，主要的格式化设置有字体、字号、字形、字符间距、字符位置、特殊效果等。

4.1.5 段落格式化

段落格式化是以段落为单位进行的格式设置，主要包括段落的对齐方式、段落的缩进，以及设置行间距和段间距等内容。

1．段落缩进

缩进是指文字距离边界的距离。在中文应用中，通常将段落的首行缩进两个汉字的位置，且每个段落两端对齐，这是段落最常用的一种格式，段落缩进方式如下。

- 首行缩进：控制段落中第 1 行文字的起始位置。
- 悬挂缩进：控制段落中除首行以外的其他行的起始位置。
- 左缩进：控制段落左边界缩进（包括首行和悬挂缩进）的位置。
- 右缩进：控制段落右边界缩进的位置。

利用"段落"对话框设置的方法如下。

单击"开始"选项卡"段落"组右下角的对话框启动器按钮，弹出"段落"对话框，选择"缩进和间距"选项卡，在"缩进"选项中可以设置缩进量。

2．设置段间距和行间距

在"段落"对话框"缩进和间距"选项卡的"间距"选项中可以调整段落的行间距和段间距。

段间距用于设置段落之间的间隔距离，有"段前"和"段后"之分，可以直接在其右边的数值框中输入间距的磅值。

行间距用于控制段落中行与行之间的距离，在"行距"的下拉列表框中有多种选项，可选择最小值、固定值或多倍行距，同时在"设置值"数值框中输入具体的数值。

3．段落对齐方式

Word 2010 提供了左对齐、两端对齐、居中对齐、右对齐和分散对齐 5 种段落对齐方式，具体功能如下：

- 左对齐：使文本向左对齐。
- 两端对齐：词与词间自动增加空格的宽度，可使正文沿页的左右页边距对齐。对英文文本有效，可防止出现一个单词跨行的情况，中文文本的使用效果等同于左对齐。
- 居中对齐：使文本居中，一般用于标题或是表格内的内容。
- 右对齐：使文本向右对齐。
- 分散对齐：以字符为单位，均匀地分布在一行上，对中、英文均有效。

设置对齐方式可以使用"段落"组中相应的按钮，也可以通过"段落"对话框进行相应设置。

4．设置边框与底纹

添加边框和底纹可以使内容重点突出、醒目、美观。

1）添加边框

边框包括字符边框、页面边框和段落边框 3 种，添加边框的操作如下：

选定要添加边框的文本，单击"开始"选项卡"段落"组中的"边框"下拉按钮，选择"边框和底纹"，在打开的"边框和底纹"对话框中，选择"边框"选项卡，设置字符和段落的边框。单击"应用于"下拉列表框，选择"文字"选项，表示对选中的文本添加边框；选择"段落"选项，表示对选择文本对应的段落添加边框。

2）添加底纹

底纹包括字符底纹和段落底纹两种，添加底纹的操作如下：

选定要添加底纹的文本，在"边框和底纹"对话框中，选择"底纹"选项卡，然后选择底纹的填充颜色、图案等具体信息。单击"应用于"下拉列表框，选择"文字"选项，表示对选中的文本添加底纹；选择"段落"选项，表示对选择文本对应的段落添加底纹。

4.1.6 设置项目符号与编号

设置项目符号与编号可使文档条理清晰、重点突出，提高文档编辑速度。Word 2010 提供了项目符号库/编号库和自定义符号/编号两种方法。

1．利用项目符号库/编号库

具体操作如下。

（1）添加项目符号：选择需要添加项目符号的段落，单击"开始"选项卡"段落"组中的"项目符号"按钮，就可以直接在当前段落之前的位置添加默认的项目符号。

（2）添加编号：选择需要添加编号的段落，单击"开始"选项卡"段落"组中的"编号"按钮，就可以直接在当前段落之前的位置添加默认的编号。

2．利用自定义项目符号/编号

具体的操作如下。

（1）添加自定义项目符号：在"项目符号"下拉列表框中选择"定义新项目符号"选项，在"定义新项目符号"对话框中单击"符号"按钮，如图 4-2 所示。在打开的"符号"对话框中，选择需要添加的项目符号类型，可将自定义的项目符号添加到文档中，如图 4-3 所示。

（2）添加自定义编号：在"编号"下拉列表框中选择"定义新编号格式"选项，在打开的"定义新编号格式"对话框中，选择编号的样式，在"编号格式"文本框中输入编号的格式，选择编号的"对齐方式"，如图 4-4 所示。

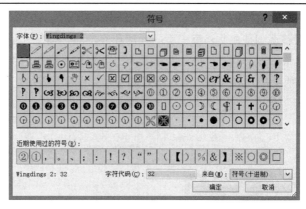

图 4-2 "定义新项目符号"对话框　　　　图 4-3 "符号"对话框

4.1.7 分栏设置

分栏是将文档全部页面或选中的内容设置为多栏显示。设置文档分栏包括：预设分栏选项和自定义分栏。

1. 预设分栏选项

选定需要进行分栏的内容，单击"页面布局"选项卡"页面设置"组中的"分栏"下拉列表按钮，选择预设的选项，如图 4-5 所示。

2. 自定义分栏

自定义分栏可以设置分栏分隔线及制定每栏的宽度和间距，比预设分栏效果更加灵活。选定需要进行分栏的内容，单击"页面布局"选项卡"页面设置"组的"分栏"下拉列表按钮，选择"更多分栏"命令，打开"分栏"对话框，如图 4-6 所示。在"分栏"对话框中进行预设、列数、宽度和间距等的设置，就可以实现分栏效果。

图 4-4 "定义新编号格式"对话框

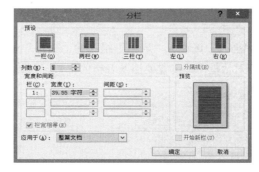

图 4-5 "分栏"下拉列表　　　　图 4-6 "分栏"对话框

4.1.8 页码、页眉和页脚设置

1. 页码

插入页码操作如下：单击"插入"选项卡"页眉和页脚"组中的"页码"下拉列表按钮，选择"设置页码格式"命令，打开"页码格式"对话框，如图 4-7 所示，进行设置即可。

不需要页码时，单击"插入"选项卡"页眉和页脚"组中的"页码"下拉列表按钮，选择"删除页码"命令。

2. 页眉和页脚

页眉和页脚是在文档每一页的顶部和底部添加信息，信息可以是文字和图形等。插入页眉和页脚的操作如下：单击"插入"选项卡"页眉和页脚"组中的"页眉"（或"页脚"）下拉列表按钮，选择所需的页眉（或页脚）格式即可，如图4-8所示。

图4-7 "页码格式"对话框　　　　　图4-8 "页眉"和"页脚"格式

4.2　Word 2010 文档的表格编辑与图文混排

4.2.1　表格的编辑

1. 建立表格

建立表格有如下两种方法。

（1）将光标定位在要插入表格的位置，单击"插入"选项卡"表格"组中的"表格"下拉列表按钮，在"插入表格"中，直接拖动鼠标，在光标后将出现一个表格，到达所需的行、列时再单击，如图4-9所示。

（2）单击"插入"选项卡"表格"组中的"表格"下拉列表按钮，选择"插入表格"命令，在"插入表格"对话框中，设置要插入表格的行数、列数后，单击"确定"按钮，如图4-10所示。

图4-9 插入表格　　　　　图4-10 "插入表格"对话框

2. 选择表格或表格中的行、列、单元格

在编辑表格或表格中的行、列、单元格时，首先需要选中它们，选择操作如下。

选择一个单元格：将鼠标指针移到单元格的左边框上，当鼠标指针变成 ➚ 形状时单击。

选择一行单元格：将鼠标指针移到选定行某个单元格的左边框上，当鼠标指针变成 ➚ 形状时双击，或者在该行左侧文本选取区中单击。

选择一列单元格：将鼠标指针移到选定列最上面单元格的上边框处，当鼠标指针变成 ↓ 形状时单击。

选择整个表格：将鼠标指针移到表格上任意位置，表格的左上角出现 ✥ 图标时单击。

3．插入行、列、单元格

将鼠标指针定位在单元格内，右击，在弹出的快捷菜单的"插入"级联菜单中选择相应命令。

4．删除行、列、单元格、表格

先选中需要删除的对象，如行、列、单元格或整个表格，然后右击，在弹出的快捷菜单中选择相应的命令。

5．合并、拆分单元格

合并单元格：选中需要合并的多个连续的单元格，右击，在弹出的快捷菜单中选择"合并单元格"命令。

拆分单元格：选中要拆分的一个或多个单元格，右击，在弹出的快捷菜单中选择"拆分单元格"命令，在"拆分单元格"对话框中输入列数、行数，单击"确定"按钮。

6．调整表格的大小

调整表格的大小包括如下方法。

（1）单击"表格工具｜布局"选项卡"单元格大小"组右下角的对话框启动器按钮，在打开的"表格属性"对话框中输入具体数值来调整表格大小。

（2）将鼠标指针移到要调整单元格的行或列边框上，当鼠标指针变为 ╪ 或 ╫ 形状时，拖动鼠标到相应位置，调整单元格的行高或列宽。

单击表格右下角的调节大小图标，当鼠标指针变为 ↘ 形状时，拖动鼠标到相应位置，调节表格大小。

7．套用表格的样式

选中表格，单击"表格工具｜设计"选项卡"表格样式"组中"表格样式"列表框右下角的"其他"按钮，在下拉列表中选择一种样式应用即可。

4.2.2 表格的数据处理

1．数据排序

在 Word 2010 中，可以对表格数据按数值、笔画、拼音、日期等方式以升序或降序进行排序。另外，也可以选择多列排序，即当主关键字内容有多个相同的值时，可根据次关键字排序，以此类推，最多可选择三个关键字排序。

例如，给定如表 4-1 所示的学生成绩表，实现按数学成绩降序排序，当数学成绩相同时，再按语文成绩降序排序。

表 4-1 学生成绩表

姓　名	数　学	语　文	英　语
林晓	78	77	95
张虹	81	93	90
张天琪	62	76	86
周海玉	62	89	97

排序操作：将光标定位在表格中任意单元格，单击"布局"选项卡，在"数据"组中单击"排序"按钮，在打开的"排序"对话框中设置排序的"主要关键字""次要关键字"，如图 4-11 所示，单击"确定"按钮，排序结果如表 4-2 所示。

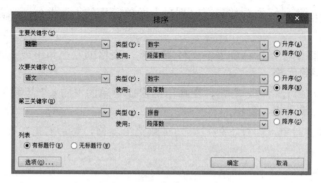

图 4-11 "排序"对话框

表 4-2 学生成绩表排序结果

姓　　名	数　　学	语　　文	英　　语
张虹	81	93	90
林晓	78	77	95
周海玉	62	89	97
张天琪	62	76	86

2．数据计算

在 Word 表格中，可以利用公式进行一些简单的运算，而且在公式中还可以使用内置的函数，如使用求和函数（SUM）。

图 4-12 "公式"对话框

计算方法如下：将光标置于要插入公式的单元格中，单击"表格工具 | 布局"选项卡，在"数据"组中单击"公式"按钮，打开"公式"对话框，如图 4-12 所示。在"公式"文本框中输入公式的内容，格式为"=函数名称（单元格引用）"，函数名称可以在"粘贴函数"下拉列表框中进行选择或直接输入，单元格引用可以使用以下命令。

函数中参数的含义如下：
ABOVE：引用公式所在单元格上方的所有数据单元格。
LEFT：引用公式所在单元格左边的所有数据单元格。
RIGHT：引用公式所在单元格右边的所有数据单元格。
BELOW：引用公式所在单元格下方的所有数据单元格。

4.2.3 图文混排

将不同的对象，如图片、剪贴画、SmartArt 图形、文本框、自选图形、艺术字、图表等，插入到 Word 文档中，形成对象和文本共存的情况，即"图文混排"。两者之间的位置关系是通过 Word 提供的设置环绕方式功能来实现的。

1．插入图片

可以插入剪贴画、艺术字、存在磁盘中的各种图形图片文件，操作方法为：将插入点移到文档中需要放置图片的位置,单击"插入"选项卡"插图"组中的"图片"按钮,在打开的"插入图片"对话框中选择要插入的图片,单击"插入"按钮,完成图片插入。

2. 设置图片格式

图片在文档中需要设置大小、边框、剪裁、与正文的环绕方式、删除图片等。

1)改变图片大小

单击选择的图片,单击"格式"选项卡"大小"组右下角的对话框启动器按钮,在弹出的"设置图片格式"对话框中设置图片的高度、宽度等,单击"确定"按钮。

2)设置图片边框

单击选择的图片,单击"格式"选项卡"图片样式"组中的"图片边框"下拉列表按钮,选择边框的线型、颜色、粗细等。

3)裁剪图片

单击选择的图片,单击"格式"选项卡"大小"组中的"裁剪"按钮,图片上将出现 8 个控制点,用鼠标拖动控制点进行裁剪。

4)设置图片与正文的环绕方式

单击选择图片,单击"格式"选项卡"排列"组的"自动换行"下拉列表按钮,选择所需的文字环绕方式。文字环绕方式有:嵌入型、四周型、紧密型、上下型、衬于文字下方、浮于文字上方等。

5)删除图片

单击选择图片,按 Delete 键或单击"开始"选项卡"剪贴板"组中的"剪切"按钮。

3. 插入艺术字

艺术字属于图形的一种形式,体现的是文字的特殊效果。

1)创建艺术字

插入点设置在插入艺术字的位置,单击"插入"选项卡"文本"组中的"艺术字"下拉列表按钮,选择一种艺术字效果,如图 4-13 所示。在"请在此放置您的文字"处输入文字,Word 2010 就会按照选择的艺术字样式和内容生成艺术字的效果,如图 4-14 所示。

图 4-13 "艺术字"下拉列表　　　　图 4-14 艺术字的效果

2)编辑艺术字

选择艺术字,在"格式"选项卡中设置被选文字的颜色、大小,以及调整艺术字的位置等。

4. 使用文本框

文本框也是特殊的图形,用于文档中精确定位文字、表格、图形的位置,在广告、报纸新闻等文档中得到广泛应用。

1)插入文本框

单击"插入"选项卡"文本"组中的"文本框"下拉列表按钮,选择"绘制文本框"选项。将鼠标指针移到文档的空白处,按住鼠标左键拖动绘制文本框,释放鼠标,文本框建立完成,可向文本框中插入文本、图形等。

2）编辑文本框

单击选定文本框，文本框周围将出现 8 个控点，通过拖动这些控点就可以改变文本框的大小。

3）设置文本框格式

单击选定文本框，然后右击，在弹出的快捷菜单中选择"设置形状格式"命令，在打开的"设置形状格式"对话框中可以设置文本框的背景色、边框颜色及线型等。

5. 绘制图形

Word 中包含许多形状按钮，用户可以直接绘制图形，也可在图形中添加文字、设置叠放次序、完成旋转或翻转、组合或取消组合图形对象等操作。

4.3 电子表格软件 Excel 2010

Excel 是 Microsoft 公司开发的办公软件的重要组件。它的主要功能是能够快捷地创建及编辑大量数据的表格，并能够快速地将数据制成各种类型的图表，以便用户对数据进行直观的分析。

4.3.1 基本操作

1. 新建工作簿

可以通过以下 3 种方式新建工作簿：

（1）启动 Excel 2010 时，系统会自动创建一个空白工作簿。

（2）打开 Excel 2010 的情况下，单击"文件"选项卡，选择"新建"命令，在"可用模板"列表中选择相应选项，然后单击"创建"按钮，即可创建空白工作簿。

（3）在打开 Excel 2010 的情况下，按 Ctrl+N 组合快捷键可创建一个空白工作簿。

工作簿是 Excel 用来保存表格内容的文件，其扩展名为".xlsx"。每个工作簿可以由一张或多张工作表组成。在默认情况下，新建一个工作簿包括 3 张工作表，分别以 Sheet1、Sheet2 和 Sheet3 命名。用户可根据实际需要添加、重命名或删除工作表。工作表由单元格、行号、列标及工作表的标签组成。行号显示在工作表的左侧，依次用数字 1，2，…，1048576 表示；列标显示在工作表的上方，依次用字母 A，B，…，XFD 表示。Excel 2010 支持每张表中最多有 1048576 行和 16384 列。

2. 保存工作簿

当建立一个工作表或对工作表进行更新操作后，需要把新的数据或更新后的数据保存起来。Excel 2010 提供了手动保存和自动保存两种方式。

4.3.2 数据的输入

工作表创建后，需要在工作表中输入数据。输入数据的方法有很多，可以通过键盘手工直接输入，也可利用自动填充功能来输入数据。

1. 手工输入数据

单击要输入数据的单元格，利用键盘输入相应的内容，或单击单元格后，在编辑栏中输入数据。在工作表中可以输入文本型数据、日期型数据、时间型数据、数值型数据等。

（1）文本型数据：文本型数据可由汉字、字母、数字及其他符号组成，通常是指一些非数值型的文字，如姓名、性别、单位或部门的名称等。此外，许多不代表数量、不需要进行数值计算的数字也可以作为文本来处理，如学号、QQ 号码、电话号码、身份证号码等。Excel 2010 将许多不能理解为数值、日期时间和公式的数据都视为文本。文本不能用于数值计算，但可以比较大小。

（2）日期型数据：使用斜线（/）或连字符（–）分隔日期的各部分。要输入当前日期，可按 Ctrl+; 组合快捷键。

（3）时间型数据：使用冒号（:）分隔时间的各部分，如输入 11:18。若要输入当前时间，可按 Ctrl+Shift+; 组合快捷键。

（4）数值型数据：数值型数据由 0～9 数字、+、–、E、e、/、%及小数点（.）、千分位符号（,）、货币符号（￥、$）等组成。

2．填充输入数据

Excel 具备数据填充功能，可自动生成有规律的数据，如相同数据、等差或等比数列，以提高输入数据的效率，数据自动填充包括如下方法。

（1）使用填充柄进行填充：在 Excel 工作表的活动单元格的右下角有一个小黑方块，称为填充柄，通过上、下或左、右拖动填充柄，可以自动在其他单元格填充与活动单元格内容相关的数据，如序列数据或相同数据。其中，序列数据是指规律变化的数据，如日期、时间、月份、等差或等比数列等，如图 4-15 所示。

（2）使用填充命令进行填充：在"开始"选项卡的"编辑"组中，单击"填充"下拉列表按钮，选择"序列"命令，打开如图 4-16 所示对话框，根据需要选择填充数据内容。

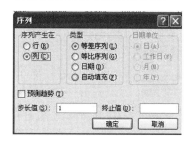

图 4-15 填充柄填充数据　　　　图 4-16 "序列"对话框

3．插入批注

单元格的批注是对单元格的注释。根据用户的需要可以对单元格添加批注，添加批注的操作过程如下。

（1）选择要添加批注的单元格。

（2）单击"审阅"选项卡，在"批注"选项组中，单击"新建批注"按钮，这时工作表上显示输入批注的编辑框，可以输入批注的内容。

（3）输入批注内容后，单击编辑框之外的区域，结束输入。

4．设置数据有效性

数据有效性是 Excel 提供的一种功能，用于定义可以在单元格中输入或应该在单元格中输入哪类数据。通过设置数据有效性可以防止用户输入错误数据或无效数据，还可以设置期望在单元格中输入的内容，以及帮助用户准确输入数据。

例如，输入学生成绩时，输入的数据必须在 0～100 之间，此时就可以设置有效性检验，操作步骤如下。

（1）选定要设置数据有效性的单元格。

（2）单击"数据"选项卡"数据工具"组中的"数据有效性"命令。

（3）在打开的"数据有效性"对话框中，单击"设置"选项卡进行设置。

4.3.3 工作表的编辑操作

1. 插入单元格、行、列

1）插入单元格

插入单元格过程如下。

（1）在插入位置单击某个单元格。

（2）单击"开始"选项卡"单元格"组中的"插入"下拉列表按钮，选择"插入单元格"，在弹出的"插入"对话框中根据需要选择一种插入方式。

（3）单击"确定"按钮，插入完成。

2）插入行

在某行上方插入一整行，有下面两种方法。

（1）右击某行的行号，在弹出的快捷菜单中选择"插入"命令。

（2）单击某行的任意一个单元格，单击"开始"选项卡中"单元格"组中的"插入"下拉列表按钮，选择"插入工作表行"。

3）插入列

在某列左侧插入一整列，可以使用以下两种方法。

（1）右击某列的列标，在弹出的快捷菜单中选择"插入"命令。

（2）单击某列的任意一个单元格，单击"开始"选项卡"单元格"选项组中的"插入"下拉列表按钮，选择"插入工作表列"。

图 4-17 "删除"对话框

2. 删除单元格、行、列

1）删除单元格

删除单元格的操作过程如下。

（1）选定要删除的单元格或区域。

（2）单击"开始"选项卡"单元格"组中的"删除"下拉列表按钮，选择"删除单元格"命令，弹出如图 4-17 所示的"删除"对话框。

在对话框中可根据需要选择一种删除方式。

● 右侧单元格左移：被删单元格所在行右侧的所有单元格左移。

● 下方单元格上移：被删单元格所在列下方的所有单元格上移。

● 整行：删除当前单元格所在的行。

● 整列：删除当前单元格所在的列。

（3）单击"确定"按钮，完成删除。

2）删除行

要删除某个整行，有下面两种方法。

（1）右击某行的行号，在弹出的快捷菜单中选择"删除"命令。

（2）单击某行的行号选中该行，单击"开始"选项卡"单元格"组中的"删除"按钮。

某行被删除后，该行下方的各行内容自动上移。

3）删除列

要删除某个整列，有下面两种方法。

（1）右击某列的列标，在弹出的快捷菜单中选择"删除"命令。

（2）单击某列的列标，选中该列，单击"开始"选项卡"单元格"组中的"删除"按钮。

某列被删除后，该列右侧的各列内容自动左移。

第4章 Office 日常办公信息处理

3．调整工作表行高、列宽

1）调整行高

（1）设置行高为指定值。

首先选择要更改的行，然后在"开始"选项卡"单元格"组中，单击"格式"下拉列表按钮，在"单元格大小"下单击"行高"，在打开的"行高"对话框中输入所需的值。

（2）更改行高以适合内容。

首先选择要更改的行，然后在"开始"选项卡"单元格"组中，单击"格式"下拉列表按钮，在"单元格大小"下单击"自动调整行高"。

2）调整列宽

（1）设置列宽为指定值。

首先选择要更改的列，然后在"开始"选项卡"单元格"组中，单击"格式"下拉列表按钮，在"单元格大小"下单击"列宽"，在打开的"列宽"对话框中输入所需的值。

（2）更改列宽以适合内容。

首先选择要更改的列，然后在"开始"选项卡"单元格"组中，单击"格式"下拉列表按钮，在"单元格大小"下单击"自动调整列宽"。

4．单元格的合并与拆分

1）合并单元格

合并单元格就是将两个或多个相邻的单元格合并为一个单元格的过程，合并后，将只保留所选单元格区域左上角单元格中的内容。合并单元格前必须要先选择需要合并的所有相邻单元格，合并单元格有如下两种方法。

（1）在"开始"选项卡"对齐方式"组中单击"合并后居中"下拉列表按钮，选择"合并单元格"命令。

（2）单击"开始"选项卡"对齐方式"组右下角的对话框启动器按钮，在打开的"设置单元格格式"对话框中，进行合并单元格设置。

2）拆分单元格

拆分单元格就是将合并后的单元格还原的过程，拆分单元格有如下两种方法。

（1）在"开始"选项卡"对齐方式"组中单击"合并后居中"下拉列表按钮，选择"取消单元格合并"命令，如图4-18所示。

（2）单击"开始"选项卡"对齐方式"组右下角的对话框启动器按钮，在打开的"设置单元格格式"对话框中，进行拆分单元格设置。

图4-18　取消单元格合并

5．自动套用格式

Excel 2010 还提供了许多内置的单元格样式和表样式，利用它们可以快速对表格进行美化。

（1）应用单元格样式。选中要套用单元格样式的单元格区域，单击"开始"选项卡"样式"组中的"单元格样式"下拉列表按钮，选择要应用的样式，即可将其应用于所选单元格。

（2）应用表样式。选中要应用样式的单元格区域，单击"开始"选项卡"样式"组中的"套用表格格式"下拉列表按钮，选择要使用的表格样式，在打开的"套用表格格式"对话框中单击"确定"按钮，所选单元格区域将自动套用所选表格样式。

6．条件格式

在 Excel 中应用条件格式，让满足特定条件的单元格以醒目方式突出显示，便于对工作表数据进行更好的比较和分析。

设置规则：选中要添加条件格式的单元格或单元格区域，单击"开始"选项卡"样式"组中的"条件格式"下拉列表按钮,选择某个规则,在打开的对话框中进行相应的设置并确定即可,如图4-19所示。

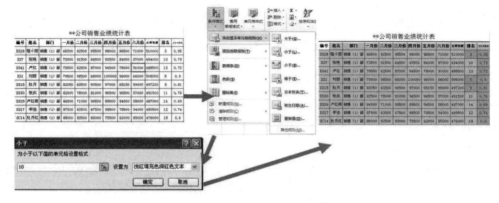

图 4-19　突出显示单元格规则

当不需要应用条件格式时,可以将其删除,方法是:打开工作表,然后单击"条件格式"下拉列表按钮,选择"清除规则"中的相应子项即可。

7．工作表格式化

1）字符格式设置

首先,选择要设置格式的文本、行、列或单元格,然后可以通过以下两种方法对字符进行设置。

(1) 选择"开始"选项卡,在"字体"组中执行相应操作。

(2) 在"设置单元格格式"对话框中的"字体"选项卡中进行设置。

2）数据类型设置

Excel 中的数据类型有常规、数字、货币、会计专用、日期、时间、百分比、分数和文本等,可以通过以下两种方法设置数据类型。

(1) 选择"开始"选项卡,在"数字"组中执行相应操作。

(2) 在"设置单元格格式"对话框中的"数字"选项卡中进行设置。

3）对齐方式设置

首先,选择要设置对齐方式的单元格或单元格区域,然后可以通过以下两种方法设置对齐方式。

(1) 选择"开始"选项卡,在"对齐方式"组中执行相应操作。

(2) 在"设置单元格格式"对话框中的"对齐"选项卡中进行设置。

4）边框和底纹设置

对于简单的边框设置和底纹填充,可在选定要设置的单元格或单元格区域后,利用"开始"选项卡"字体"组中的"边框"命令和"填充颜色"命令进行设置。

使用"边框"和"填充颜色"列表进行单元格边框和底纹设置有很大的局限性,要设置复杂的边框和底纹,可利用"设置单元格格式"对话框中的"边框"和"填充"选项卡进行设置。

4.4　Excel 2010 数据操作与处理

4.4.1　数据排序

排序是指对数据表中的一列数据或多列数据的关键字进行"升序"或"降序"方式排序。在

Excel 中,不同数据类型的"升序"排序方式如下。

数字:数值按由小到大进行排序。

日期:按从早到晚的日期进行排序。

文本:按照特殊字符、数字(0,1,…,9)、小写英文字母(a,b,…,z)、大写英文字母(A,B,…,Z)、汉字(拼音)排序。

逻辑值:FALSE 在 TRUE 之前。

空白单元格:总是放在最后。

1. 简单排序

简单排序是对工作表中一列数据进行升序或降序排列。单击要进行排序的列中的任意单元格,再单击"数据"选项卡"排序和筛选"组中的"升序"按钮或"降序"按钮,所选列即按升序或降序方式进行排序。

2. 多关键字排序

多关键字排序是对工作表中的数据按两个或两个以上的关键字进行排序。多关键字进行排序时,在主要关键字相同的情况下,会根据指定的次要关键字进行排序,以此类推。

单击要进行排序操作的任意非空单元格,然后单击"数据"选项卡"排序和筛选"组中的"排序"按钮,在打开的"排序"对话框中设置主要关键字和次要关键字等条件,如图 4-20 所示。

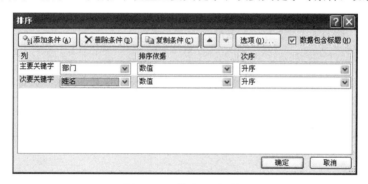

图 4-20 "排序"对话框

4.4.2 数据筛选

数据筛选指在对工作表中数据进行处理时,从工作表中找出符合条件的数据,而将不符合条件的数据隐藏起来。Excel 提供了自动筛选和高级筛选两种筛选方式。

1. 自动筛选

自动筛选一般用于简单的筛选,单击有数据的任意单元格,或选中要参与数据筛选的单元格区域,然后单击"数据"选项卡"排序和筛选"组中的"筛选"按钮,此时标题行单元格的右侧将出现三角筛选按钮,单击列标题右侧的三角筛选按钮,在展开的列表中选择相应选项并进行相应设置,即可筛选出所需数据。

2. 高级筛选

高级筛选用于条件较复杂的筛选操作,筛选结果可显示在原数据表格中,隐藏不符合条件的记录,也可以在新的位置显示筛选结果,不符合条件的记录同时保留在数据表中。

设置行与行之间的"或"关系条件,也可以对一个特定的列指定三个以上的条件,还可指定计算条件。高级筛选的条件区域应该至少有两行,第一行用来放置列标题,下面行则放置筛选条件,列标题一定要与数据清单中的列标题完全一样。在条件区域的设置中,同一行上的条件默认"与"条件,而不同行上的条件默认"或"条件。

4.4.3 公式与函数

1. 运算符

运算符是用来对公式中的元素进行运算而规定的特殊符号。Excel 包含 4 种类型的运算符：算术运算符、比较运算符、文本运算符和引用运算符。

● 算术运算符（如表 4-3 所示）。

表 4-3 算术运算符

算术运算符	含 义	实 例
+（加号）	加法	A1+A2
−（减号）	减法或负数	A1−A2
*（星号）	乘法	A1*2
/（正斜杠）	除法	A1/3
%（百分号）	百分比	50%
^（脱字号）	乘方	2^3

● 比较运算符（如表 4-4 所示）。

表 4-4 比较运算符

比较运算符	含 义	比较运算符	含 义
>（大于号）	大于	>=（大于等于号）	大于等于
<（小于号）	小于	<=（小于等于号）	小于等于
=（等于号）	等于	<>（不等于号）	不等于

● 文本运算符。

"&"用于字符串连接，它的作用是连接两个单元格的内容，并产生一个新的单元格的内容。

● 引用运算符（如表 4-5 所示）。

表 4-5 引用运算符

引用运算符	含 义	实 例
:（冒号）	区域运算符，用于引用单元格区域	B5:D15
,（逗号）	联合运算符，用于引用多个单元格区域	B5:D15,F5:I15
（空格）	交叉运算符，用于引用两个单元格区域的交叉部分	B7:D7 C6:C8

2. 单元格引用

单元格引用的作用是标识工作表中的单元格或单元格区域，并指明公式中所使用的数据位置。单元格的引用主要有相对引用、绝对引用和混合引用。

（1）相对引用：是指单元格的相对地址，其引用形式为直接用列标和行号表示单元格，如 A4 或 B4:D14 等。

（2）绝对引用：是指引用单元格的精确地址，与公式的单元格位置无关，绝对引用的引用形式为在列标和行号的前面都加上"$"符号，如$A$4:$A$14。

（3）混合引用：引用中既包含绝对引用又包含相对引用，如 A$4 或$A4 等，用于表示列变行不变或列不变行变的引用。

3. 创建公式

创建公式时，可在编辑栏或单元格中进行直接输入，创建公式的具体操作步骤如下。

（1）选定要输入公式的单元格。

（2）在单元格或在编辑栏中输入"="。

（3）输入用于计算的数值参数及运算符。

（4）完成公式编辑后，按 Enter 键显示结果。

在 Excel 2010 中，公式具有以下基本特性：

所有的公式都以等号开始；输入公式后，在单元格中只显示该公式的计算结果；选定一个含有公式的单元格，该公式将出现在 Excel 2010 编辑栏中。

4．函数

函数是预先定义好的表达式，每个函数都由函数名和参数组成，其中函数名表示将执行的操作，参数表示函数数据的单元格地址。Excel 中包含了各种各样的函数，如常用函数、财务函数、日期与时间函数、数学与三角函数、统计函数、查找与引用函数等。用户可以使用这些函数对单元格区域进行计算。

可以使用手工输入函数和插入函数的方法输入函数。当要使用复杂的函数或用户不能确定函数的结构时，可以使用插入函数的方法，方便、快速地输入函数。

插入函数的操作步骤如下。

（1）选择要输入函数值的单元格。

（2）单击编辑栏"插入函数"按钮，编辑栏中出现"="，并打开"插入函数"对话框，如图 4-21 所示。

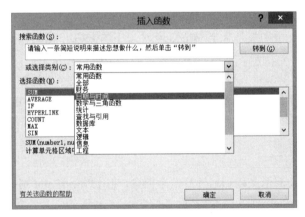

图 4-21 "插入函数"对话框

（3）从"选择函数"列表框中选择所需函数。

（4）单击"确定"按钮，打开"函数参数"对话框。

（5）输入函数的参数，单击"确定"按钮。

Excel 提供了丰富的函数，读者可自行学习。

4.4.4 图表

利用 Excel 图表可以直观地反映工作表中的数据，方便用户进行数据的比较和预测。Excel 中的图表很丰富，如有柱形图、折线图、饼图等，用户可以使用多种方式表示工作表中的数据。

1．创建图表

可使用"插入"选项卡"图表"组中的命令和"插入图表"对话框完成创建设置。

2. 编辑图表

创建图表后，其将自动被选中，此时在 Excel 2010 的功能区将出现"图表工具"选项卡，其包括 3 个子选项卡：设计、布局和格式。用户可以利用这 3 个子选项卡对创建的图表进行添加标题、坐标轴等编辑操作和美化操作。

4.4.5 数据分类汇总

图 4-22 "分类汇总"对话框

分类汇总是把数据表中的数据按不同的类别进行统计，Excel 将自动对各类别的数据进行求和、求平均值、统计个数和求极值等多种计算，并且分级显示汇总的结果，可更方便地获得数据信息。

需要特别注意的是，在分类汇总之前必须先对数据进行排序，使数据中拥有同一类关键字的记录集中在一起，然后再对记录进行分类汇总操作，分类汇总的操作步骤如下：

（1）将数据区域中的数据按分类字段进行排序。

（2）单击"数据"选项卡"分级显示"组的"分类汇总"按钮，弹出"分类汇总"对话框，如图 4-22 所示。在"分类字段"下拉列表框中选择分类的关键字段，在"汇总方式"下拉列表框中选择汇总方式，在"选定汇总项"列表中选择汇总项。

（3）设定完成后单击"确定"按钮，将显示分类汇总结果。

4.5 演示文稿软件 PowerPoint 2010

Microsoft PowerPoint 中文版是基于 Windows 环境下的专门用来编制演示文稿的应用软件，它的主要功能是制作集文字、图形、图像、声音及视频等多媒体对象于一体的演示文稿，并且可以制作投影胶片。用其制作的演示文稿可以通过计算机屏幕或者投影机播放展示，广泛应用于教学、演讲、展览等场合。使用 PowerPoint 可以将学术交流、辅助教学、广告宣传、产品演示等需要展示的信息以更轻松、更高效的方式表达出来。

4.5.1 演示文稿的创建

在 PowerPoint 中存在演示文稿和幻灯片两个概念，使用 PowerPoint 制作出来的整个文件称"演示文稿"，而演示文稿中的每一张展示内容称"幻灯片"，每张幻灯片都是演示文稿中既相互独立又相互联系的内容。使用 PowerPoint 2010 可以轻松创建新的演示文稿，其强大的功能为用户提供了方便。

1. 创建空白演示文稿

空白演示文稿是一种形式最简单的演示文稿，没有应用模板设计、配色方案及动画方案，可以自由设计。

（1）启动 PowerPoint 自动创建空白演示文稿。

无论是使用"开始"按钮，还是通过桌面快捷图标，或是通过现有演示文稿，都可启动 PowerPoint。

（2）使用"文件"按钮创建空白演示文稿。

打开 PowerPoint 2010，单击"文件"选项卡，在弹出的菜单中选择"新建"命令，打开"Microsoft Office Backstage 视图"，在中间的"可用模板和主题"列表框中选择"空白演示文稿"选项，然后单击"创建"按钮即可。

2．根据模板创建演示文稿

PowerPoint 除了创建最简单的空白演示文稿，还可以根据自定义模板、现有内容和内置模板创建演示文稿。模板是一种以特殊格式保存的演示文稿，一旦应用了一种模板后，幻灯片的背景图形、配色方案等就都已经确定，所以套用模板可以提高新建演示文稿的效率。

PowerPoint 2010 提供了许多美观的设计模板，这些设计模板将演示文稿的样式、风格，包括幻灯片的背景、装饰图案、文字布局及颜色、大小等均预先定义好。用户在设计演示文稿时可以先选择演示文稿的整体风格，然后再进行进一步的编辑和修改。

3．根据自定义模板新建演示文稿

用户可以将自定义演示文稿保存为"PowerPoint 模板"类型，使其成为一个自定义模板并保存在"我的模板"中。当需要使用该模板时，在"我的模板"列表框中调用即可。用户可以参考以下两种方法获得自定义模板。

（1）在演示文稿中自行设计主题、版式、字体样式、背景图案、配色方案等基本要素，然后保存为模板。

（2）由其他途径（如下载、共享、光盘等）获得自定义模板。

4．根据现有内容新建演示文稿

如果用户想使用现有演示文稿中的一些内容或风格来设计其他的演示文稿，可以使用 PowerPoint 的"根据现有内容新建"功能。这样就能够得到一个和现有演示文稿具有相同内容和风格的新演示文稿，用户只需在原有演示文稿的基础上进行适当修改即可。若要根据现有内容新建演示文稿，则只需单击"文件"选项卡，选择"新建"命令，在中间的"可用模板和主题"列表框中选择"根据现有内容新建"命令。然后在弹出的"根据现有演示文稿新建"对话框中选择需要应用的演示文稿文件，单击"新建"按钮即可。

4.5.2 编辑和管理幻灯片

使用 PowerPoint 制作的演示文稿一般都由多张幻灯片组成，因此对演示文稿的各张幻灯片的管理就显得尤为重要。例如，在编辑演示文稿时，经常需要进行添加新幻灯片、复制幻灯片、调整幻灯片顺序和删除幻灯片等操作。完成这些操作最方便的是在幻灯片浏览视图中进行，小范围或少量的幻灯片操作也可以在普通视图中完成。

1．添加新幻灯片

在 PowerPoint 2010 中要添加一张新的幻灯片可采用以下三种方法。

（1）打开"开始"选项卡，在"幻灯片"组中单击"新建幻灯片"按钮，即可添加一张默认版式的幻灯片。

（2）当需要应用其他版式时，单击"新建幻灯片"下拉列表按钮，选择需要的版式，即可将其应用到当前幻灯片中。

（3）在幻灯片预览窗格中，选择一张幻灯片，按下 Enter 键，将在该幻灯片的下方添加一张新的幻灯片。

2．选择幻灯片

在 PowerPoint 2010 中，可以一次选择一张幻灯片，也可以同时选择多张幻灯片，然后对选择的幻灯片进行操作。

1）选择单张幻灯片

无论是在普通视图下的"大纲"选项卡或"幻灯片"选项卡中，还是在幻灯片浏览视图中，只需单击目标幻灯片，即可选中该张幻灯片。

2）选择连续的多张幻灯片

单击起始编号的幻灯片，然后按住 Shift 键，再单击结束编号的幻灯片，此时将有多张幻灯片被同时选中。在幻灯片浏览视图中，还可以直接在幻灯片之间的空隙处按住鼠标左键并拖动，此时鼠标划过的幻灯片都将被选中。

3）选择不连续的多张幻灯片

在按住 Ctrl 键的同时，依次单击需要选择的每张幻灯片，此时被单击的多张幻灯片将同时被选中。按住 Ctrl 键的同时再次单击已选中的幻灯片，则该幻灯片将取消选择。

3．移动和复制幻灯片

1）移动幻灯片

在制作演示文稿时，如果需要重新排列幻灯片的顺序，就需要移动幻灯片。选中需要移动的幻灯片，在"开始"选项卡的"剪贴板"组中单击"剪切"按钮，在需要移动的目标位置单击，然后在"开始"选项卡的"剪贴板"组中单击"粘贴"按钮。

2）复制幻灯片

在制作演示文稿时，有时会需要两张内容基本相同的幻灯片。此时，可以利用幻灯片的复制功能，复制出一张相同的幻灯片，然后对其进行适当修改。

选择需要复制的幻灯片，在"开始"选项卡的"剪贴板"组中单击"复制"按钮，在需要插入幻灯片的位置单击，然后在"开始"选项卡的"剪贴板"组中单击"粘贴"按钮。

4．调整和删除幻灯片

当用户对当前幻灯片的排序不满意时，可以随时对其进行调整。具体的操作方法为：选中要调整的幻灯片，按住鼠标左键，直接将其拖放到适当的位置即可。幻灯片被移动后，PowerPoint 2010 会自动对所有幻灯片重新编号。

另外，在演示文稿中删除多余幻灯片是清除大量冗余信息的有效方法。

删除幻灯片的方法主要有以下 3 种。

（1）选中需要删除的幻灯片，直接按 Delete 键。

（2）右击需要删除的幻灯片，从弹出的快捷菜单中选择"删除幻灯片"命令。

（3）选中幻灯片，在"开始"选项卡的"剪贴板"组中单击"剪切"按钮。

5．输入和编辑文本

演示文稿中的文本除了需要进行编辑，还需要进行精心的修饰，主要包括对字体、字形、字号、颜色等属性的设置。在 PowerPoint 2010 中，当幻灯片应用了版式后，幻灯片中的文字也具有了预先定义的样式，但在很多情况下，用户还需要按照自己的要求重新进行设置。在 PowerPoint 2010 中，不能直接在幻灯片中输入文字，只能通过占位符或文本框来添加。

1）在占位符中输入文本

在大多数幻灯片的版式中都提供了文本占位符，这种占位符预设了文字的属性和样式，供用户添加标题文字、项目文字等。在幻灯片中单击其边框，即可选中该占位符；在占位符中单击，进入文本编辑状态，此时可直接输入文本。

2）使用文本框

文本框是一种可移动、可调整大小的文字容器，它与文本占位符非常相似。使用文本框可以在幻灯片中放置多个文字块，使文字按照不同的方向排列；也可以突破幻灯片版式的制约，实现在幻灯片中任意位置添加文字信息的目的。PowerPoint 2010 提供了两种形式的文本框：横排文本框和垂直文本框，它们分别用来放置水平方向的文字和垂直方向的文字。

6．设置文本格式

为了使演示文稿更加美观、清晰，通常需要对文本格式进行设置。文本的基本格式设置包括字体、字形、字号及字体颜色等。

在 PowerPoint 2010 中,当幻灯片应用了版式后,幻灯片中的文字也具有了预先定义的格式。但在很多情况下,用户仍然需要按照自己的要求对它们重新进行设置。设置文本格式操作如下:

(1)启动 PowerPoint 2010,打开相应演示文稿。

(2)选中主标题占位符,在"开始"选项卡的"字体"组中单击"字体"下拉列表按钮,选择"华文新魏"选项,将光标定位在"字号"文本框,设置字号为 72。

(3)在"字体"组中单击"字体颜色"下拉列表按钮,选择"深蓝,文字 2,深色 50%"选项。

(4)使用同样的方法,设置副标题占位符中文本字体为"华文琥珀",字号为 32,字体颜色为"红色,强调文字颜色 2,深色 25%"。

(5)单击"文件"选项卡,选择"另存为"命令,将编辑完成的新演示文稿保存。

7.设置段落格式

为了使演示文稿更加美观、清晰,还可以在幻灯片中为文本设置段落格式,如缩进值、间距值和对齐方式。要设置段落格式,可首先选定要设定的段落文本,然后在"开始"选项卡的"段落"组中进行设置即可,如图 4-23 所示。

另外,用户还可在"开始"选项卡的"段落"组中单击右下角的对话框启动器按钮,打开"段落"对话框,在"段落"对话框中可对段落格式进行更加详细的设置。

图 4-23 "开始"选项卡的"段落"组

8.使用项目符号和编号

在演示文稿中,为了使某些内容更加醒目,经常要用到项目符号和编号。这些项目符号和编号用于强调一些特别重要的观点或条目,从而使主题更加美观、突出、分明。

首先选中要添加项目符号或编号的文本,在"开始"选项卡的"段落"组中单击"项目符号"下拉列表按钮,选择"项目符号和编号"命令,打开"项目符号和编号"对话框。在"项目符号"选项卡中可设置项目符号,如图 4-24 所示,在"编号"选项卡中可设置编号,如图 4-25 所示。

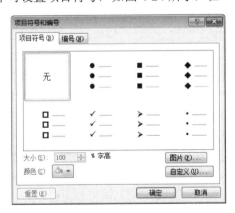

图 4-24 "项目符号"选项卡

图 4-25 "编号"选项卡

4.6 PowerPoint 2010 设置及放映

4.6.1 幻灯片设置

在制作多媒体演示文稿时,需要将各种多媒体素材(如图形、图像、声音、视频等)放置到演示文稿中，以使演示文稿的内容更加丰富多彩。使用 PowerPoint 制作演示文稿时，用户可以通过"插入"或"复制"等命令，将这些素材添加到幻灯片中。

1．添加图片

在演示文稿中插入图片，可以更生动、形象地阐述主题和作者要表达的思想。在插入图片时，要充分考虑幻灯片的主题，使图片和主题和谐一致。

1）插入剪贴画

PowerPoint 2010 附带的剪贴画库内容非常丰富，所有图片都经过专业设计，它们能够表达不同的主题，适合制作各种不同风格的演示文稿。若要插入剪贴画，可以在"插入"选项卡的"图像"组中单击"剪贴画"按钮，选择应用即可。

2）插入来自文件的图片

用户除了插入 PowerPoint 2010 附带的剪贴画，还可以插入磁盘中的图片。这些图片可以是 BMP 位图，也可以是由其他应用程序创建的图片。可以在"插入"选项卡的"图像"组中单击"图片"按钮，打开"插入图片"对话框，选择需要的图片后，单击"插入"按钮，即可在幻灯片中插入图片。

2．添加艺术字

艺术字是一种特殊的图形文字，常被用来表现幻灯片的标题文字。用户既可以像设置普通文字一样设置其字号、加粗、倾斜等效果，也可以像设置图形对象那样设置它的边框、填充等属性，还可以对其进行大小调整、旋转或添加阴影、三维效果等。

（1）添加艺术字。在"插入"选项卡的"文本"组中单击"艺术字"按钮，弹出艺术字样式列表。单击需要的样式，即可在幻灯片中插入艺术字，如图 4-26 所示。

（2）编辑艺术字。用户在插入艺术字后，若对艺术字的效果不满意，则可以在选中艺术字后，在"绘图工具"的"格式"选项卡中进行编辑。

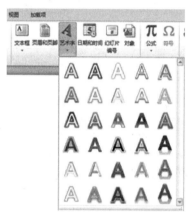

图 4-26　在幻灯片中插入艺术字

3．添加声音和视频

PowerPoint 2010 允许用户方便地插入影片和声音等多媒体对象，从而令一些抽象的课堂教学变得更为具体生动，声情并茂。若要为演示文稿添加声音，可在"插入"选项卡的"媒体"组中单击"音频"下拉列表按钮，选择相应的命令即可，如图 4-27 所示。

若要在演示文稿中添加视频，可在"插入"选项卡的"媒体"组中单击"视频"下拉列表按钮，然后根据需要选择其中的命令。如需要添加本地计算机中的视频，可选择"文件中的视频"命令，如图 4-28 所示，打开"插入视频文件"对话框，然后选择要插入的视频文件。选中幻灯片中的视频播放窗口，可打开"视频工具 | 播放"选项卡，在该选项卡中可对视频文件的各项参数进行设置，如图 4-29 所示。

图 4-27　音频

图 4-28　文件中的视频

图 4-29 "视频工具 | 播放"选项卡

4.6.2 幻灯片主题设置

PowerPoint 2010 为用户提供了大量的预设格式，如主题样式、主题颜色设置、字体设置及幻灯片效果设置等。应用这些格式，可以轻松地制作出具有专业水准的演示文稿。此外，还可为演示文稿添加背景和各种填充效果，使演示文稿更加美观。

1．应用设计模板

PowerPoint 2010 为用户提供了许多内置的模板样式。应用这些模板样式可以快速统一演示文稿的外观。另外，一个演示文稿还可以应用多种设计模板，使各张幻灯片具有不同的风格。

同一个演示文稿中应用多个模板与应用单个模板的步骤非常相似，单击"设计"选项卡"主题"组中的"其他"下拉列表按钮，从弹出的下拉列表中选择一种模板，即可将该模板应用于单个演示文稿中。

如果想为某张单独的幻灯片设置不同的风格，可选择该幻灯片，单击"设计"选项卡"主题"组中的"其他"下拉列表按钮，从弹出的下拉列表中右击需要的模板，从弹出的快捷菜单中选择"应用于选定幻灯片"命令。此时该模板将应用于所选中的幻灯片。

2．设置主题颜色和字体样式

PowerPoint 2010 为每种设计模板提供了几十种内置的主题颜色，用户可以根据需要选择不同的颜色来设计演示文稿。这些颜色是预先设置好的协调色，会自动应用于幻灯片的背景、文本线条、阴影、标题文本、填充、强调和超链接。应用设计模板后，单击"设计"选项卡"主题"组中的"颜色"下拉列表按钮，将显示主题颜色。

在列表中可以选择内置主题颜色，还可以自定义设置主题颜色。在"主题"组中单击"颜色"下拉列表按钮，选择"新建主题颜色"命令，打开"新建主题颜色"对话框，在该对话框中用户可对主题颜色进行自定义。

3．设置页眉和页脚

在制作幻灯片时，使用 PowerPoint 2010 提供的页眉和页脚功能，可以为每张幻灯片添加相对固定的信息。要插入页眉和页脚，只需在"插入"选项卡的"文本"组中单击"页眉和页脚"按钮，打开"页眉和页脚"对话框，在其中进行相关操作即可。插入页眉和页脚后，可以在幻灯片母版视图中对其格式进行统一设置。

4．设置幻灯片背景

在设计演示文稿时，用户除了在应用模板或改变主题颜色时更改幻灯片的背景，还可以根据需要任意更改幻灯片的背景颜色和背景设计，如添加底纹、图案、纹理或图片等。要应用 PowerPoint 2010 自带的背景样式，可以打开"设计"选项卡，在"背景"组中单击"背景样式"下拉列表按钮，选择需要的背景样式即可。

4.6.3 幻灯片动画设置

PowerPoint 2010 中的动画效果主要有两种类型：一种是自定义动画，指为幻灯片内部各个对象设置的动画；另一种是幻灯片切换动画，又称翻页动画，指幻灯片在放映时更换幻灯片的动画效果。用户可以对幻灯片中的文本、图形、表格等对象添加不同的动画效果。

1. 添加进入动画效果

进入动画效果是文本或其他对象以多种动画效果进入放映屏幕的效果。在添加该动画效果之前需要选中对象。选中对象后，打开"动画"选项卡，单击"动画"组中的"其他"下拉列表按钮，在弹出的"进入"列表中选择一种进入效果，即可为对象添加进入动画效果，如图4-30所示。

选择"更多进入效果"命令，将打开"更改进入效果"对话框，在该对话框中可以选择更多进入动画效果，如图4-31所示。

图4-30　添加进入动画效果　　　　　图4-31　"更改进入效果"对话框

2. 添加强调动画效果

强调动画效果是为了突出幻灯片中的某部分内容而设置的特殊动画效果。添加强调动画效果的过程和添加进入动画效果大致相同，选择对象后，在"动画"组中单击"其他"下拉列表按钮，在弹出的"强调"列表中选择一种强调效果，即可为对象添加该动画，如图4-32所示。

选择"更多强调效果"命令，将打开"更改强调效果"对话框，在该对话框中可以选择更多强调动画效果，如图4-33所示。

图4-32　添加强调动画效果

另外，在"高级动画"组中单击"添加动画"下拉列表按钮，同样可以在弹出的"强调"列表中选择一种强调动画效果，若选择"更多强调效果"命令，则打开"添加强调效果"对话框，在该对话框中同样可以选择更多强调动画效果。

3. 添加退出动画效果

退出动画效果是幻灯片中对象的退出屏幕效果。在幻灯片中选中需要添加退出效果的对象，在"高级动画"组中单击"添加动画"下拉列表按钮，在弹出的"退出"列表中选择一种退出动画，如图4-34所示。

图 4-33 "更改强调效果"对话框

图 4-34 添加退出动画效果

若选择"更多退出效果"命令,则打开"更改退出效果"对话框,在该对话框中可以选择更多的退出动画效果,如图 4-35 所示。退出动画名称有很大一部分与进入动画名称相同,所不同的是,它们的运动方向存在差异。

4.添加动作路径动画效果

动作路径动画又称路径动画,可以指定文本、图片等对象沿预定的路径运动。PowerPoint 中的动作路径动画不仅提供了大量预设动作路径,还可以由用户自定义路径动画,如图 4-36 所示。

图 4-35 "更改退出效果"对话框

图 4-36 动作路径

5.设置动画参数

为对象添加了动画效果后,该对象就应用了默认的动画参数。这些动画参数主要包括动画开始运行的方式、持续时间、延时方案、变化方向及重复次数等。用户可以根据需要对这些参数进行设置。

选中具有动画效果的对象,在"动画"选项卡的"计时"组中可以设置动画开始的方式、持续时间及延迟时间等参数,如图 4-37 所示。

在"高级动画"组中,单击"动画窗格"按钮,可打开"动画窗格",

图 4-37 计时

在该窗格中可一目了然地看到当前幻灯片中的所有动画效果。

在"动画窗格"中右击某个动画，选择"效果选项"命令，在弹出的对话框中可为该动画设置更多参数。

6．设置幻灯片切换动画

要为幻灯片添加切换动画，可以打开"切换"选项卡，在"切换到此幻灯片"组中进行设置，如图 4-38 所示。

图 4-38 "切换"选项卡

选中要切换的幻灯片，在"切换到此幻灯片"组中单击"其他"下拉列表按钮，在打开的下拉列表中选择一种切换效果，即可将该切换效果应用到选中的幻灯片中。

4.6.4 放映演示文稿

演示文稿的最终作用是放映给观众观看的，在放映演示文稿之前可对放映方式进行设置。PowerPoint 2010 提供了多种演示文稿的放映方式，用户可选用不同的放映方式以满足放映时的需要。

1．设置放映方式

打开"幻灯片放映"选项卡，在"设置"组中单击"设置幻灯片放映"按钮，打开"设置放映方式"对话框，在"设置放映方式"对话框的"放映类型"选项区域中可以设置幻灯片的放映方式，如图 4-39 所示。

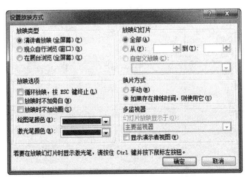

图 4-39 "设置放映方式"对话框

2．开始幻灯片放映

完成放映前的准备工作后就可以开始放映幻灯片了。常用的放映方法为：从头开始放映和从当前幻灯片开始放映。

（1）从头开始放映：按下 F5 键，或者在"幻灯片放映"选项卡的"开始放映幻灯片"组中单击"从头开始"按钮。

（2）从当前幻灯片开始放映：在状态栏的幻灯片视图切换按钮区域中单击"幻灯片放映"按钮，或者在"幻灯片放映"选项卡的"开始放映幻灯片"组中单击"从当前幻灯片开始"按钮。

3．控制放映过程

在放映演示文稿的过程中，用户可以根据需要按放映次序依次放映、快速定位幻灯片、为重点内容做上标记、使屏幕出现黑屏或白屏和结束放映等。

（1）如果需要按放映次序依次放映，则可进行如下操作。
① 单击鼠标左键。
② 在放映屏幕的左下角单击"■"按钮。
③ 在放映屏幕的左下角单击"■"按钮，在弹出的菜单中选择"下一张"命令。
④ 右击，在弹出的快捷菜单中选择"下一张"命令。

（2）快速定位幻灯片。如果不需要按照指定的顺序进行放映，则可以快速定位幻灯片。在放映屏幕的左下角单击"■"按钮，从弹出的菜单中选择"定位至幻灯片"命令进行切换。

另外，右击，在弹出的快捷菜单中选择"定位至幻灯片"命令，从弹出的子菜单中选择要播放的幻灯片，同样可以实现快速定位幻灯片操作。

（3）为重点内容做上标记。使用 PowerPoint 2010 提供的绘图笔可以为重点内容做上标记。
绘图笔的作用类似于板书笔，常用于强调或添加注释。用户可以选择绘图笔的形状和颜色，也可以随时擦除绘制的笔迹。在放映幻灯片时，在屏幕中右击，在弹出的快捷菜单中选择"指针选项"中的"荧光笔"选项，将绘图笔设置为荧光笔样式，然后按住鼠标左键拖动鼠标即可。

另外，在屏幕中右击，在弹出的快捷菜单中选择"指针选项"中"墨迹颜色"命令，可在其下级菜单中设置绘图笔的颜色。

（4）使屏幕出现黑屏或白屏。在幻灯片放映的过程中，有时为了避免引起观众的注意，可以将幻灯片进行黑屏或白屏显示。右击，在弹出的菜单中选择"屏幕"中的"黑屏"命令或"白屏"命令即可。

（5）结束放映。在幻灯片放映过程中，有时需要快速结束放映操作，可以按 Esc 键，或者单击"■"按钮（或在幻灯片中右击），从弹出的菜单中选择"结束放映"命令。此时演示文稿将退出放映状态。

4.7 自主实践

一、预习内容
（1）学习使用形状功能。
（2）学习使用动作路径。
（3）使用超链接。
（4）演示文稿打包。

二、实践目的
（1）掌握使用动作路径方法。
（2）掌握使用超链接的多种方法。
（3）掌握如何插入 Flash 及 FLV 视频文件。
（4）掌握演示文稿打包。

三、实践内容
（一）实训任务
（1）利用幻灯片完成卷轴制作过程。
新建一个演示文稿文件，并命名为"卷轴制作.pptx"，保存到"D:\Office 实验"文件夹中。
（2）利用幻灯片完成植物生长制作效果。
新建一个演示文稿文件，并命名为"树叶生长.pptx"，保存到"D:\Office 实验"文件夹中。

（二）操作提示

（1）卷轴制作操作步骤如下。

① 先用矩形工具在屏幕上画一个大小适中的长方形。单击"插入"选项卡"插图"组中的"形状"下拉列表按钮，绘制一个长方形。

② 对长方形填充颜色。右击长方形，在弹出的快捷菜单中选择"设置形状格式"，打开"设置形状格式"对话框，单击"填充"中的"渐变填充"单选按钮，设置"预设颜色"为"金色年华"。

③ 用同样的方法制作另一个长方形，但比原来的要大，并设置为"置于底层"。这个底层可以填充颜色，也可以填充一些花纹。

④ 制作画轴。用同样方法画一个大小适中的小长方形，填充好颜色后，将其置于左侧，充当左侧卷轴，再画两个小长方形放在上端和下端，充当轴端。之后把画轴的三部分全选并组合。制作完成一个画轴后复制、粘贴放在右侧。

⑤ 至此卷轴就完成了，可以在画卷上添加文本框，写一些艺术字并自行设置字体。如图 4-40 所示。

（2）树叶生长操作步骤如下。

① 在演示文稿中新建一张空白幻灯片，并删除自动生成的文本框，使用同样的方法选择"曲线连接符"工具，从下向上，绘制一条类似藤蔓的曲线，并右击设置"置于顶层"。

（视频资料）

② 将准备好的叶子图片，按从下向上顺序多次复制，分散于藤蔓曲线的两侧。并对叶子的大小进行调整，并利用图片的旋转控制柄进行生长方向的调整，如图 4-41 所示。

图 4-40　卷轴效果图　　　　图 4-41　曲线及叶子效果

③ 选中曲线，在"高级动画"组中单击"添加动画"下拉列表按钮，选择"进入"中的"擦除"效果。

④ 从下向上，分别选中各片叶子图片，使用同样的方法设置"擦除"效果。

⑤ 打开"动画窗格"，从下向上，分别选中各片叶子图片，在"计时"组中，设置"开始"方式为"与上一动画同时"，并将生长滑块设置合适的长度以符合生长先后顺序，如图 4-42 所示。

⑥ 最后单击"文件"选项卡中的"保存并发送"命令，选择"将演示文稿打包成 CD"命令。

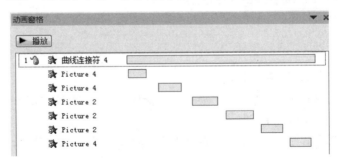

图 4-42　动画窗格设置

（三）思考与探究

（1）使用动画功能设置动画效果时，应注意什么？

（2）动画窗格有什么功能？

（3）如何将演示文稿打包？

4.8 拓展实训

（1）对一篇科技论文进行排版，要求综合运用 Word 的文字、图片、表格、图表、页眉和页脚等知识，排版实现图文并茂的效果，尽可能应用多个功能。

（2）制作员工培训考核成绩表。要求：使用"记录单"添加员工的各项成绩；使用 SUM 函数计算总成绩；使用 AVERAGE 函数计算平均成绩；使用 RANK 函数计算排名；使用 IF 函数计算等级。

习题 4

1. 新建 Word 文档的快捷键是（   ）。
   A．Ctrl+N   B．Ctrl+O   C．Ctrl+C   D．Ctrl+S
2. 在查看 Word 2010 文档的过程中，发现不能进行修订操作，在左下方出现"不允许修改，因为所选内容已被锁定"提示信息，可通过（   ）的方法解决。
   A．关闭文档保护   B．勾选"插入与删除"
   C．单击"修订"按钮   D．勾选"设置格式"
3. 在 Word 2010 中，下面关于"页脚"的几种说法，错误的是（   ）。
   A．页脚可以是页码、日期、简单的文字、文档的总题目等
   B．页脚是打印在文档每页底部的描述性内容
   C．页脚中可以设置页码
   D．页脚不能是图片
4. 在 Excel 2010 中，要在同一工作簿中把工作表 Sheet3 移动到 Sheet1 前，应（   ）。
   A．单击工作表 Sheet3 标签，并沿着标签行拖动到 Sheet1 前
   B．单击工作表 Sheet3 标签，并按住 Ctrl 键沿着标签行拖动到 Sheet1 前
   C．单击工作表 Sheet3 标签，使用"复制"命令，然后单击工作表 Sheet1 标签，再使用"粘贴"命令
   D．单击工作表 Sheet3 标签，使用"剪切"命令，然后单击工作表 Sheet1 标签，再使用"粘贴"命令
5. 假设在 B1 单元格存储一个公式为 A$5，将其复制到 D1 后，公式变为（   ）。
   A．A$5   B．D$5   C．C$5   D．D$1
6. 在图表中要增加标题，在激活图表的基础上，可以（   ）。
   A．执行"插入"→"标题"命令，在出现的对话框中选择"图表标题"命令
   B．执行"格式"→"自动套用格式化图表"命令
   C．右击，在快捷菜单中执行"图表标题"命令，选择"标题"选项
   D．用鼠标定位，直接输入
7. 在 PowerPoint 2010 中快速复制一张同样的幻灯片的快捷键是（   ）。

A．Ctrl+C　　　　B．Ctrl+X　　　　C．Ctrl+V　　　　D．Ctrl+D

8．在幻灯片视图窗格中要删除选中的幻灯片，不能实现的操作是（　　）。

　　A．按 Delete 键

　　B．按 BackSpace 键

　　C．右击选择菜单中的"隐藏幻灯片"命令

　　D．右击选择菜单中的"删除幻灯片"命令

9．在 PowerPoint 2010 中"自定义动画"的添加效果是（　　）。

　　A．进入退出　　　　　　　　　　B．进入强调退出

　　C．进入强调退出动作路径　　　　D．进入退出动作路径

10．在 PowerPoint 2010 中默认的视图模式是（　　）。

　　A．普通视图　　　　　　　　　　B．阅读视图

　　C．幻灯片浏览视图　　　　　　　D．备注视图

（习题答案）

第 5 章　多媒体技术与应用

多媒体技术起源于 20 世纪 80 年代中期，1984 年美国 Apple 公司在研制 Macintosh 计算机时，为了增加图形处理功能，改善人机交互界面，创造性地使用了位映射（Bitmap）、窗口（Window）、图符（Icon）等技术，这一系列改进所带来的图形用户界面（GUI）深受用户欢迎。同时，鼠标（Mouse）作为交互设备引入，配合 GUI 使用，大大地方便了用户的操作。

（视频资料）

5.1　多媒体技术基础

不同领域的人对多媒体的理解不同，所以"多媒体"一词到目前为止还没有很准确和具体的定义。从字面上理解，"多媒体"一词译自英文 Multimedia，而该词又是由 Multiple 和 Media 复合而成的，核心词是 Media（媒体）。媒体在计算机领域有两种含义：一是指存储信息的实体，如磁盘、光盘、磁带、半导体存储器等，中文常译为媒质；二是指传递信息的载体，如数字、文字、声音、图形和图像等，中文常译为媒介。人们常说的多媒体技术中的媒体是指后者，媒体可分为以下 5 类。

（1）感觉媒体：指直接作用于人的感觉器官，使人产生直接感觉的媒体。如语言、音乐、自然界的各种声音、图像、动画、文本等。人们通过感觉器官，如视觉、听觉、触觉、嗅觉和味觉等来感知环境。

（2）表示媒体：指为了表示、存储、传送感觉媒体而人为研究出来的定义信息特性的数据类型，采用信息的计算机内部编码表示。借助这种媒体，人们可更有效地存储感觉媒体或将感觉媒体从一个地方传送到另一个地方。语言编码、电报码、条形码、文本 ASCII 码和乐谱等均属于此类。

（3）显示媒体：用于通信，是为表示媒体和感觉媒体之间的转换而使用的媒体，是人们再现信息或获取信息的物理工具和设备，如显示器、打印机、扬声器等输出类显示媒体，键盘、鼠标、扫描仪等输入类显示媒体。

（4）存储媒体：指用于存放表示媒体的媒体，如纸张、磁带、磁盘、光盘等。

（5）传输媒体：指用于传输表示媒体的媒体，如双绞线、同轴电缆、光纤、无线电链路等。

人们普遍认为，"多媒体"是指能够同时获取、处理、存储和展示两个以上不同类型媒体的技术。从这种意义上看，"多媒体"最终被归结为一种"技术"，即多媒体技术。事实上，也正是由于计算机技术和数字信息处理技术的实质性进展，才使我们今天拥有了处理多媒体信息的能力。所以，"多媒体"常常不是指多种媒体本身，而主要是指处理和应用多种媒体的一整套技术。

5.1.1　多媒体技术特性

多媒体技术是一门基于计算机技术的综合技术，它包括数字信号处理、音频和视频技术、计算机硬件和软件技术、人工智能和模式识别技术、通信和图像处理技术等，多媒体技术是正处在发展过程中的一门跨学科的综合性技术，其具有如下特性。

（1）多样性：是指包含文本、声音、图形、图像、动画和视频等信息媒体的多种形式。通过多样化信息载体的调动，使得计算机具有拟人化的特征，更容易操作和控制，更具有亲和力。

（2）集成性：一方面是指媒体信息，即文本、声音、图形、图像、动画和视频等的集成，各种媒体信息有机地组织在一起，形成完整的多媒体信息；另一方面是指存储、处理媒体信息的设备的集成，各种媒体设备合为一体，主要为多媒体信息提供快速的 CPU、大容量的内存、一体化的多媒体操作系统、丰富的多媒体创作工具等硬件和软件资源。

（3）交互性：是指人与计算机之间能"对话"，以便进行人工干预控制。多媒体处理过程中的交互性使用户可以更加有效地控制和使用信息，同时交互性还可以加强用户对信息的注意和理解，延长信息的保留时间。

（4）实时性：由于在多种信息媒体中，声音、视频等媒体和时间密切相关，这就决定了多媒体技术必须支持实时处理，意味着多媒体系统在处理信息时要有严格的时序要求和速度要求。

5.1.2　多媒体计算机系统

从狭义上分，多媒体系统就是拥有多媒体功能的计算机系统；从广义上分，多媒体系统就是集电话、电视、媒体、计算机网络等于一体的，能够处理多种媒体信息的综合化系统。

多媒体系统由多媒体硬件系统和多媒体软件系统组成，系统的层次结构图如图 5-1 所示。多媒体硬件系统除了要求有计算机基本的硬件系统（输入/输出设备、存储设备、主机等），还要有多媒体硬件设备（音频处理设备、视频处理设备等）。多媒体硬件设备能够实时地综合处理文、图、声、像等信息，实现全动态视像和立体声处理，并对多媒体信息进行实时的压缩与解压。多媒体软件系统中有多媒体核心系统软件，主要包括操作系统和相关的硬件驱动程序，用于对多媒体计算机的硬件、软件进行控制与管理，硬件驱动程序除了与硬件设备进行对应设置，还要提供 I/O 接口程序。多媒体制作平台上的创作、编辑软件是设计者对多媒体信息进行开发创作的主要媒介。设计者可以利用开发工具和编辑软件来创作在教育、娱乐、商业等领域应用的多媒体文件。

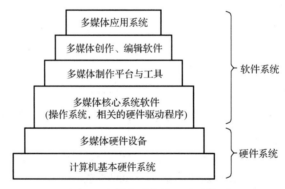

图 5-1　多媒体系统的层次结构图

1．多媒体计算机硬件系统

多媒体计算机硬件系统的核心是高性能的计算机系统，还包括计算机主机和外部设备（基本的输入/输出设备、存储设备、音频处理设备、视频处理设备等多媒体配套设备）。

1）音频处理设备

音频处理设备主要包括声卡、音箱、麦克风等。

2）视频处理设备

视频处理设备有视频采集卡、视频压缩卡等。

① 视频采集卡。

视频采集卡也叫视频卡，是将模拟摄像机、录像机、LD 视盘机、电视机输出的视频数据或者视频、音频的混合数据输入计算机，并转换成数字数据，存储在计算机中，成为可编辑处理的视频数据文件，如图 5-2 所示。普通家庭用的摄像机设备已经可以通过 USB、1394 等接口直接连接到计算机上，同时使用视频编辑类软件把摄像机中的视频采集到计算机中，无须配备专门的视频采集卡。

② 视频压缩卡。

视频压缩卡的功能是把模拟信号或数字信号通过解码/编码，按一定算法把信号采集并压缩到硬盘里或是直接刻录成光盘。因为经过压缩处理，所以其容量较小。

图 5-2 视频采集卡

3）存储设备

由于多媒体信息数据量巨大，所以多媒体计算机系统必须拥有较大的存储设备。涉及的存储设备主要有硬盘、光盘及闪存等。

2. 多媒体计算机软件系统

多媒体计算机软件系统包括多媒体操作系统、多媒体驱动软件、多媒体处理软件、多媒体创作工具和多媒体应用软件等，以下主要介绍其中部分内容。

1）多媒体操作系统

多媒体操作系统要求具有多媒体设备、信息和软件管理能力，它能实现多媒体环境下的多任务的调度，实现对视频、音频等的处理及控制，提供多媒体信息处理的基本操作和管理。Windows 操作系统等常用操作系统都具备多媒体功能。

2）多媒体驱动软件

多媒体驱动软件是相关硬件的驱动程序，用来保证多媒体设备的正常使用，如扫描仪、数码相机、数字摄像机、调制解调器等硬件在计算机上使用所需的驱动软件。

3）多媒体处理软件

多媒体处理软件可以对不同的多媒体信息进行加工，如音频处理软件（Cool Edit、Sound Forge、GoldWave）、视频处理软件（Adobe Premiere、Director）、图像处理软件（Photoshop、CorelDraw）、动画制作软件（Flash、Adobe ImageReady）等。

5.1.3 多媒体计算机关键技术

多媒体应用涉及许多相关的技术，主要包括：多媒体数据压缩/解压缩技术、多媒体专用芯片技术、多媒体输入/输出技术、多媒体数据库技术、多媒体网络与通信技术及虚拟现实技术等。

1. 多媒体数据压缩/解压缩技术

多媒体硬件设备要求具有实时地综合处理文、图、声、像等信息的能力，涉及内容的数据量非常庞大，但通常要求进行快速的数据传输和处理。由于目前的计算机无法满足以上的要求，因此需要对多媒体数据进行压缩和解压缩。比较流行的多媒体压缩编码的国际标准主要有静止图像信息压缩标准（JPEG）和运动图像信息压缩标准（MPEG）等。

JPEG 是一种广泛使用的图像压缩标准，提供有损压缩，支持多种压缩级别，压缩比例通常为 10∶1 到 40∶1，JPEG 格式是目前网络上最流行的图像格式之一。JPEG 2000 作为 JPEG 的升级版，同时支持有损和无损压缩。

MPEG 是数字化的音、视频压缩标准，主要包括 MPEG-1、MPEG-2、MPEG-4、MPEG-7 及 MPEG-21 等，其中 MPEG-1、MPEG-2 和 MPEG-4 已被广泛使用。MPEG-1 是为工业级标准而设计的，可适用于不同带宽的设备，如 CD-ROM、VCD 等；MPEG-2 提供更高级工业标准的图像质量及更高的传输速率，DVD 盘片采用的是 MPEG-2 标准；MPEG-4 能够以最少的数据获得最佳的图像质量，主要应用于视频电话、电子新闻、网络实时影像播放等。MPEG-1 和 MPEG-2 的压缩比例通常为 20∶1 到 30∶1，MPEG-4 的压缩比例可以高达 200∶1。

2．多媒体专用芯片技术

为了实现多媒体庞大数据的快速压缩、解压缩和播放处理，因此高速的 CPU、大容量的内存及多媒体专用数据采集和还原电路等尤其重要，这些都依赖于专用芯片技术的发展和支持。多媒体计算机使用的芯片主要有两种类型：一种是固定功能的芯片，另一种是可编程的数字信号处理器（DSP）芯片。具有固定功能的芯片主要用于图像数据的压缩处理，而可编程的 DSP 芯片除了用于压缩处理，还可用于图像的特技效果和音频数据处理等。

3．多媒体输入/输出技术

多媒体输入/输出技术包括媒体变换技术、媒体识别技术、媒体理解技术和媒体综合技术。目前，媒体变换技术和媒体识别技术已得到较广泛的应用，而媒体理解技术和媒体综合技术只在某些特定的场合应用。

① 媒体变换技术。媒体变换技术是指与媒体的表现形式相关的技术，音频卡、视频卡等都属于媒体变换设备。

② 媒体识别技术。媒体识别技术是用来实现信息一对一映像的相关技术，如语音识别技术和触摸屏技术等就属于媒体识别技术。

③ 媒体理解技术。媒体理解技术用于对信息进行更进一步的理解、分析和处理，如自然语言理解技术、图像理解技术、模式识别技术等都属于媒体理解技术。

④ 媒体综合技术。媒体综合技术用于将低维信息表示映像成高维的模式空间，如语音合成器就可以将语音的内部表示综合为声音输出。

4．多媒体数据库技术

多媒体计算机系统需要从多媒体数据模型、媒体数据压缩/解压缩的模式、多媒体数据管理和存取方法及用户界面 4 个方面来研究数据库。多媒体数据库管理系统（MDBMS）的主要目标是实现媒体的混合、媒体的扩充和媒体的变换，并且对多媒体数据进行有效组织、管理和存取。随着多媒体计算机技术、面向对象数据库技术和人工智能技术的发展，多媒体数据库管理系统对多媒体数据的管理将越来越有效。

5．多媒体网络与通信技术

在 Internet 上广泛应用了以文本、图像、音频、视频等多媒体信息为主的网络通信，如文件传输、电子邮件、视频电话、电子商务、远程教育、多媒体网络会议等，其实现了多媒体通信和多媒体信息资源的共享。多媒体技术与网络、通信技术紧密联系，相辅相成。多媒体技术要求网络、通信技术能够保证传输速度和传输质量，此外，相关数据类型的同步、可变视频数据流的处理、信道分配及网络传输过程中的高性能、可靠性等也是多媒体技术对网络、通信技术提出的要求。

6．虚拟现实技术

虚拟现实（Virtual Reality，VR）是利用计算机技术模拟生成一个逼真的感官世界，用户可以用人的自然技能与这个生成的虚拟实体进行交互，并产生与真实世界中相同的反馈信息，使用户从中获得与真实世界一样的感受。虚拟现实技术集成了计算机图形学、仿真技术、多媒体技术、人工智能技术、计算机网络技术、并行处理技术和多传感器技术等，虚拟现实系统是一种由计算机技术辅助生成的模拟系统。目前，虚拟现实技术在科技开发、军事、医疗、教育、商业、娱乐等不同的领域中应用广泛。

5.1.4 多媒体技术应用

近年来，多媒体技术取得了一些令人瞩目的成绩，极大地拓宽了多媒体的应用范围，促进了多媒体技术的进一步发展，主要表现在以下几方面。

1. 多媒体技术在通信系统中的应用

多媒体通信是 20 世纪 90 年代迅速发展起来的一项技术。一方面多媒体技术使计算机能同时处理视频、音频和文本等多种信息，使信息具有多样性，另一方面，网络通信技术消除了人们之间地域限制，使信息传输具有实时性。

2. 多媒体技术在编著系统中的应用

电子出版物是以数字代码的方式将图、文、声、像等信息存储在磁、光、电介质上，通过计算机或者有类似功能的设备进行阅读，借此表达思想、普及知识，其是可以复制、发行的大众传播媒体。

一般来说，多媒体编著系统就是指对电子出版物进行加工的制作系统，即用计算机综合处理文字、图形、影像、动画和音频等信息，使之在不同的界面上呈现，并具有传送、转换及同步化的功能。目前，主要应用于以下两个领域：①多媒体电子出版物出版；②软件出版。

3. 多媒体技术在工业领域中的应用

现代化企业综合信息管理、生产过程自动化控制的目的就是要提高效率，减少人员开销，这些都离不开对多媒体信息的采集、监视、存储、传输、综合分析处理和管理。应用多媒体技术来综合处理多种信息，可以做到信息处理综合化、智能化，从而提高工业生产和管理的自动化水平。例如，采用监控监测系统定期采集仪器仪表数据，一旦发现问题，可以采用自动控制或集中人工干预的方式解决。

4. 多媒体技术在医疗影像诊断系统中的应用

现代先进的医疗诊断技术的共同特点是以现代物理技术为基础，借助于计算机技术，对医疗影像进行数字化和重建处理。计算机在成像过程中起着至关重要的作用。随着临床医学要求的不断提高，以及多媒体技术的发展，出现了新一代具有多媒体处理功能的医疗诊断系统。

5. 多媒体技术在教学中的应用

目前，传统的教学模式正受到多媒体教学模式的冲击。应用多媒体教学的内容在某种程度上更充实、更形象、更具吸引力，从而可以提高学生的学习热情和学习效率。在美国，越来越多的学校意识到将交互式、多种感官应用在教学中的重要性，因此，多媒体技术在美国中学教育中占据主导地位。在中国，多媒体技术可以解决边远地区的教育问题。多媒体技术正越来越多地应用于现代教学实践中，并将推动整个教育事业的发展。

5.2 图像处理

近年来，计算机图像处理技术飞速发展，各种图像处理软件相继问世，图像设备不断涌现。图像处理技术丰富了人们的视觉体验，给人们的生活增添了色彩。

5.2.1 图像的基础知识

1. 数字图像

数字图像可以看成一个矩阵，或一个二维数组，这是其在计算机上表示的方式。形象地说，一幅数字图像就像纵横交错的棋盘，棋盘行和列的数目就表示图像的大小，图像大小是 640×640，实际上就表示图像有 640 行和 640 列。棋盘的格子就是图像的基本元素，称为像素。每个像素都是一个取值范围在 0~255 之间的整数，代表了这个格子的亮度。取值越大，则越亮，反之，则越暗。正是或明或暗、密密麻麻的格子形成了计算机上的图像。

2. 图像分辨率

图像分辨率以每英寸的像素数（Pixels Per Inch，PPI）来衡量，图像分辨率为 500PPI，指每英寸有 500 个像素。分辨率越高,细节就越清楚,图像就越精细,质量就越好,但数据量也会越大,反之亦然。所以,图像分辨率和图像尺寸决定了图像质量和图像大小,可以通过软件和算法来改变图像的分辨率,使之变得清晰或模糊。

3. 设备分辨率

指在各类设备成像时每英寸上可呈现的点数(Dots Per Inch,DPI),如显示器、喷墨打印机、激光打印机、活体指纹滚动采集仪、数码相机的分辨率等。个人计算机显示器的分辨率为 60~120DPI,打印设备的分辨率为 360~1440DPI,活体指纹滚动采集仪的分辨率为 500DPI。购买显示器时,指标一般包括大小和点距:大小为 17 英寸(指荧光屏对角线长度为 17 英寸),点距为 0.25mm,该显示器的分辨率约为 100DPI。显示器的水平方向和垂直方向的显示比例一般为 4∶3,由显示器的有效显示范围和分辨率可以计算其最高显示模式。假设显示器的有效显示范围为 80%,则水平方向为 80%×100×17×4/5=1088,垂直方向为 80%×100×17×3/5=816,因此选择 1024×768 的显示模式。数码相机的分辨率一般用像素来衡量,像素越多,分辨率越高,相应的图像数据量也越大。

5.2.2 图像文件的格式

图像文件保存在计算机中,是一些二进制代码。同一图像,可以保存成不同的图像文件格式,每种图像的文件格式都有自己独特的编码方式和特点,之所以形成多种图像格式共存的局面,是由历史原因造成的。最主要的原因是早期的软件厂商在研制图像软件时总是按着自己的想法去进行图像编码,而且彼此之前缺乏沟通。不过,最近几年,人们通常会使用一些公认的优秀而合理的图像格式。

1. JPEG 格式

这是一种压缩的图像格式,是近年来发展最快的格式之一,它的特点是文件尺寸较小,而失真度不大。特别适合用来保存照片图像,如人物、风景等真实的图像。尤其是人物照片,用这种格式来存储是最合理的。由于这种格式在读写时要经过解压缩的过程,因此使用时,对显示速度会造成一定的影响。但目前来看,由于计算机性能提升很快,所以整体影响不大。

2. BMP 格式

这是一种位图格式,它的特点是文件的尺寸只与图像的大小有关,而与图像的内容无关,它记录图像的每个像素点。由于图像从磁盘读取时,不经过解压缩等转换过程,因此,其图像显示的速度是最快的。正是由于这个原因,Windows 采用这种格式作为标准的图像格式。有些软件也只接收这种格式的图像文件(如 Premiere)。在使用此类软件时,要将其他格式的图像转换成 BMP 格式后再使用。

由于 BMP 格式的图像文件没有经过任何压缩处理,因此,文件尺寸较大。

3. GIF 格式

这也是一种尺寸较小的图像格式,图像只包含 256 种颜色,因此,对表现力存在一定的影响,不适合存储精细的图像。这种格式常用在一些对效果要求不高、对尺寸要求较高的场合,如网页上的很多图像和动画都是采用此种格式。

4. TIF 格式

这种格式的图像颜色信息非常丰富,细节表现完美,但文件尺寸较大,常用在印刷、出版和广告业中。

5. PSD 格式

这是 Photoshop 默认的图像格式,目前已被世界上多数图像软件厂商所接受,在多数图像软件中均可使用。它的最大特点是,图像中包含了全部图层及效果等重要信息,这些信息对于图像的编辑与修改十分必要。此种格式的文件尺寸较大。

在多媒体演示片及影视制作中，为了便于对图像素材的修改和编辑，常常将图像格式保存成 PSD 格式。

6．图像格式相互转换

由于存在着多种图像格式，因此，一些优秀的图像处理软件，如 Photoshop 等，在制作时已经考虑到了这个因素，可以兼容大多数的图像格式，这样，使用这些软件，就可以在多种图像格式间进行相互转换。具体的转换方法，可通过扫描二维码进行学习。

（文本资料）

5.2.3 数字图像素材获取方法

1．捕捉屏幕图像

1) 利用 Windows 抓图快捷键捕捉图像

在 Windows 操作系统中，用户可以按 Print Screen 键或者 Alt+Print Screen 组合快捷键捕捉当前整个屏幕或者当前窗口的图像。

2) 利用抓图软件捕捉图像

常见的抓图软件有 HyperSnap、UltraSnap、Snagit 等。

HyperSnap 不仅能抓取标准桌面程序界面，还能对使用 DirectX、3Dfx Glide 技术的游戏画面及视频进行截图。

UltraSnap Pro 是一个强大的屏幕捕捉工具，提供多种截取方式及自定义快捷键功能。可以对捕捉到的截图进行修饰，包括裁剪、更改大小、加边框、加阴影、改变亮度等，还可以自由添加文字及鼠标指针。

Snagit 是一个非常优秀的屏幕、文本和视频捕获与转换工具。其可以捕获 Windows 屏幕、DOS 屏幕、RM 电影、游戏画面、菜单、窗口或用鼠标定义的区域。捕获图像可存为 BMP、PCX、TIF、GIF 或 JPEG 格式，也可以存为系列动画。使用 JPEG 格式时可以指定所需的压缩等级（从 1%到 99%）。可以添加光标、水印。另外还具有自动缩放、颜色减少、单色转换、抖动，以及转换为灰度级的功能。保存屏幕捕获的图像前，可以用其自带的编辑器编辑，也可以选择自动将其发送至 Snagit 打印机或 Windows 剪贴板中，还可以直接用 E-mail 发送。Snagit 具有将显示在 Windows 桌面上的图像文本块转换为机器可读文本的独特能力，甚至无须剪切和粘贴。新版软件还能将其嵌入 Word、PowerPoint 和 IE 浏览器中。

2．使用扫描仪扫入图像

扫描仪是最常用的多媒体设备，它可将已有的图片扫描到计算机中，形成数字图像文件。

3．使用摄像机捕捉图像

通过摄像机的帧捕捉卡，实现单帧捕捉，并存储成图像文件。

4．使用数码照相机拍摄图像

数码照相机是一种用数字图像形式存储照片的照相机，它可以将所拍的图像以数字化文件的形式存储。

5．从素材光盘和网络素材库中获取图像

用户可以从网络下载或购买图像素材光盘等来获取图像。

6．利用绘图软件创建图像

用户可以利用 Windows 画图软件、Photoshop 和 CorelDraw 绘图，然后保存成图像文件。

通过以上各种数字图像获取方法得到的图像，可以利用相关的专业图像编辑软件对其进行进一步的编辑和修改，以得到用户满意的图像。

5.2.4 图像处理软件 Photoshop

在图像处理工作中，大部分内容都可以使用 Photoshop 来完成。下面对 Photoshop 的基本使用方法进行介绍。

1．界面

Photoshop 的工作界面分为菜单栏、选项控制面板、工具箱、绘图工作区、状态条和浮动控制面板等几部分，如图 5-3 所示。菜单栏位于窗口的上方，其中包括文件（File）、编辑（Edit）、图像（Image）、图层（Layer）、选择（Select）、滤镜（Filter）、视图（View）、窗口（Window）、帮助（Help）9 个主菜单项。

图 5-3　Photoshop 工作界面

2．基本操作

1）打开图像文件

使用"文件"（File）菜单下的"打开"（Open）命令打开图像文件，弹出的"打开"（Open）对话框。

在对话框中，选择图像文件的路径名和文件名，单击"打开"（Open）按钮即可打开文件。在"打开"（Open）对话框中，对于 Photoshop 支持的图像格式，还可以在对话框的下方显示预览图像。

此外，Photoshop 还提供了另一种更加快捷的打开文件的方法，就是在绘图工作区的空白处双击鼠标左键，同样可以弹出"打开"（Open）对话框，完成打开文件的操作。

2）保存图像文件

将制作好的图像保存起来，使用"文件"（File）菜单下的"保存"（Save）命令，进行设置即可。

在保存图像时，可以指定文件的路径、名称和格式。

3）"另存为"图像文件

可以使用"文件"（File）菜单下的"另存为"（Save As）命令，将一个图像文件保存成另一个图像文件，或者将一种格式的图像文件保存成其他格式的图像文件。通过这种方法，可以在 Photoshop 中实现图像文件的复制与格式转换的操作。

4）保存图像文件的类型

在保存图像文件时，一定要选好图像文件的格式。一般情况下，对于人物或风景等照片图像，可以选择 JPG 格式，文件较小而失真不多；对于编程中使用的图像或 Windows 其他应用程序中使用的图像，可以保存成 BMP 格式；而对于一些专业的图像作品，或是演示片中的素材图片，可以保存为 PSD 格式。PSD 格式是 Photoshop 的专用格式，保存了图层、通道等重要信息，对于图像的编辑十分有用。

3. 图像的变换

1）图像的裁切

在制作图像时，有时只需要从原始的素材中取一部分图像，在大多数情况下，所需的图像部分是一个矩形区域，则可以使用工具箱中的裁切工具 ![] 来完成该操作。

选中裁切工具，然后在图像中用鼠标拖曳出一个矩形区域，调整区域大小，确定后双击，即可完成图像裁切。

在使用鼠标指针选择图像区域时，可以按 Caps Lock 键，这时，鼠标指针的形态变成"十"，便于鼠标指针的定位。在使用其他工具时，也可以使用这个切换键，以方便图像的选取。

2）图像选区的常规变换

选区的变换指的是先选择一个图像区域（选区），然后再对选择的区域进行变换。常规的变换方式在"编辑"（Edit）主菜单下的"变换"（Transform）子菜单下列出。常规的变换方式有缩放（Scale）、旋转（Rotate）、斜切（Skew）、扭曲（Distort）、透视（Perspective）、旋转特殊角度（Rotate）、水平翻转（Flip Horizontal）和垂直翻转（Flip Vertical）等。

除了使用"变换"（Transform）子菜单，还可以使用"编辑"（Edit）菜单下的"自由变换"（Free Transform）子菜单，对选区内的图像进行变换。选择该项后，在选项控制面板（主菜单下方）中，会出现一些参数输入框，包括选区图像变换的尺寸、百分比、旋转的角度、水平和垂直方向的扭曲角度等。输入参数后，单击面板右侧的对钩图标，选区内的图像即发生相应的变换。

3）图像大小的变换

图像大小指的是图像的绝对尺寸，而不是指工作区中预览图像的大小。有些时候需要对图像的尺寸进行变换，例如，在制作网页图像时，往往不需要图像的尺寸太大，这时就需要对尺寸过大的图像素材进行变换；再如，要制作一幅大型的海报，输出的图像尺寸很大，而图像素材尺寸可能不大，这时也需要对图像素材的尺寸进行变换。

在 Photoshop 中，变换图像大小的方法是：在"图像"（Image）菜单中选择"图像大小"（Image Size）命令，弹出对话框，如图 5-4 所示。

在对话框中可以输入图像的尺寸与分辨率等参数。若将"约束比例"（Constrain Proportions）左侧的对钩取消，则可以在长和宽两个方向上不按比例进行图像缩放；若选中就是按比例缩放，一个方向的数值变化后，另一个方向的数值会跟着改变。

在最下方的下拉列表中，可以选择图像缩放时像素的优化算法。

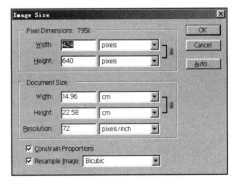

图 5-4 "图像大小"（Image Size）对话框

要记住的是，图像缩放时，并不是像素简单的缩放，而是会经过一定的优化处理，如图 5-5 所示，图中的人像是先缩小到 50 个像素宽，然后再进行放大的效果。

在图 5-5 中，左侧的图像是在 Photoshop 中使用放大镜工具放大预览的效果，只是图像的点阵的简单放大；右侧的图像是使用菜单命令进行放大的效果，其对图像的点阵进行了优化。对比两个图像，不难看出，经过菜单命令放大的图像，在效果上明显好于预览放大的图像。

4）画布大小的变换

在 Photoshop 中，画布指的是容纳图像的区域范围。当我们需要将多幅图像拼接成一幅图像时，就需要首先加大画布的尺寸。在"图像"（Image）菜单中选择"画布大小"（Canvas Size）命令，弹出对话框如图 5-6 所示。

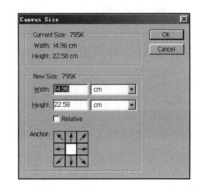

图 5-5　图像变换效果　　　　　　　图 5-6　"画布大小"（Canvas Size）对话框

在对话框中，可以直接输入画布的新尺寸，下方有 9 个小方块的图形，是用来设置原先的图像在新画布中的位置的。白色的小方块代表原先的图像，可以单击 9 个小方块中的一个，使之变成白色，以确定原先的图像位于新画布的位置。

5）图像模式的转换

可以使用"图像"（Image）菜单下的"模式"（Mode）命令，将图像从一种模式转换成另一种模式。常用的模式有 RGB、CMYK 和灰度三种。

模式选择的简单原则是：如果是计算机使用的图像，应该选择 RGB 模式；如果是印刷使用的彩色图像，如包装盒、报纸、杂志等，应该选择 CMYK 模式；如果是印刷使用的黑白图像，如普通书籍、报纸等，应该选择灰度模式。

6）图像的亮度和对比度的变换

亮度指的是图像的明暗程度，对比度指的是图像的亮色调与暗色调的反差大小。调整亮度和对比度的方法是，在"图像"（Image）菜单中选择"调整"（Adjustments）下的"亮度/对比度"（Brightness/Contrast）命令，弹出对话框如图 5-7 所示。

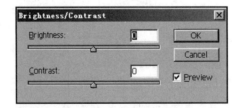

图 5-7　"亮度/对比度"（Brightness/Contrast）对话框

左右移动滑块，图像的亮度和对比度就会发生变化，效果满意后，单击"确定"（OK）按钮完成调整过程。

在使用数码相机进行拍照时，有些室内照片往往会亮度较暗，这时，就可以通过亮度和对比度的调整，使照片达到满意的效果。

7）图像颜色的变换

要想改变图像的颜色，如加重某种颜色或者减淡某种颜色，可以使用"图像"（Image）菜单下的"色彩平衡"（Color Balance）命令进行调整，弹出对话框如图 5-8 所示。

与亮度和对比度的调整方法一样，通过移动滑块，可以增加或减少某种颜色的比例，图像色彩也会跟着发生变化，达到满意效果后，按下"确定"（OK）按钮，完成操作。

4．绘图工具简介

Photoshop 工具箱中的工具可分为选取/编辑类工具、绘图类工具、修图类工具、路径类工具、文字类工具、填色类工具及预览类工具。Photoshop 工具箱如图 5-9 所示。

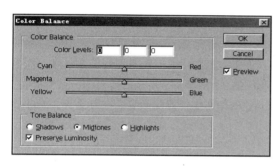

图 5-8 "色彩平衡"（Color Balance）对话框

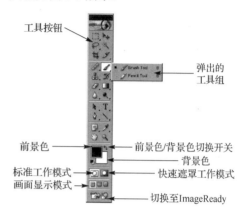

图 5-9 Photoshop 工具箱

一些工具的右下角有一个小三角形，代表着该工具包含弹出的工具组，从中可以选择同组的其他工具。或者在按住 Alt 键的同时，单击工具按钮，也会按顺序切换同组中不同的工具。各工具的介绍读者可从本书配套资源文件夹中获取。

5.3 音频制作

5.3.1 常用的音频文件格式

音频文件的格式虽然很多，但是主要可分为两种类型：一种是完全通过计算机产生的合成音（MIDI）；另一种是通过外部音响设备输入计算机的数字化声音（WAVE）。其他的格式是由这两类文件转化而成的。

1．WAVE 文件

声音实际上是一种波，波是由于物体不断振动产生的。WAVE 文件因为是将真实的声音采样后，以".WAV"作为扩展名存储在计算机中的，所以每个 WAVE 文件都可以代表特定的声音，并且使用软件就可以对其进行修改、编辑和回放。WAVE 文件的记录格式有许多种，按照每秒采样到的声音样本（采样频率）划分，可分为 45.1kHz、22.05kHz、11.025kHz、8kHz 等几种；按照可以反映计算机度量声波的精度划分，可以分为 8 位、16 位、32 位等；按照采集声波的个数划分，可以分为单声道和双声道。在录制 WAVE 声音时，采用不同的采样频率、采样精度，以及单声道或双声道组合，可以获得不同的音质，形成的 WAVE 文件的大小也会因此而不同。

2．CD 音轨

将 WAVE 文件按照采样频率 45.1kHz、采样精度 16 位、双声道的方式录制，然后将每个 WAVE 文件作为一个轨道刻录到只读光盘上，即生成 CD 音轨。由于其采样频率和采样精度都很高，再加上是双声道的，因此 CD 音轨的声音保真度非常高，但是文件体积也很庞大。

3．MP3 文件

对 WAVE 文件进行有损压缩，生成扩展名为".MP3"的文件。因为人的听觉是有一定范围的，对人听觉范围以外的部分进行压缩，对于音质的影响并不明显，却可使得文件体积变小，约为原 WAVE 文件的十分之一，但是需要专用的播放器进行播放。

4．RM 文件

RM 是用于网络传输的一种文件格式，不仅包含声音，同时还可以伴有图像和视频。其将 WAVE 文件或者视频文件通过专用的压缩软件有损压缩而成，压缩比可以调整。由于传输受到网络速度的限制，因此文件体积很小，保真度不高。

5．MIDI 文件

MIDI 格式是一种控制信息的集合体，包括对音符、定时和多达 16 个通道的乐器定义，同时还涉及键、通道号、持续时间、音量和力度等。MIDI 是英文 Musical Instrument Digital Interface 的缩写，本意是乐器数字接口，它为电子乐器和计算机之间制定了一种通信协议，是电子乐器的工业标准。MIDI 文件录制时，要求配有专用的设备，在 MIDI 文件中记录的不是乐曲本身，而是控制命令。在播放 MIDI 文件时，将 MIDI 信息传送到声卡的合成器中，由合成器根据一系列的指令，还原成模拟波形后，通过扬声器或音箱进行播放。由于 MIDI 文件存放的只是一些命令，因此文件体积非常小，而音质的好坏完全取决于合成器的性能。

6．CMF 文件

CMF 文件是早期应用于 DOS 下的一种文件，其具备 MIDI 文件的所有特性，由 MIDI 转化而成，现在已不多见，多数用作背景音乐。

综合来看，前 4 种文件是同一类文件；后 2 种文件是同一类文件。同一类的文件之间可以进行相互的转化，一般不会造成音质的损失。同时，MIDI 文件可以转化成 WAVE 文件，但是 WAVE 文件不能完全转化成 MIDI 文件。

音频文件在多媒体制作中占有重要地位，用户需要具备熟练应用工具软件进行格式转化的技能，以达到最小的损失，最佳的音质，方便流畅的播放，且占用最小的空间。

5.3.2 数字音频编辑制作软件 Cool Edit Pro

常用的专业数字声音处理软件有 Cool Edit Pro、Audio Editor、Sound Forge 等，其中 Cool Edit Pro（简称 CE Pro）是美国 Syntrillium 公司于 1997 年推出的一个集录音、混音、编辑于一体的多轨数字音频编辑软件。它能够进行编辑的文件格式有很多，具有 128 轨增强的音频编辑能力，以及具有音频降噪、修复工具，支持音乐 CD 烧录等。它不仅适合专业人员，也适合普通的音乐爱好者。用户可以在 Windows 操作系统下高质量地完成录音、编辑、合成等音频制作。

1．录音

首先安装麦克风，正确设置麦克风的音量。启动 Cool Edit Pro，设置 Cool Edit Pro 为多轨工作方式，采样率为 44100，如图 5-10 所示。

设置轨道为可录音。单击"录音"按钮进行录音。这时窗口下方有音量指示，当颜色为红色时，表明音量太大。在轨道窗口有波形出现，注意保持环境安静，在开头和结尾处留有一定量的空白。

录音结束时，单击"停止"按钮使轨道录音按钮设为非选定状态。单击轨道上录好的波形，使它处于可编辑状态，单击"编辑"菜单下的"编辑波形"命令，把窗口切换到单轨道编辑模式，进行编辑。单击"播放"按钮播放波形文件，试听效果。

图 5-10 Cool Edit Pro 启动窗口

2. 降噪

选择声音波形中平坦（空白）部分，拖动鼠标使之变成白色。选择"效果"菜单下的"噪音消除"中的"降噪器"，单击"噪音采样"按钮，当前窗口中出现噪音波形，单击"关闭"按钮，关闭当前窗口。

选择全部波形（按 Ctrl+A 组合快捷键），选择"效果"菜单下的"噪音消除"中的"降噪器"命令，单击"确定"按钮开始降噪，经过几秒完成降低系统噪声过程。单击"播放"按钮试听效果。

选择"效果"菜单下"噪音消除"中的"噗声消除"命令，单击"自动查找所有电平"，经过查找，窗口中曲线有明显变化，单击"确定"按钮完成消除噗声过程。单击"播放"按钮，试听噗声消除效果，如果不满意，可通过其他方式再消除。

3. 效果添加

选择"效果"菜单下的"常用效果器"命令，有多种方式可供选择。先选择"动态延迟"命令，调整窗口中的延迟曲线，预览现场效果到满意为止，单击"确定"按钮。

再选择"常用效果器"中的"混响"命令，根据不同的需要选择适当的参数，单击"预览"按钮，试听效果，注意要反复多次仔细分辨，直到满意为止，单击"确定"按钮。添加效果后可能会感到声音有些"硬"，需要再处理一下，选择"效果"中"镶边"的"调整系数"，使音色"软"化，单击"确定"按钮完成镶边。

4. 多轨合成

将 Cool Edit Pro 的工作模式由单轨编辑切换到多轨编辑，在另外一个轨道上单击，使之被选定，然后选择"插入音频文件"，格式可以是音乐 CD、MP3 或 MIDI 文件。

将声音文件与音频文件对齐，单击"播放"按钮，选择"查看"菜单下的"调音台"，通过控制滑块调整轨道上音量大小来均衡各个轨道，直到调整满意为止。

选择"文件"菜单"混缩另存为"命令，将声音文件输出，设置好格式，确定一个独立的文件名，编辑工作就全部结束了。

除了上面介绍的声音合成软件，在专业制作中，还可以使用专业的声音处理软件（如 Cakewalk），或者专业的影音制作软件（如 Adobe Premiere 和 Ulead MediaStudio Pro 等）进行声音的合成，这些软件不仅能够实现多段声音的合成，而且能随意调节声音音量，添加特技效果（声音滤镜）等，最终还可以与视频动画合成，形成真正的影片。

5.4 视频动画处理

5.4.1 视频动画概述

视频动画在辅助传统动画制作方面发挥了重要作用，大大提高了制作效率，降低了成本。例如，可采用数字化输入或交互编辑生成关键动画帧，也可以采用编程方式生成复杂图形来辅助画面生成。可采用计算机插值或控制产生中间画面，利用计算机涂色系统生成色彩变化画面，模拟摄像功能投放动画帧等来辅助运动生成。在后期制作中进行辅助编辑和添加伴音效果。

计算机可以把动画制作技巧上升到传统动画所无法达到的高度，即使是最高明的动画师也难于再现三维物体的真实运动，借助计算机则可以轻易实现。随着现代计算机造型技术和显示技术的发展，利用计算机生成的三维模型动画比二维动画具有更多的优越性。

视频动画系统帮助人们制作了更多、更好的动画，但同时也出现了一些质量不佳的作品，原因多为动画师对传统手工动画的制作经验和技巧缺乏了解。因此，理解并掌握传统动画原理对制作动画是十分重要的。

目前，视频动画仅仅是作为辅助动画，是一个训练有素的动画师利用计算机，使一系列由二维或三维物体组成的图像帧连续动态变化起来。尽管计算机动画技术越来越先进，但动画师却不能被程序代替，就像作家不能被文字处理器代替一样。灵活生动的动画技巧仍旧是产生优秀艺术动画的必备条件，宽广深厚的科学理论基础仍旧是产生模拟动画的根基。

5.4.2 视频动画种类

1．关键帧动画

关键帧动画指通过一组关键帧或关键参数值而得到的中间动画帧序列，可以由插值关键图像帧本身获得中间动画帧，或是由插值物体模型的关键参数值获得中间动画帧，其分别称为形状插值和关键位插值。

2．算法动画

算法动画是采用算法实现对物体的运动控制或模拟摄像机的运动控制，一般适用于三维动画，可分为如下几类。

① 运动学算法：由运动学方程确定物体的运动轨迹和速率。

② 动力学算法：从运动的动因出发，由力学方程确定物体的运动形式。

③ 反向运动学算法：已知链接物末端的位置和状态，反求运动方程，以确定运动形式。

④ 反向动力学算法：已知链接物末端的位置和状态，反求动力学方程，以确定运动形式。

⑤ 随机运动算法：在某些场合下加入运动控制的随机因素。

算法对物体的运动控制是指按照物理或化学等自然规律控制运动的方法。一般按物体运动的复杂程度可分为：质点、刚体、可变软组织、链接物、变化物等类型，也可以按解析式定义物体。

用算法控制运动的过程包括：给定环境描述、环境中的物体造型、运动规律，计算机通过算法生成动画帧。

模拟摄影机实际上是按照观察系统的变化来控制运动的，从运动学的相对性原理来看是等价方式，但也有其独特的控制方式，例如，可在二维平面定义摄影机运动，然后增设纵向运动控制。还可以模拟摄影机变焦，其镜头方向由观察坐标系中的视点和观察点确定，镜头绕轴线旋转，用来模拟上下游动、缩放效果。为复杂物体设计三维运动需要确定的状态信息量很大，因此探求一种简便的运动控制方法,力图使用户界面友好,提高系统的层次就显得十分迫切。

高层次界面采用更接近于自然语言的方式描述运动,并按计算机内部解释方式控制运动,虽然用户描述运动变得自然和简捷,但运动描述的准确性不高,甚至可能出现模糊性、二义性问题。解决这个问题的途径是借鉴机器人学、人工智能中发展成熟的反向运动学、路径设计和碰撞避免等理论方法。在高度智能化的系统中物体能响应环境的变化,甚至可以从经验中学习。

常用的运动控制人机界面有交互式和命令文件式两种。交互式界面主要适用于关键帧方法,复杂运动控制一般采用命令文件方式。在命令文件方式中,文件命令可用动画专用语言编制,文件由动画系统准确解释和实现。

此外,对一些不规则运动,如树生长、山形成、弹爆炸、火燃烧等自然景象,常引进一些随机控制机制,使动画效果自然生动。

5.4.3　三维动画制作软件 3ds MAX

三维动画属于造型动画,可以模拟真实的三维空间。通过计算机构造三维几何造型,并给其表面赋予颜色、纹理,然后设计三维形体的运动、变形、光照度等,最后生成一系列可供动态实时播放的连续图像。三维动画制作软件可分为如下三类。

- 小型三维设计软件,以 TureSpace、Animation Master 为代表。
- 中型三维设计软件,以 LightSpace、LightWave 为代表。
- 大型三维设计软件,以 3ds MAX、AutoCAD 为代表。

3ds MAX 实现了在个人计算机平台上制作出可与高档 SGI 图形工作站的产品不相上下的三维动画。其他三维动画制作软件,如 MAYA、SOFTIMAGE 等,也同样具有强大的功能,简单的操作界面,但它们是从 SGI 工作站上移植过来的,价格昂贵,对计算机配置要求较高。

3ds MAX 可以用于 Windows 系列操作系统 32/64 位环境。制作动画时硬盘要尽可能大,符合高速接口标准,最好为 SCSI 接口。另外,尽量选择专业显示卡,显存要大一些,分辨率在 1024×768 以上。3ds MAX 提供了丰富的功能,以便用户在更短的时间内制作出高品质的模型纹理、角色动画和图像。

三维动画的制作步骤主要包括:建立模型;附材质和贴图;配置摄像机;定位灯光,进行照明;建立对象运动轨迹;建立场景;进行视频合成。需要通过熟悉软件环境逐渐学习其使用方法。

5.5　自主实践

5.5.1　使用 Photoshop 处理图片

一、预习内容

(1) 了解 Photoshop 的功能。

(2) 预习 Photoshop 编辑图片的方法。

二、实践目的

(1) 熟练掌握图片修饰的方法。

(2) 熟练掌握制作图片的方法。

三、实践内容

(一) 实训任务

将一张图片制作出水平镜像效果,然后修改一侧的图片,形成对比图片效果,

(视频资料)

操作步骤可扫描二维码学习。

（二）操作提示

主要操作步骤如下。

（1）启动 Photoshop 软件，打开图片。

（2）选择"图像"菜单中的"画布大小"命令，弹出"画布大小"对话框，将画布的水平宽度改为当前值的 2 倍，将"定位"由中间位置移动至右侧。

（3）选择右侧"图层 1"，选择"编辑"菜单中的"复制"命令，将选定图像复制到剪切板，选择"图像"菜单中"旋转画布"的"水平翻转"命令，再选择"编辑"菜单中的"粘贴"命令，将剪切板中的图像粘贴到"图层 2"上，再选择"编辑"菜单下的"自由变换"命令，将图像移动到右侧合适位置，实现镜像效果。

（4）选择"图层 2"，使用工具栏中的放大镜，将图像放大，选择工具栏中的橡皮图章，将图片中小狗颈部的皮毛复制到需要部位，然后使用工具栏中的模糊工具将周围进行适当的模糊处理，如果效果不理想可以多次重复进行，然后选择工具栏中模糊工具中的涂抹工具，画笔选择较小像素，力度选择 50%。沿着小狗嘴的两侧向中间涂抹，如果效果不理想可以多次重复。

（三）思考与探究

（1）如何新建一个图片文件？

（2）如何给图片设置透视效果？

（3）如何设置选择图片中局部图像？

5.5.2 使用 Cool Edit 编辑一首歌曲

一、预习内容

（1）了解 Cool Edit 的基本功能。

（2）预习 Cool Edit 编辑歌曲的方法。

二、实践目的

（1）熟练掌握 Cool Edit 录音的方法。

（2）熟练掌握 Cool Edit 音乐合成的方法。

（3）熟练掌握 Cool Edit 中去除噪声和添加音响效果的方法。

三、实践内容

（一）实训任务

制作个人 MP3，操作步骤可扫描二维码学习。

（二）操作提示

主要操作步骤如下。

启动 Cool Edit 软件后，选择"文件"菜单中的"新建"命令，新建一个 45.1kHz 的多轨道工程文件。

（视频资料）

在录制 MP3 歌曲前，需要导入伴奏音乐。选择轨道一，单击"插入"菜单中的"音频文件"命令，在"打开波形文件"窗口中选择相应的文件。伴奏音乐导入时需要等待。

处理完成的音频文件，可以输出为 MP3 文件。选择"文件"菜单中的"混缩另存为"命令，将多轨道音频信息合并输出，保存到指定位置。

选择一个音乐播放器，欣赏制作完成的 MP3 文件。

（三）思考与探究

（1）如何新建一个 MP3 文件？

（2）如何添加回响效果？
（3）如何进行轨道切换？
（4）如何去除音乐中的噪声？

5.6 拓展实训

5.6.1 设计一个三维场景

创建一个桌面，在桌面上放置相应物体，然后为物体附上适当的材质，最后渲染效果。操作步骤可扫描二维码学习。

思考与探究：
（1）如何新建一个场景？
（2）如何添加材质，设置贴图效果？

（视频资料）

5.6.2 制作动画——跳动的小球

首先建立一块木板，在木板上建立一个小球，让小球在木板上蹦跳，同时对小球和木板配置一盏聚光灯，然后设置一台摄像机，让摄像机由远至近地拉动镜头，最后对小球的跳动进行特写。操作步骤可扫描二维码学习。

（视频资料）

习题 5

1. 下列各项中，不属于多媒体硬件的是（　　）。
   A．光盘驱动器　　B．视频卡　　C．音频卡　　D．加密卡
2. 多媒体技术的基本特征是（　　）。
   A．使用光盘驱动器作为主要工具　　B．有处理文字、声音、图像的能力
   C．有处理文稿的能力　　D．使用显示器作为主要工具
3. 下列关于 JPEG 文件的说法中不正确的是（　　）。
   A．以".jpe"或".jpg"为后缀　　B．具有较高的图像保真度和压缩比
   C．该格式支持 24 位真彩色　　D．该格式支持透明色系
4. 下列有关多媒体计算机描述正确的是（　　）。
   A．多媒体技术可以处理文字、图像和声音，但不能处理动画和影像
   B．多媒体计算机系统主要包括 4 部分：多媒体硬件系统、多媒体操作系统、图形用户界面及多媒体数据开发的应用工具软件
   C．传输媒体主要包括键盘、显示器、鼠标、声卡及视频卡等
   D．多媒体技术具有同步性、集成性、交互性和综合性的特征
5. 在微型计算机的硬件设备中，既可以作为输出设备又可以作为输入设备的是（　　）。
   A．绘图仪　　B．扫描仪　　C．手写笔　　D．磁盘驱动器
6. 数字音频的主要技术指标是（　　）。
   （1）采样频率　　（2）量化位数　　（3）频带宽度　　（4）声道数
   A．（1）（2）（3）　　B．（2）（3）（4）
   C．（1）（2）（4）　　D．（1）（2）（3）（4）

7. 下列关于 BMP 文件的说法中（　　）是不正确的。
    A．该文件以".bmp"为后缀　　　　B．一般不采用压缩，因此占用存储空间很大
    C．该文件采用位映射存储格式　　　D．是一种与硬件设备相关的位图格式文件
8. 二维动画和三维动画的区别在于（　　）。
    （1）生成的方式不同　（2）空间的视觉不同　（3）对象的移动不同
    （4）运动的控制不同
    A．（1）（3）　　　B．（2）（4）　　　C．（1）（2）　　　D．（1）（2）（3）（4）
9. 下列关于"AVI"文件的说法中（　　）是不正确的。
    A．以".avi"为后缀的数字视频文件
    B．该格式以交叉方式存储视频和音频
    C．读取信息流畅，但不易于再编辑和处理
    D．独立于硬件设备

（习题答案）

10. （　　）不属于数字视频的技术标准。
    A．采样频率　　　B．分辨率　　　C．数据量　　　D．传输率

第 6 章　网络信息技术

信息技术（Information Technology，IT）指与信息相关的技术。随着信息技术的快速发展和广泛应用，计算机网络应用的需求也越来越大。IT 包括传感技术、通信技术和计算机技术。传感技术是人的感觉器官的延伸与拓展，如条码阅读器；通信技术是人的神经系统的延伸与拓展，承担传递信息的任务；计算机技术是人的大脑功能的延伸与拓展，承担信息处理的任务。本章主要介绍网络信息技术的相关概念。

6.1　计算机网络基础

计算机网络是计算机技术和通信技术相结合的产物，是随着社会对信息共享、信息传递的需求而发展起来的。随着计算机软/硬件及通信技术的快速发展，计算机网络迅速渗透到金融、教育、运输等行业，计算机网络的优势逐渐被人们所熟悉和接受，网络将越来越快地融入社会生活的方方面面。

6.1.1　计算机网络的概念

计算机网络就是利用通信设备和设备将地理位置不同的、功能独立的多个计算机系统互联起来，用功能完善的网络软件（即网络通信协议、信息交换方式及网络操作系统等）实现网络中资源共享和信息传递的系统。

计算机网络通常由三部分组成，即资源子网、通信子网和通信协议。

资源子网：是计算机网络中面向用户的部分，负责全网络面向应用的数据处理工作，其主体是连入计算机网络内的所有主计算机，以及这些计算机所拥有的面向用户端的外部设备、软件和可共享的数据等。

通信子网：是计算机网络中负责数据通信的部分，通信传输介质可以是双绞线、同轴电缆、无线电通信、微波、光导纤维等。

通信协议：为使网内各计算机之间的通信可靠、有效，通信双方必须共同遵守的规则和约定。

1. 计算机网络的定义

要点有以下几项。

（1）具有独立功能的多个计算机系统，包括：各种类型计算机、工作站、服务器、数据处理终端设备。

（2）通信线路是指网络连接介质，如同轴电缆、双绞线、光缆、铜缆、卫星等；通信设备是指网络连接设备，如网关、网桥、集线器、交换机、路由器、调制解调器等。

（3）网络软件指各类网络系统软件和各类网络应用软件。

2. 计算机网络的发展

计算机网络的发展可大致分为 4 个阶段。

第 1 代：面向终端的计算机网络。

1946 年世界第 1 台电子计算机 ENIAC 在美国诞生时，计算机技术与通信技术并没有直接的联系。到 20 世纪 50 年代初，出现了以单台计算机为中心的面向终端的远程联机系统，其终端往往只具备基本的输入及输出功能（显示系统及键盘）。该系统是计算机技术与通信技术相结合而形成的计算机网络的雏形，因此也称为面向终端的计算机网络，如图 6-1 所示。

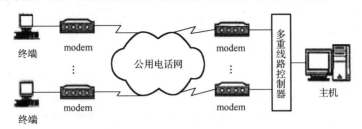

图 6-1　面向终端的计算机网络

第 2 代：以通信子网为中心的计算机网络。

第 2 代计算机网络兴起于 20 世纪 60 年代后期，典型代表是美国国防部高级研究计划局协助开发的 ARPANet。各个通信子网的主机之间不是直接用线路相连的，而是通过通信控制处理机 IMP 转接后互联的。IMP 和它们之间互联的通信线路一起负责主机间的通信任务，构成了通信子网。与通信子网互联的主机负责运行程序和提供资源共享，它们组成了资源子网。

在两台主机间通信时需要对传送信息内容进行理解，信息表示形式及各种情况下的应答信号都必须遵守一个共同的约定，称为协议。联网用户可以通过计算机使用网络中其他计算机的软件、硬件与数据资源，以达到资源共享的目的。这种以通信子网为中心的计算机网络的核心技术是分组交换技术。如图 6-2 所示，网络中的通信双方都是具有自主处理能力的计算机，网络的功能以资源共享为主。

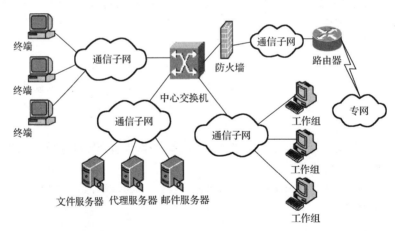

图 6-2　以通信子网为中心的计算机网络

第 3 代：以 OSI（开放系统互连参考模型）网络体系结构为核心的计算机网络。

国际标准化组织在 1984 年颁布了 OSI/RM 网络模型，该模型分为 7 个层次，是新一代计算机网络体系结构的基础，也为普及局域网奠定了基础。各种符合 OSI/RM 网络模型与协议标准的远程计算机网络、局部计算机网络和城市地区计算机网络开始广泛应用。

第 4 代：网络互联阶段。

从 20 世纪 80 年代末开始，局域网技术发展成熟，同时出现了光纤及高速网络技术，整个网络就像一个对用户透明的大的计算机系统。Internet（国际互联网）为这一代网络的典型代表，其特点是互联、高速、智能与应用广泛，如图 6-3 所示。

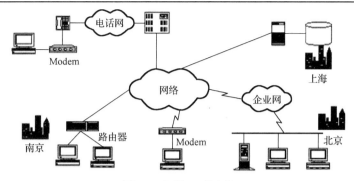

图 6-3 网络互联阶段

3. Internet 的发展

英语中 inter 的含义是"交互的"，net 是指"网络"。从词义上讲 Internet 是一个计算机交互网络，又称"网络中的网络"，它是一个全球性的巨大的计算机网络体系，又被称为"国际互联网"或"因特网"。

Internet 是全世界范围内的资源共享网络，它为每个网上用户提供信息。通过使用 Internet，人们可以互通信息，进行信息交流。Internet 是由使用公用语言互相通信的计算机连接而成的全球网络，当用户连接到它的任何一个节点上时，就意味着用户的计算机已经连入 Internet。Internet 的用户已经遍及全球。

Internet 来源于美国国防部高级研究计划局（Defense Advanced Research Projects Agency，DARPA）的前身 ARPA 建立的 ARPANet，该网于 1969 年投入使用。从 20 世纪 60 年代开始，ARPA 就开始向美国国内大学的计算机系和一些私人公司提供经费，以促进基于分组交换技术的计算机网络的研究。1968 年，ARPA 为 ARPANet 网络项目立项，这个项目基于这样一种主导思想：网络必须能够经受住故障的考验而维持正常工作，一旦发生战争，当网络的某一部分因遭受攻击而失去工作能力时，网络的其他部分应当能够维持正常通信。最初，ARPANet 主要用于军事研究。

1972 年，ARPANet 在首届计算机后台通信国际会议上首次与公众见面，并验证了分组交换技术的可行性，由此，ARPANet 成为现代计算机网络诞生的标志。ARPANet 在技术上的另一个重大贡献是 TCP/IP 协议簇的开发和使用。

1980 年，由 ARPA 投资把 TCP/IP 加进 UNIX（BSD 5.1 版本）的内核中，在 BSD 5.2 版本以后，TCP/IP 成为 UNIX 操作系统的标准通信模块。

1982 年，Internet 由 ARPANet、MILNet 等几个计算机网络合并而成，作为 Internet 的早期骨干网，ARPANet 奠定了 Internet 存在和发展的基础，较好地解决了异种机网络互联的一系列理论和技术问题。

1983 年，ARPANet 分裂为两部分：ARPANet 和纯军事用的 MILNet。该年 1 月，ARPA 把 TCP/IP 作为 ARPANet 的标准协议，其后，人们称呼这个以 ARPANet 为主干网的网际互联网为 Internet，TCP/IP 协议簇便在 Internet 中进行研究和试验，并改进成为使用方便、效率较高的协议簇。与此同时，局域网和其他广域网的产生和蓬勃发展对 Internet 的进一步发展起了重要的作用。其中，最为引人注目的就是美国国家科学基金会（National Science Foundation，NSF）建立的美国国家科学基金网 NSFNet。

1986 年，NSF 建立了六大超级计算机中心，为了使全国的科学家、工程师能够共享这些超级计算机设施，NSF 建立了自己的基于 TCP/IP 协议簇的计算机网络 NSFNet。NSF 在全国建立了按地区划分的计算机广域网，并将这些地区网络和超级计算机中心相连，最后将各超级计算中心互联起来。地区网的构成一般是由一批在地理上局限于某一地域，在管理上隶属于某一机构，或在经济上有共同利益的用户的计算机互联而成的，连接各地区网上主通信节点计算机的高速数据专线构成了 NSFNet 的主干网。这样，当一个用户的计算机与某一地区相连以后，它除了可以使用任意一个超级计算中心的设施，与网上任意一个用户通信，还可以获得网络提供的大量信息和数据。因此，NSFNet 于 1990 年 6 月彻底取代了 ARPANet，成为 Internet 的主干网。

如今，Internet 的使用覆盖了社会生活的各领域，构成了一个信息社会的缩影。

4．中国网络的发展

自 20 世纪 90 年代以来，我国的互联网技术逐渐成熟，其中四大全国范围的公用计算机网络为：中国公用计算机互联网（CHINANET）、中国金桥信息网（CHINAGBN）、中国教育科研计算机网（CERNET）和中国科技网（CSTNET）。

1）中国公用计算机互联网（CHINANET）

CHINANET 是 1995 年由邮电部门经营的，基于 Internet 网络技术的中国公用 Internet 骨干网，通过接入 Internet 而使 CHINANET 成为 Internet 的一部分。CHINANET 是面向社会开放的、服务于社会的大规模的网络基础设施和信息资源的集合，CHINANET 的建设主要是为了满足我国的科研、教育、经济、文化、政治、商业等部门的计算机与 Internet 交换信息的需要，实现计算机资源和科研成果的共享。

2）中国金桥信息网（CHINAGBN）

中国金桥信息网即"金桥工程"，简称金桥网，也称国家公用经济信息通信网。金桥工程是在 1993 年 12 月提出并部署建设的我国重要的信息化基础设施和重大工程，是国民经济信息化的基础设施。金桥工程实行天地一网，即天上卫星网和地面光纤网实行互联互通，互为备用，互为补充。

3）中国教育科研计算机网（CERNET）

CERNET 是 1994 年由国家投资建设，由教育部负责管理，并由清华大学等高等承担建设和管理运行的全国性学术计算机互联网络。其主要面向教育科研单位，是全国最大的公益性互联网。CERNET 分 4 级管理，分别是：全国网络中心、地区网络中心和地区主节点、省教育科研网、校园网。全国网络中心设在清华大学，地区网络中心和地区主节点分别设在清华大学、北京大学、上海交通大学、西安交通大学、华中科技大学、华南理工大学、电子科技大学、东南大学、东北大学等。

CERNET 总体建设目标是利用先进实用的计算机技术和网络通信技术，把全国大部分高等学校连接起来，推动学校的校园网和信息资源的建设，与现存的国际性学术计算机网络互联。

4）中国科技网（CSTNET）

1989 年 8 月，中国科学院承担了"中关村教育与科研示范网络"（NCFC）建设，即中国科技网（CSTNET）前身的建设。1994 年 4 月，NCFC 率先与美国 NSFNET 直接连接，实现了中国与 Internet 全功能网络连接，标志着我国最早的国际互联网络的诞生。1995 年 12 月，中国科学院百所联网工程完成，1996 年 2 月，中国科学院决定正式将以 NCFC 为基础发展起来的中国科学院院网（CASNET）命名为"中国科技网"。

CHINANET 和 CHINAGBN 是商业性网络，可以从事商业活动，而 CSTNET 和 CERNET 是教育科研网络，主要为教育和科研提供服务，是非赢利、公益性的网络。

6.1.2 计算机网络功能与分类

1．计算机网络功能

（1）数据通信。计算机网络使分散在不同部门、不同单位，甚至不同省份、不同国家的多台计算机之间可以进行通信，互相传送数据，方便地进行信息交换。例如，可使用电子邮件进行通信,可通过计算机网络召开视频会议等。

(2) 资源共享。这是计算机网络最有吸引力的功能。在网络范围内,用户可以共享软件、硬件、数据等资源,而不必考虑用户及资源所在的地理位置。资源共享必须经过授权才可进行。

(3) 提高计算机系统的可靠性和可用性。网络中的计算机可以互为备份,一旦某台计算机出现故障,它的任务可由网络中其他计算机承担。当网络中某些计算机负荷过重时,网络可将新任务分配给较空闲的计算机去完成,从而提高每台计算机的可用性。

(4) 实现分布式的信息处理。由于有了计算机网络,因此许多大型信息处理问题可以借助于分散在网络中的多台计算机协同完成,可解决单机无法完成的信息处理任务。特别是分布式数据库管理系统,它使分散存储在网络不同系统中的数据在使用时能够集中存储和集中管理。

2. 计算机网络分类

计算机网络的分类方式有很多种,如按地理范围、拓扑结构、传输速率和传输介质分类等。按拓扑结构可以分为:总线型、星形、环形、网状、树形;按传输速率可以分为:宽带网和窄带网;按传输介质可以分为:有线网和无线网;按网络传输技术可以分为:广播式网络和点-点式网络。而通常我们都是按照地理范围划分的,即可分为局域网、城域网和广域网。

(1) 局域网。局域网的地理范围一般为几百米到几千米,属于小范围内的联网。如一个建筑物内、一个学校内、一个工厂的厂区内等。局域网的组建简单、灵活,使用方便。随着计算机应用的普及,局域网越来越重要,人们安装软件和进行视频图像处理等操作均可在局域网中进行。

(2) 城域网。城域网的地理范围一般为几十千米到上百千米,可覆盖一个城市或地区,是一种中等范围的联网。使用的技术与局域网相同,但分布范围要更广一些,它可以支持数据、语音及有线电视网络等。

(3) 广域网。广域网也称为远程网络,指作用范围通常为几十千米到几千千米的网络。属于大范围联网。广域网是将多个局域网连接起来的更大的网络,各个局域网之间可以通过高速电缆、光缆、微波卫星等远程通信方式连接。广域网是网络系统中的最大型的网络,能实现大范围的资源共享,如国际性的 Internet 网络。

6.1.3 计算机网络拓扑结构

拓扑结构是指将不同设备根据不同的工作方式进行连接的结构。不同计算机网络系统的拓扑结构是不同的,而且不同的拓扑结构的网络,其功能、可靠性、组网的难易及成本等方面也不同。计算机网络的拓扑结构是计算机网络上各节点(分布在不同地理位置上的计算机设备及其他设备)和通信链路所构成的几何形状。常见的拓扑结构有 5 种,包括:总线型、星形、环形、树形和网状,拓扑结构示意图如图 6-4 所示。

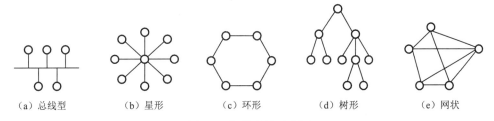

(a) 总线型 (b) 星形 (c) 环形 (d) 树形 (e) 网状

图 6-4 拓扑结构示意图

1. 总线型

总线型拓扑结构如图 6-4 (a) 所示,其采用一条公共线作为数据传输介质,所有网络上的节点都连接在总线上,通过总线在网络各节点之间传输数据。由于各节点共用一条总线,所以在任意时刻只允许一个节点发送数据,因此传输数据易出现冲突现象,导致总线故障,影响整个网络的运行。但总线型拓扑结构具有结构简单、易于扩展、建网成本低等优点,局域网中的以太网就是典型的总线型拓扑结构。

2. 星形

星形拓扑结构如图 6-4(b)所示,网络上每个节点都由一条点到点的链路与中心节点相连,中心节点充当整个网络控制的主控计算机,具有数据处理和存储双重功能。中心节点也可以是程控交换机或集线器,仅起到各节点的连通作用。各节点之间的数据通信必须通过中心节点,一旦中心节点出现故障,将导致整个网络系统彻底崩溃。

3. 环形

环形拓扑结构如图 6-4(c)所示,网络上各节点都连接在一个闭合环形通信链路上,信息的传输沿环的单方向传递,两节点之间仅有唯一的通道。网络上各节点之间没有主次关系,各节点负担均衡,但网络扩充及维护不方便。如果网络上有一个节点或者是环路出现故障,将可能引起整个网络故障。

4. 树形

树形(是星形结构的发展)拓扑结构如图 6-4(d)所示,在网络中各节点按一定的层次连接起来,形状像一棵倒置的树,所以称为树形结构。在树形结构中,顶端的节点称为根节点,它带有若干分支节点,每个节点再带若干子分支节点,信息可以在每个分支链路上双向传递。网络扩充、故障隔离比较方便,适用于分级管理和控制系统。但如果根节点出现故障,将影响整个网络运行。

5. 网状

网状拓扑结构如图 6-4(e)所示,其网络上的节点连接是不规则的,每个节点都可以与任何节点相连,且每个节点可以有多个分支,信息可以在任何分支上进行传输,这样可以减少网络阻塞的现象,可靠性高、灵活性好、节点的独立处理能力强、信息传输容量大,但结构复杂、不易管理和维护、成本高。

以上介绍的是几种基本拓扑结构,在实际组建网络时,可根据具体情况,选择某种拓扑结构或几种拓扑结构的组合方式来完成网络拓扑结构的设计。

6.2 计算机网络技术

一个功能完备的计算机网络需要制定一整套复杂的协议集。对于结构复杂的网络协议来说,最好的组织方式是层次结构模型。计算机网络协议就是按照层次结构模型来组织的。计算机网络体系结构(Network Architecture)是网络层次结构模型与各层协议集的统一。由于计算机网络是一个非常复杂的系统,需要解决的问题很多且性质各不相同,所以,在 ARPANet 设计时,就提出了"分层"的思想,即将庞大而复杂的问题分为若干较小的、易于处理的局部问题来解决。

6.2.1 计算机网络体系结构

1974 年,IBM 公司按照分层的方法制定了系统网络体系结构(System Network Architecture,SNA)。现在 SNA 成为世界上较为广泛使用的一种网络体系结构。一开始,各个公司都有自己的网络体系结构,使得各公司自己生产的设备容易互联成网。但是,随着社会的发展,不同网络体系结构的用户迫切要求能互相交换信息。为了使不同体系结构的计算机网络都能互联,国际标准化组织于 1977 年成立专门机构研究这个问题。1978 年,国际标准化组织提出了"异种机联网标准"的框架结构,这就是著名的开放系统互连参考模型(OSI)。

OSI 得到了国际上的认可，成为其他各种计算机网络体系结构依照的标准，大大地推动了计算机网络的发展。

OSI 用物理层、数据链路层、网络层、传送层、会话层、表示层和应用层 7 个层次描述网络的结构，它的规范对所有厂商是开放的，具有指导国际网络结构和开放系统走向的作用。它直接影响总线、接口和网络的性能。常见的网络体系结构有 FDDI、以太网、令牌环网和快速以太网等。从网络互联的角度看，网络体系结构的关键要素是协议和拓扑结构。

1. OSI

国际上制定计算机网络标准的有两个组织：国际电报电话咨询委员会（CCITT）和国际标准化组织。CCITT 主要是从通信角度考虑标准的制定，而国际标准化组织则侧重于信息的处理与网络体系结构。但随着计算机网络的发展，通信与信息处理成为两大组织共同关注的领域。

1983 年，国际标准化组织发布了著名的 ISO/IEC 7498 标准，它定义了网络互联的 7 层框架，详细规定了每层的功能，以实现开放系统环境中的互联性、互操作性与应用的可移植性。OSI 中的"开放"是指只要遵循 OSI 标准，一个系统就可以与位于世界任何地方，同样遵循同一标准的其他任何系统进行通信。OSI 拥有分层结构，不同的层次定义了不同的功能，以及提供不同的服务，每个层次都为网上两台设备进行的通信做数据准备，每层都与相邻上、下层进行通信和协调，为上层提供服务，将上层传来的数据和信息经过处理传递到下层，直到物理层，最后通过传输介质传到网上。OSI 中每两层之间通过接口相连，每个层次与其相邻上、下两层通信均需通过接口进行数据传输，每层都建立在其下一层的标准上。分层结构的优点是每层都有各自的功能，每层都有明确的分工，当网络出现故障时可以便于分析、查错，图 6-5 为 OSI 结构。

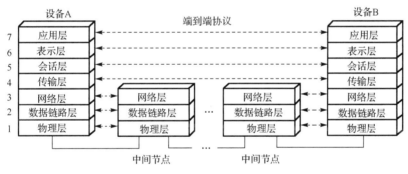

图 6-5 OSI 结构

OSI 各层功能如下。

（1）物理层（Physical Layer）：物理层是参考模型中的底层，它是网络通信的数据传输介质，由连接不同节点的电缆和设备共同构成，它的任务是利用传输介质为数据链路层提供物理连接。物理层负责处理数据传输率并监控数据出错率，以实现数据流的透明传输。物理层在接收数据链路层的数据后，便将数据以二进制比特流（数据流）的形式传输到网络传输介质上，其单位是比特。

（2）数据链路层（Data Link Layer）：在物理层提供的服务的基础上，数据链路层负责在两个通信实体间建立数据链路连接，传输以帧为单位的数据包，并采用无差错与流量控制方法，使有差错的物理线路变成无差错的数据链路。

（3）网络层（Network Layer）：网络层主要为数据在节点之间的传输创建逻辑链路，通过路由选择算法，为分组通过通信子网选择最佳路径，以实现拥塞控制及网络互联。

（4）传输层（Transport Layer）：传输层向用户提供可靠的端到端服务，处理数据包错误及次序等，传输层向高层屏蔽了下层数据通信的细节，它是 OSI 中的关键层。

（5）会话层（Session Layer）：会话层负责维护两个节点之间的传输链接，以确保点到点的传输不中断，以及管理数据交换等功能。

（6）表示层（Presentation Layer）：表示层用来处理两个通信系统中交换信息的表示方式，主要包括数据格式变换、数据加密与解密、数据压缩及解压等。

（7）应用层（Application Layer）：应用层提供了很多服务，如数据库、电子邮件等服务。

在 OSI 中，通常把上面的 7 个层次分为低层与高层。低层为 1～4 层，是面向通信的；高层为 5～7 层，是面向信息处理的。

2. TCP/IP

TCP/IP（传输控制协议/互联协议）是一个工业标准的协议集，它最早应用于 ARPANet。运行 TCP/IP 的网络具有很好的兼容性，并可以使用铜缆、光纤、微波及卫星等多种链路通信。Internet 上的 TCP/IP 之所以能够迅速发展，是因为它满足了世界范围内的数据通信的需要。TCP/IP 具有如下特点。

（1）TCP/IP 并不依赖于特定的网络传输硬件，所以 TCP/IP 能够集成各种各样的网络。用户能够使用以太网（Ethernet）、令牌环网（Token Ring Network）、拨号线路（Dial-Up Line）、X.25 网及所有的网络传输硬件，并运行在局域网、广域网中。

（2）TCP/IP 不依赖于任何特定的计算机硬件或操作系统，提供开放的协议标准，即使不考虑 Internet，TCP/IP 也获得了广泛的支持。所以 TCP/IP 是一种联合各种硬件和软件的实用系统。

（3）TCP/IP 工作站和网络使用统一的全球范围寻址系统，在世界范围内给每个 TCP/IP 网络指定唯一的地址。这样就使得无论用户的物理地址在哪里，任何其他用户都能访问该用户。

（4）标准化的高层协议，可以提供多种可靠的用户服务。

TCP/IP 与 OSI 的对比如图 6-6 所示，TCP/IP 由应用层、传输层、网际层和网络接口层组成，大致对应于 OSI 的 7 层。TCP/IP 可分为协议层和网络层，协议层具体定义了网络通信协议的类型，网络层定义了网络的类型和设备之间的路径选择。

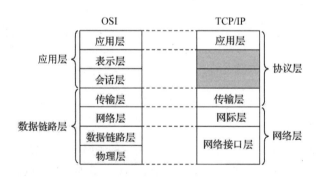

图 6-6　TCP/IP 与 OSI 的对比

（1）网络接口层（Network Interface Layer）。网络接口层是 TCP/IP 的底层，对应 OSI 的数据链路层和物理层，主要负责发送和接收 IP 数据报。TCP/IP 允许主机连入网络时使用其他协议，如局域网协议。

（2）网际层（Internet Layer）。网际层对应于 OSI 的网络层，负责将源主机的报文分组发送到目标主机，此时源、目标主机可在同一网络或不同网络中。

（3）传输层（Transport Layer）。传输层对应于 OSI 模型中的传输层，负责应用进程之间的端对端的通信。该层定义了传输控制协议（TCP）和用户数据报协议（UDP）。

TCP 提供的是可靠的面向连接的协议，它将一台主机传送的数据无差错地传送到目标主机。

TCP 将应用层的字节流分成多个字节段，传输层将一个一个的字节段传送到网际层，然后向下传送到目标主机。接收数据时，网际层会将接收到的字节段传送给传输层，传输层再将多个字节段还原成字节流，传送到应用层。TCP 同时还要负责流量控制，协调收发双方的发送与接收速度，以达到正确传输的目的。

UDP 是 TCP/IP 中一个非常重要的协议，它只是对网际层的 IP 数据报在服务上增加了端口功能，以便进行复用、分用及差错检测。UDP 为应用程序提供的是一种不可靠、面向非连接的服务，其报文可能出现丢失、重复等问题。正是由于它不提供服务的可靠性，所以它的开销很小，即 UDP 提供了一种在高效可靠的网络上传输数据，而不用消耗必要的网络资源和处理时间的通信方式。

（4）应用层（Application Layer）。应用层对应于 OSI 的应用层。由于应用层是 TCP/IP 中的最高层，应用层之上没有其他层，因此应用层的任务不是为上层提供服务，而是为最终用户提供服务。该层包括了所有高层协议，每个应用层的协议都对应一个用户使用的应用程序，主要协议如下。

- 网络终端协议（Telnet）：实现用户远程登录功能。
- 文件传输协议（File Transfer Protocol，FTP）：实现交互式文件传输。
- 简单邮件传输协议（Simple Mail Transfer Protocol，SMTP）：实现电子邮件的传送。
- 域名系统（Domain Name System，DNS）：实现网络设备名字到 IP 地址映射的网络服务。
- 超文本传输协议（Hypertext Transfer Protocol，HTTP）：用于 WWW 服务。

6.2.2 计算机网络硬件

20 世纪 80 年代以后，随着基于 TCP/IP 的 Internet 的应用，计算机网络发展更加迅速。宽带综合业务数字网（ISDN）的产生和发展，使得计算机网络发展到一个全新的阶段。利用网络互联设备可以将相同的或不同的网络连接起来形成一个范围更大的网络，或者将一个原本很大的网络划分为几个子网或网段。

1. 计算机网络中的网络传输介质

（1）双绞线。双绞线是由两条相互绝缘的导线按照一定的规格互相缠绕（一般以顺时针缠绕）在一起而制成的一种通用配线，属于信息通信网络传输介质。双绞线过去主要是用来传输模拟信号的，但现在同样适用于数字信号的传输。双绞线采用一对互相绝缘的金属导线互相绞合的方式来抵御一部分外界电磁波干扰，更主要的是降低自身信号的对外干扰。把两根绝缘的铜导线按一定密度互相绞在一起，可以降低信号干扰的程度，每根导线在传输中辐射的电波会被另一根线上发出的电波抵消，如图 6-7 所示。

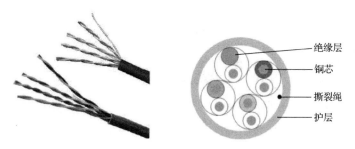

图 6-7 双绞线及超 5 类 4 对双绞线剖面图

双绞线在外界磁场的干扰中，每根导线均被感应出干扰电流，但同一根导线在相邻两个环的两段上流过的感应电流大小相等，方向相反，则被抵消，所以在导线上并没有被感应出干扰电流，因此，双绞线对外界磁场干扰有很好的屏蔽作用。双绞线加屏蔽可以克服双绞线易受静电感应的缺点，使信号线有很好的电磁屏蔽效果。双绞线分为屏蔽双绞线与非屏蔽双绞线。屏蔽双绞线在双绞线与外层绝缘封套之间有一个金属屏蔽层。屏蔽层可减少辐射,防止信息被窃听,也可阻止外部电磁干扰的进入,使屏蔽双绞线比同类的非屏蔽双绞线具有更高的传输速率。非屏蔽双绞线是一种数据传输线,由 4 对不同颜色的传输线组成,广泛用于以太网和电话线中。

常见的双绞线有 3 类线、5 类线、超 5 类线、6 类线。

双绞线的连接方法有两种。

- 直通线:双绞线两边都按照 EIAT/TIA 568B 标准连接。
- 交叉线:双绞线一边按照 EIAT/TIA 568A 标准连接,另一边按照 EIT/TIA 568B 标准连接。

图 6-8 为双绞线的直通线,可用测线仪测试网线和水晶头连接是否正常。

(2)同轴电缆。同轴电缆也是局域网中最常见的传输介质之一。同轴电缆从用途上可分为基带同轴电缆和宽带同轴电缆(即网络同轴电缆和视频同轴电缆)。大量同轴电缆被光纤所取代,但仍部分应用于有线、无线电视和某些局域网中。

同轴电缆具有很好的抗干扰性,传输距离比双绞线远,但同轴电缆的安装比较复杂,维护也不方便。同轴电缆截面图如图 6-9 所示。

图 6-8 双绞线的直通线　　　　　　　　　　图 6-9 同轴电缆截面图

(3)光纤。光纤是光导纤维的简写,是一种细小、柔韧并能传输光信号的介质,它利用光在玻璃或塑料制成的纤维中的全反射原理而达到传输信号的目的。多数光纤在使用前必须由几层保护结构包覆,包覆后的缆线被称为光缆,即一根光缆中包含有多条光纤。光纤外层的保护结构可防止周围环境对光纤的伤害,如水、火、电击等。光纤具有频带宽、损耗低、重量轻、抗干扰能力强、保真度高、工作性能可靠等优点。光纤和光纤原理示意图如图 6-10 所示。

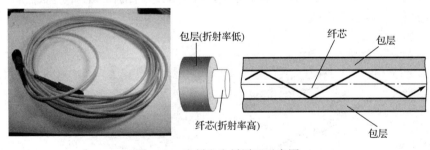

图 6-10 光纤和光纤原理示意图

光缆是利用发光二极管或激光二极管在通电后产生的光脉冲信号传输数据的,光缆分为多模和单模两种。

- 多模光缆是由发光二极管 LED 驱动的,由于 LED 不能紧密集中光速,所以其发光是发散的,在传输时需要较宽的传输路径,频率较低,传输距离也会受到限制。
- 单模光缆使用注入型激光二极管 ILD,光的发散特性很弱,所以传输距离比较远。

（4）地面微波通信。由于微波是以直线方式在大气中传播的，而地面是曲面的，所以微波在地面上直接传输的距离不会大于 50km。为了使其传输信号的距离更远，需要在通信的两个端点之间设置中继站，中继站的功能：一是信号放大，二是信号失真恢复，三是信号转发。如图 6-11 所示，传输塔传输信号时，无法直接传播，可通过中间两个微波传输塔转播，这里的两个微波传输塔即中继站。

（5）卫星微波通信。卫星微波通信是利用人造地球卫星作为中继站，通过人造地球卫星转发微波信号，实现地面站之间的通信的，如图 6-12 所示。卫星微波通信比地面微波通信传输容量大、覆盖范围广。

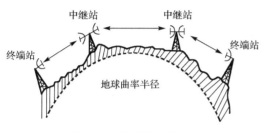

图 6-11 地面微波通信

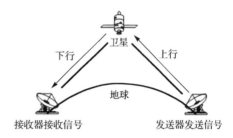

图 6-12 卫星微波通信

2. 工作站与服务器

（1）工作站（Workstation）。工作站是一种以个人计算机和分布式网络计算为基础，主要面向专业应用领域，具备强大的数据运算与图形、图像处理能力，为满足工程设计、动画制作、科学研究、软件开发、金融管理、信息服务、模拟仿真等专业领域的需求而设计开发的高性能计算机。工作站是一种高档的微型计算机，通常配有高分辨率的大屏幕显示器及大容量的内存和外存，并且具有较强的信息处理功能和高性能的图形、图像处理功能及联网功能。工作站可以访问文件服务器、共享网络资源。

（2）服务器（Server）。服务器通常分为文件服务器、数据库服务器和应用程序服务器。相对于一般个人计算机来说，服务器在稳定性、安全性等方面都要求更高，因此服务器的 CPU、芯片组、内存、磁盘系统、网络等和一般个人计算机有所不同。服务器是网络上一种为客户端计算机提供各种服务的高性能计算机，在网络操作系统的控制下，将与其相连的硬盘、打印机、Modem 及各种专用通信设备提供给网络上的客户站点共享，也能为网络用户提供集中计算、信息发表及数据管理等服务。

3. 网络互联设备

（1）网卡。网卡是计算机连接到网络的主要硬件，它把计算机的数据通过网络送出，并且为计算机收集进入的数据。台式机的网卡插在计算机主板的一个扩展槽中，如图 6-13 所示。笔记本电脑除内置网卡外，还可以配置外置网卡，如图 6-14 所示。

图 6-13 台式机的网卡

图 6-14 笔记本电脑的外置网卡

网卡可应用在网络中的服务器、工作站，以及其他网络设备中。不同的网络使用不同类型的网卡。如果要把一台计算机连入网络，首先就要安装网卡，当然还需要知道网络的类型，从而购买既经济、性能又好的网卡。这里提到的网卡都是通过有线电缆连接的。而无线网络中安装的就是无线网卡。

一般来讲，每块网卡都具有 1 个以上的发光二极管（LED）指示灯，用来表示网卡的不同工作状态，以方便用户查看网卡是否工作正常。典型的 LED 指示灯有 Link/Act、Full、Power 等。Link/Act 表示连接活动状态，Full 表示是否全双工，Power 是电源指示。

网卡的主控制芯片是网卡的核心元件，网卡性能的好坏，主要取决于这块芯片的性能。网卡的主控制芯片一般采用 3.3V 的低耗能设计和 0.35μm 的芯片工艺，这使得它能快速计算流经网卡的数据，从而减轻 CPU 的负担。

无线网络的网卡包含必要的传输设备，把数据通过局域网传输到其他设备上。信号的发送可以通过无线电、微波或者红外线。无线网络通过无线电或者红外线把数据从一个网络设备送到另外一个网络设备。无线网络一般用于不易安装电缆的环境，如历史建筑等。另外，无线网络还具有可移动性，例如，在大型库房办公中会使用带无线网络的笔记本电脑或者手持设备，以便工作人员移动处理库存信息。无线网络的安装具有临时性，可避免穿洞布线带来的麻烦和浪费。

（2）中继器与集线器。中继器是最简单的网络互联设备，主要实现物理层的功能，负责在两个节点的物理层上按位传递信息，完成信号的复制、调整和放大功能，以此来"延长"网络的长度，如图 6-15 所示。

集线器的英文表示为"Hub"，是"中心"的意思。集线器的主要功能是对接收到的信号进行再生、整形、放大，以增加网络的传输距离，同时把所有节点集中在以它为中心的节点上，如图 6-16 所示。集线器工作在 OSI 的物理层。集线器与网卡、网线等传输介质一样，属于局域网中的基础设备，采用CSMA/CD方式访问。

图 6-15　中继器　　　　　　　　　　图 6-16　集线器

（3）网桥与交换机。网桥将两个相似的网络连接起来，并对网络数据的流通进行管理，如图 6-17 所示。它工作于数据链路层，不但能增加网络的传输距离、扩大网络的传输范围，而且可提高网络的性能、可靠性和安全性。网络 1 和网络 2 通过网桥连接后，网桥接收网络 1 发送的数据包，检查数据包中的地址，如果地址属于网络 1，它就将其放弃，相反，如果属于网络 2，它就继续发送给网络 2。从而可利用网桥实现信息隔离，将网络划分成多个网段，隔离出安全网段，防止其他网段内的用户非法访问。网络的分段功能使各网段相对独立，一个网段的故障不会影响到另一个网段的运行。

交换机是一种用于电信号转发的网络设备，它可以为接入交换机的任意两个网络节点提供独享的电信号通路。最常见的交换机是以太网交换机，如图 6-18 所示，其他常见的还有电话语音交换机、光纤交换机等。

图 6-17　网桥

图 6-18　以太网交换机

（4）路由器和网关。路由器是连接因特网中各局域网、广域网的设备，它会根据信道的情况自动选择和设定路由，以最佳路径按前后顺序发送信号，如图 6-19（a）所示。路由器是互联网络的枢纽。目前，路由器已经广泛应用于各行各业，各种不同档次的路由器产品已经成为实现各种骨干网内部连接、骨干网间互联和骨干网与互联网互联业务的主力军。

网关又称网间连接器、协议转换器。网关在传输层上实现网络互联，是最复杂的网络互联设备，仅用于两个高层协议不同的网络互联，如图 6-19（b）所示。网关既可以用于广域网互联，也可以用于局域网互联。网关是一种充当转换重任的计算机系统或设备。在使用不同的通信协议、数据格式或语言，甚至是体系结构完全不同的两种系统之间，可将网关视为一个"翻译器"。同时，网关也可以提供过滤和安全功能。大多数网关运行在 OSI 7 层协议的顶层，即应用层。

（5）调制解调器。调制解调器（Modem）实际是调制器（Modulator）与解调器（Demodulator）的简称，常称为"猫"，如图 6-20 所示。所谓调制，就是把数字信号转换成电话线上传输的模拟信号；所谓解调，就是把模拟信号转换成数字信号。

（a）路由器　　　　　　　（b）网关

图 6-19　路由器和网关

图 6-20　调制解调器

调制解调器是模拟信号和数字信号的"翻译器"。我们使用的电话线路传输的是模拟信号，而个人计算机之间传输的是数字信号。所以当我们想通过电话线把自己的计算机连入 Internet 时，就必须使用调制解调器来"翻译"两种不同的信号。例如，连入 Internet 后，当个人计算机向 Internet 发送信息时，由于电话线传输的是模拟信号，所以必须要用调制解调器来把数字信号"翻译"成模拟信号，才能传送到 Internet，也就是"调制"。当个人计算机从 Internet 获取信息时，由于通过电话线从 Internet 传来的信息都是模拟信号，所以个人计算机还必须借助调制解调器进行"翻译"，也就是"解调"。

6.2.3　计算机网络软件

为了使通信成功、可靠，网络中的所有主机都必须使用同一种语言。网络中不同的工作站、服务器之间能顺利传输数据要靠协议。协议是对数据格式和计算机之间交换数据时必须遵守的规则的正式描述。

1. TCP/IP

TCP/IP 是 Internet 中进行通信的标准协议，其使用一组由十进制数组成的 4 段数字（最大为

255）来确定计算机的地址，每段数字之间用小数点隔开，如 192.168.1.1。习惯上把这种识别计算机地址的数字称为 IP 地址。在 TCP/IP 中提供了域名解析服务方案，它可以将 IP 地址转化为用英文表示的计算机地址，如 www.microsoft.com。使用这种表示主机的方法，可以使用户更加容易地理解 IP 地址所代表的含义，及其所代表的公司或提供服务的领域。

2．数据交换技术

当两个远程节点进行通信时，采用的是点-点通信线路，但该通信线路并不是一直固定连接的，而是根据需要由网络来安排的。这种能将两个通信节点连接到一起进行通信的操作称为交换。网络通信常用的三种交换方式有：电路交换、报文交换和分组交换。

电路交换（Circuit Switching）与电话交换系统相似，即两个终端在开始通信前，由主叫端进行呼叫，送出被呼叫端的电话号码，由电话交换机将主叫端与被叫端连接，直到主叫端与被叫端建立起一个适当的通信信道，主叫端和被叫端就可以进行双向的数据传输了。在整个数据传输期间，信道是被独占的，通信结束后，将断开主叫和被叫两端间的连接信道。电路交换是一种直接交换方式，是多个输入线路与多个输出线之间直接形成传输信息的物理链路。电路交换可以看成由开关群组成的网络。在电路交换方式中，通信双方一旦建立连接，无论有无通信，都要占据通信通道，其他通信节点都无法使用这个通信通道，所以，电路交换方式有时会出现浪费通信通道的现象。电路交换是面向连接的通信方式。公众电话网（PSTN 网）和移动网（包括 GSM 网和 CDMA 网）都采用电路交换技术。

报文交换（Message Switching）中的报文是网络中交换与传输的数据单元。报文包含了将要发送的完整的数据信息，其长短不一致。报文也是网络传输的单位，传输过程中会不断地封装成分组、包、帧等来传输，封装的方式就是添加一些信息段，即报文头以一定格式组织起来的数据。报文交换方式重点在于转发方式，在网络中传输的数据有时是非实时性的，对于实时性要求不高的数据，可以让中转节点把要传的信息暂时存储下来，等通信通道空闲时再转发给下一个节点，各个节点都有存储转发的功能，这种交换方式称为存储转发。报文交换按存储转发原理，即发送端将数据以报文为单位进行发送，中间的中转节点按报文方式存储并转发到下一个节点，直到接收端接收到为止。

分组交换（Packet Switching）技术就是针对数据通信业务的特点而提出的一种交换方式。它的基本特点是面向无连接，采用存储转发的方式，将需要传送的数据按照一定的长度分割成许多小段的数据，并在数据前增加相应的用于数据选路和校验等功能的头部字段，作为数据传送的基本单元。分组交换比电路交换的信道利用率高，但延时较大。

3．网络操作系统

网络操作系统是网络的心脏，是向网络计算机提供服务的特殊的操作系统。它在计算机操作系统下工作，使计算机操作系统具备了网络操作所需功能。

网络操作系统与一般计算机的操作系统不同。一般情况下，网络操作系统以使网络相关特性达到最佳为目的，包括共享数据文件、软件应用，以及共享硬盘、打印机、调制解调器、扫描仪和传真机等。一般计算机的操作系统，如 DOS 和 OS/2 等，其目的是让用户及在此操作系统上运行的各种应用之间的交互作用最佳。

常用的网络操作系统有 Windows 操作系统、NetWare 操作系统、UNIX 操作系统、Linux 操作系统等。微软公司的 Windows 操作系统不仅在个人计算机的操作系统中占有绝对优势，它在网络操作系统中也具有非常强劲的实力。这类操作系统在整个局域网配置中是最常见的，但由于它对服务器的硬件要求较高，且稳定性不是很高，所以微软的网络操作系统一般只用在中低档服务器中，高档服务器通常采用 UNIX、Linux 等非 Windows 操作系统。

网络操作系统使网络中的计算机均可方便而有效地共享网络资源，为网络用户提供所需的各种服务。网络操作系统除了具备一般计算机操作系统也具备的处理机管理、存储器管理、设备管理和文件管理功能，还具备高效、可靠的网络通信能力，以及提供了多种网络服务功能，如远程作业录入与处理的服务功能、文件转输服务功能、电子邮件服务功能、远程打印服务功能等。

6.2.4 数据通信技术

计算机网络是计算机技术与数据通信技术结合的产物。数据通信是一门独立的学科。在计算机网络中，通信系统负责信息的传递，计算机系统负责信息的处理。通信技术的任务是利用通信媒体传输信息，它所研究的问题是用什么媒体、什么技术来使信息数据化，并能准确地传输信息。

1．模拟信号与数字信号

数据有模拟数据和数字数据之分：模拟数据的状态是连续变化的、不可数的，如强弱连续变化的语音、亮度连续变化的图像等；数字数据的状态是离散的、可数的，如符号、数字等。

数据在通信系统中需要变换为电信号的形式（通过编码实现），从一点传输到另一点。信号是数据在传输过程中电磁波的表现形式。由于数据有两种不同的类型，所以信号也相应地有两种形式。模拟信号是一种连续变换的电信号，它的取值有无限多个，如普通电话机输出的信号就是模拟信号；数字信号是一种离散信号，它的取值是有限个数的，如电传机输出的信号就是数字信号。

2．信道的分类

信道是信号传输的通道，包括通信设备和传输媒体。信道的分类如下：

信道按传输媒体可分为有线信道和无线信道；

信道按传输信号可分为模拟信道和数字信道；

信道按使用权可分为专用信道和公用信道。

3．通信方式的种类

（1）通信仅在点与点之间进行，按信号传送的方向与时间的不同可分为3类。

① 单工通信：是指信号只能单方向进行传输的工作方式，如广播、遥控。一方只能发送信号，另一方只能接收信号。

② 半双工通信：是指通信双方都能接收、发送信号，但不能同时进行收、发的工作。要求双方都有收、发信号的功能，如无线电对讲机。

③ 全双工通信：是指通信双方可同时进行收、发的双向传输信号的工作方式，如普通电话。

（2）按数字信号在传输过程中的排列方式的不同可分为2类。

① 并行传输：是指数据以成组的方式在多个并行信道上同时传输。并行传输的优点是不存在字符同步问题，速度快；缺点是需要多个信道并行，这在传输远距离信道中是不允许的。因此，并行传输往往仅限于机内的或同一系统内的设备间的通信，如打印机一般都接在计算机的并行接口上。

② 串行传输：是指信号在一条信道上一位接一位地传输。在这种传输方式中，收、发双方保持位同步或字符间同步是必须解决的问题。串行传输比较节省设备，所以目前在计算机网络中普遍采用这种传输方式。

4．数据传输的速率

常用比特率表示数字信号的传输速率。把一个二进制位所携带的信息称为1个比特（bit）的信息，并将其作为最小的信息单位。比特率是单位时间内传送的比特数（二进制位数），即 bit/s。

波特率也称为调制速率，是调制后的传输速率，指单位时间内模拟信号状态变化的次数，即单位时间内传输波形的个数。

误码率表示码元在传输中出错的概率，它是衡量通信系统传输可靠性的一个指标。在数字通信中，数据传输的形式是代码，代码由码元组成，码元用波形表示。

5. 异步传输和同步传输

计算机网络中收、发信息的双方用传输介质连接后,发送方可以将数据发送出去,对方如何识别这些数据,并将其组合成字符,形成有用的信息,需要使用交换数据设备之间的同步技术。常用的同步技术分为异步传输和同步传输。

(1) 异步传输:指以 1 个字符为单位进行数据传输,每个字符独立传输,起始时刻是任意的,字符与字符的间隔也是任意的。传输字符之间是异步的,接收端和发送端的时钟各自独立,并在传送的每个字符前加起始位,每个字符后加终止位,以表示 1 个字符的开始和结束,实现字符同步。这种方式效率低、速度慢,但技术简单、设备成本低,适用于低速通信场合。

(2) 同步传输:指以大的数据块为单位进行数据传输,在数据传输过程中,接收端和发送端的时钟信号是同步、严格要求、一一对应的。在传输的数据块的前后分别加上一些特殊的字符作为同步信号。这种方式速度快,但需要时钟装置,设备价格相对高,适用于高速传输场合,如计算机之间的通信。

6.3 Internet 技术与应用

6.3.1 Internet 协议

TCP/IP 是 Internet 采用的协议标准。

TCP 即传输控制协议,是面向连接的可靠的通信协议,主要用来解决数据的传输和通信的可靠性。TCP 负责将数据从发送方正确地传递到接收方,是端对端的数据流传送。由于 TCP 是面向连接的,因此,在传送数据之前,先要建立连接。数据有可能在传输中丢失,TCP 能检测到数据的丢失,并且重发数据,直至数据被正确的接收为止。TCP 能保证数据可靠、按次序、完全、无重复地传递。TCP 还能控制流量超载、传输拥塞等问题。

IP 即互联网协议,其负责将数据单元从一个节点传送到另一个节点。IP 提供三个基本功能:第一,基本数据单元的传送,规定了 TCP/IP 的数据格式;第二,IP 软件执行路由功能,选择传递数据的路径;第三,确定主机和路由器如何处理分组的规则,以及产生差错报文后的处理方法。

在 Internet 上连接的所有计算机,都以独立的身份出现,称为主机。为了实现各主机间的通信,每台主机都必须有一个唯一的网络地址,就好像每个住宅都有唯一的门牌地址一样,才不至于在传输资料时出现混乱。

Internet 的网络地址是指连入 Internet 的计算机的地址编号。所以,在 Internet 中,网络地址唯一地标识一台计算机,这个地址称为 IP 地址,即用 Internet 协议语言表示的地址。在 Internet 中,IP 地址是一个 32 位的二进制地址,为了便于记忆,将它们分为 4 组,每组 8 位,由小数点分开,用 4 个字节来表示。而且,用点分开的每个字节的数值范围是 0~255,如 202.116.0.1,这种书写方法称为点分十进制表示法。图 6-21 是 IP 地址二进制、十进制和点分十进制表示法。

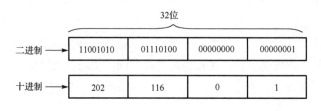

图 6-21 IP 地址表示法

通过 IP 地址可确认网络中的任何一个网络和计算机,而要识别其他网络或其中的计算机,则要根据这些 IP 地址的分类来确定。一般将 IP 地址按节点计算机所在网络规模的大小分为 A、B、C、D 和 E 5 类,其中前 3 类是全球唯一的单播地址,后 2 类为组播地址和试验留用地址。IP 地址分类如图 6-22 所示。

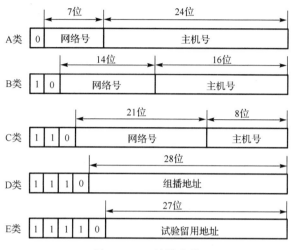

图 6-22　IP 地址分类

子网掩码又称网络掩码、地址掩码、子网络遮罩。子网掩码是一个 32 位地址,其不能单独存在,必须结合 IP 地址一起使用。它的主要作用有两个,一是用于屏蔽 IP 地址的一部分,以区别网络标识和主机标识,并说明该 IP 地址处于局域网中,还是处于远程网中;二是用于将一个大的 IP 网络划分为若干个小的子网络。

6.3.2　Internet 资源与应用

1. 万维网（WWW）

万维网也叫"Web""WWW""W3",是一个由许多互相链接的超文本文档组成的系统,通过互联网访问,即 WWW 是使用链路方式从 Internet 上的一个站点访问另一个站点,从而获得所需信息资源的。在这个系统中,每个有用的事物称为"资源",并且由一个"统一资源标识符"（URL）标识,这些资源通过超文本传输协议传送给用户,用户通过单击链接来获得资源。万维网常被当成互联网的同义词,这是一种误解,万维网是依靠互联网运行的一项服务。

万维网的内核部分是由三个标准构成的。

① URL。URL 是 WWW 的地址,格式为 Scheme://Host:Port/Path。
- Internet 资源类型（Scheme）：指出 WWW 客户程序用来操作的工具。如"http://"表示 WWW 服务器,"ftp://"表示 FTP 服务器,"gopher://"表示 Gopher 服务器。
- 服务器地址（Host）：指出 WWW 所在的服务器域名。
- 端口（Port）：有时对某些资源的访问,需给出相应的服务器提供端口号。
- 路径（Path）：指明服务器上某资源的位置（其格式与 DOS 系统中的格式一样,通常由目录/子目录/文件名组成）。与端口一样,路径并非总是需要的。

例如,http://www.tsinghua.edu.cn/qhdwzy/index.jsp 就是一个典型的 URL 地址。

② 超文本传送协议（HTTP）。它负责规定浏览器和服务器是怎样互相交流的。

③ 超文本标记语言（HTML）。它的作用是定义超文本文档的结构和格式。HTML 能使众多、风格各异的 WWW 文档在 Internet 不同的机器中显示出来,同时能告诉用户哪里存在超级链接。

2. 文件传输协议（FTP）

FTP 用于 Internet 中的控制文件的双向传输。同时，它也是一个应用程序。FTP 的主要作用就是让用户连接上一台远程计算机，查看远程计算机上的文件，然后把文件从远程计算机复制到本地计算机，或把本地计算机的文件传送到远程计算机。

3. 域名系统

在 Internet 中，域名与 IP 地址是一对一（或者多对一）的，域名虽然便于人们记忆，但机器之间只能识别 IP 地址，它们之间的转换工作称为域名解析，域名解析需要由专门的域名解析服务器来完成，域名系统就是进行域名解析的服务器。域名系统用于 Internet 等 TCP/IP 网络中，通过用户名称查找计算机和服务。当用户在应用程序中输入域名系统名称时，域名系统服务可以将此名称解析为与之相关的其他信息，如 IP 地址。例如，用户在上网时输入的网址就是通过域名解析系统解析得到的相对应的 IP 地址，域名的最终指向是 IP 地址。

4. 电子邮件（E-mail）

电子邮件系统是一种新型的信息系统，是通信技术和计算机技术相结合的产物。电子邮件在 Internet 中发送和接收的原理可以形象地用邮寄包裹的案例来描述。当我们要寄一个包裹的时候，首先要找到一个有这项业务的邮局，在填写完收件人姓名、地址等之后，包裹就可寄出到收件人所在地的邮局，那么对方取包裹的时候就必须去这个邮局才能取出。同样，当我们发送电子邮件的时候，这封邮件是由邮件发送服务器（任何一个都可以）发出的，根据收信人的邮件地址可判断对方的邮件接收服务器，将这封信发送到该服务器上，收信人要收取邮件也只能访问这个服务器才能完成。

1）电子邮件地址的构成

电子邮件地址的格式是 USER@SERVER.COM，由 3 部分组成，第 1 部分 USER 代表用户信箱的账号，对于同一个邮件接收服务器来说，这个账号必须是唯一的，一般是用户在申请时自己命名的；第 2 部分@是分隔符；第 3 部分 SERVER.COM 是用户信箱的邮件接收服务器域名，用以标志其所在的位置。我国常用的免费邮箱有 163、126 等，如果经常和国外的用户联系，建议使用国外的电子邮箱，如 Gmail、Outlook 等。

2）电子邮件的发送和接收原理

电子邮件的传输是通过电子邮件简单传输协议（Simple Mail Transfer Protocol，SMTP）完成的，它是 Internet 中的一种电子邮件通信协议。电子邮件发送和接收的基本原理是在通信网上设立电子信箱系统，它实际上是一个计算机系统。系统的硬件是一个高性能、大容量的计算机。硬盘作为信箱的存储介质，为用户分配一定的存储空间，每位用户都有属于自己的一个电子信箱，并会确定用户名和用户可以随意修改的口令。用户使用口令开启自己的信箱，并进行发信、读信、编辑、转发、存档等各种操作。系统的功能主要由软件实现。

5. 微博（MicroBlog）

微博是一种通过关注机制分享简短实时信息的广播式的社交网络平台。用户可以通过各种连接网络的平台，在任何时间、任何地点即时通过自己的微博发布信息，其信息发布速度超过传统纸媒及网络媒体。微博发布的信息只能是只言片语，相比传统博客中的"长篇大论"，微博的字数限制恰恰使用户更易于成为一个博客发布者。微博的影响力基于用户现有的被"关注"的数量，同时，用户发布信息的吸引力、新闻性越强，关注该用户的人数也就越多。常用微博网站有新浪微博、Twitter 等。

6. 微信（WeChat）

微信是腾讯公司推出的一款为智能终端提供即时通信服务的免费应用程序，它支持跨通信运营商、跨操作系统平台，可通过网络快速发送免费语言短信、视频、图片和文字等，同时可以使用"摇一摇""朋友圈"等服务。

6.4 信息检索

随着现代科学技术,尤其是计算机技术和网络技术的迅猛发展,社会信息量剧增,然而在"信息的汪洋"之中,存在着大量虚假信息和无用信息,这使得我们在获取有用信息方面变得越来越困难,因此,信息检索能力成为一项必备技能。

6.4.1 信息检索概述

信息检索的实质是一个匹配过程,是用户需求的主题概念或检索表达式与一定信息系统语言相匹配的过程。若两者匹配,则所需信息检索成功,否则检索失败。匹配有多种形式,既可以完全匹配,也可以部分匹配,主要取决于用户需要。信息的存储主要是对一定范围内的信息进行筛选、描述特征、加工,使之有序化,从而形成信息集合,即建立数据库,这是检索的基础。信息的检索是指采用一定的方法与策略从数据库中查找出所需的信息,这是检索的目的,是存储的反过程。为了快速、准确检索,就必须了解存储的原理。通常,人们所说的信息查询是指从信息集合中找出所需要的信息的过程,也就是狭义的信息检索。

信息检索包括3个主要环节:①信息内容分析与编码,产生信息记录及检索标识;②组织存储,将全部记录按文件、数据库等形式组成有序的信息集合;③用户提问处理和检索输出。

信息检索的步骤:第一,确定检索需求,即要明确查找什么信息内容,信息的类型和格式是什么;第二,选择检索系统,指从众多的检索系统中挑选出与检索需求相适应的检索系统,注意选出的检索系统可能不止一个;第三,制定检索方法,指根据检索需求预先研究制定检索的具体步骤和方法,确定检索词,编写检索表达式;第四,实施具体检索,指在检索系统中按照预先制定的检索步骤进行检索;第五,整理检索结果,指将检索的信息进行分析、列表、合并、排版,以及加上必要的评述。根据结果有时需要更换检索系统或调整检索表达式,重新进行检索,有时可能要反复多次,直到检索结果满意为止。

6.4.2 信息检索系统

信息检索系统(Information Retrieval System)是指根据特定的信息需求而建立起来的一种有关信息搜集、加工、存储和检索的程序化系统,其主要目的是为人们提供信息服务。所以,可以说任何具有信息存储与信息检索功能的系统都可以称为信息检索系统,信息检索系统可以理解为一种向用户提供信息检索服务的系统。

信息检索系统按照检索的功能划分,可以分为书目检索系统和事实数据检索系统。书目检索系统主要是对某一研究课题的相关文献进行检索,其结果是获得一批相关文献的线索,其检索作业的对象是检索工具;事实数据检索系统用于各种事实或数据的检索,如查找某一词的解释、某人、某时间、某地名、某企业及其产品情况等,其结果是获得直接的、可供参考的答案。当进行事实数据检索时,要会使用各种参考工具,如字典、百科全书、年鉴、手册、名录或相应的数据库。

信息检索系统按照检索的手段划分,可以分为手工检索系统和计算机检索系统。手工检索系统是以手工方式存储和检索信息的系统,检索时使用各种纸质工具,检索入口少、速度慢、效率低;计算机检索系统是用计算机进行信息存储和检索的系统,检索时使用各种数据库,检索灵活、检索入口多、速度快、效率高。由于计算机检索具有速度快、效率高、数据内容新、范围广、数量大、操作简便、检索时不受国家和地理位置的限制等特点,已成为人们获取信息的主要手段之一。因此,以下主要介绍计算机检索系统。

计算机检索系统主要由计算机硬件、检索软件、数据库、通信网络等组成。硬件主要包括中心计算机、检索终端、数据输出设备等;检索软件是检索系统的核心,负责管理数据库和处理检索提问,它决定系统的检索能力;数据库是检索系统的信息源,是检索作业的对象;通信网络是信息传递的设施,其主要作用是在检索终端和中心计算机之间进行信息传递。

计算机检索系统又分为光盘检索系统、联机检索系统和网络检索系统。

光盘检索系统由计算机、光盘数据库、检索软件等组成,目前国内普遍采用的是光盘网络检索系统,它是由光盘服务器、计算机局域网、光盘库/磁盘阵列、检索软件等组成的。其特点是设备简单、费用低、检索技术容易掌握,但检索范围受光盘数据库的限制,更新不够及时。

联机检索系统由联机服务的中心计算机、检索终端、通信网络、联机数据库、检索软件等组成。其特点是检索范围广泛、检索速度快、检索功能强、及时性好,并可以联机订购原文,它拥有的数据库数量大且更新及时,但检索技术复杂、设备配置要求高、检索费用昂贵。

网络检索系统由计算机服务器、用户终端、通信网络、网络数据库等组成,其特点是检索方法较简单、检索灵活、方便、及时性好、检索费用和速度均低于联机检索系统。

6.4.3 计算机基本检索技术及方法

用户如果需要通过搜索引擎进行信息检索,首先必须通过合适的方式将自己的检索意愿表达出来,经常涉及的技术主要包括以下几种:布尔检索、词位检索、截词检索和限制检索等。其中布尔检索、词位检索使用较多,而截词检索与限制检索使用较少。

1)布尔检索

布尔逻辑运算符主要有 3 种:逻辑与(AND)、逻辑或(OR)、逻辑非(NOT)。3 种逻辑运算的示意图如图 6-23 所示。

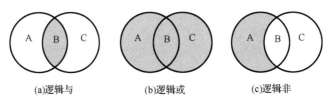

(a)逻辑与　　　　　(b)逻辑或　　　　　(c)逻辑非

图 6-23　3 种逻辑运算的示意图

① 逻辑与是一种具有概念交叉或概念限定关系的组配,用"*"或"AND"运算符表示。如果检索"课程建设规划"方面的有关信息,它包含了"课程建设"和"规划"两个主要的独立概念。检索词"课程建设""规划"可用逻辑与组配,即"课程建设 AND 规划"表示两个概念应同时包含在一条记录中。逻辑与组配的结果如图 6-23(a)所示,圆圈 A 代表所有包含检索词"课程建设"的记录,圆圈 C 代表所有包含检索词"规划"的记录,A、C 两圆覆盖的公共部分为检索命中记录。由此可知,使用逻辑与组配技术缩小了检索范围,增强了检索的专指性,可提高检索信息的查准率。

② 逻辑或是一种具有概念并列关系的组配,用"+"或"OR"运算符表示。例如,要检索"中央处理器"方面的信息,检索词"中央处理器"这个概念可用"CPU"和"中央处理器"两个同义词来表达,采用逻辑或组配,即"中央处理器 OR CPU",表示这两个并列的同义概念分别在一条记录中出现或同时在一条记录中出现。逻辑或组配的结果如图 6-23(b)所示,A、C 两圆覆盖的所有部分均为检索命中记录。由图 6-23(b)可知,使用逻辑或检索技术扩大了检索范围,能提高检索信息的查全率。

③ 逻辑非是一种具有概念排除关系的组配,用"-"或"NOT"运算符表示。例如,检索"非

液晶的显示器"方面的信息,其检索词"显示器"和"液晶"采用逻辑非组配,即"显示器 NOT 液晶",即从"显示器"检索出的记录中排除"液晶"的记录。逻辑非匹配结果如图 6-23(c)所示,A 代表检索"显示器"命中的记录,C 代表检索"液晶"命中的记录,A、C 两圈之差,即图 6-23(c)中 A 删除 C 后剩余部分为命中记录。因此,使用逻辑非可排除不需要的概念,能提高检索信息的查准率,但也容易将相关的信息删除,影响检索信息的查全率。因此,使用逻辑非检索技术时要慎重。

使用布尔逻辑运算符组配检索词所构成的检索表达式中,运算符 AND、OR、NOT 的运算次序在不同的检索系统中有不同的规定,在有圆括号的情况下,圆括号内的逻辑运算先执行;在无圆括号的情况下,一般是 NOT 最高,其次是 AND,最后是 OR。也有的检索系统会根据实际的需要将逻辑运算符的运算次序进行调整。

用户在进行检索操作前,需要事先了解检索系统的规定,避免因逻辑运算次序处理不当而造成错误的检索结果。对同一个表达式来说,不同的运算次序可能会有不同的检索结果。

2)词位检索

词位检索是以数据库原始记录中的检索词之间的特定位置关系为对象的运算,又称全文检索。词位检索是一种可以直接使用自由词进行检索的技术,这种检索技术增强了选词的灵活性。例如,有两个词,"计算机"和"网络",可以形成"计算机网络"和"网络计算机",但这两个新组成的词语在计算机学科中是截然不同的两个概念。词位检索运算符的种类和表达形式在不同的检索系统中并不完全相同,但根本思路并没有过多区别,在使用时需要加以注意。

词位检索包括邻位检索、子字段检索与同字段检索,其中邻位检索使用得最多。在邻位检索中,常用的位置逻辑运算符有(W)与(nW)、(N)与(Nn)。

3)截词检索

截词检索能够帮助系统提高检索的查全率。截词检索就是用截断的词的一个局部进行的检索,并认为凡满足这个词局部中的所有字符(串)的文献,都为命中的文献。按截断的位置来分,截词可有后截断、前截断、中截断三种类型。

不同的系统所用的截词符也不同,常用的有?、$、*等。分为有限截词(即一个截词符只代表一个字符)和无限截词(一个截词符可代表多个字符)。下面以无限截词举例说明。

- 后截断,前方一致。如 comput?表示 computer、computers、computing 等。
- 前截断,后方一致。如?computer 表示 minicomputer、microcomputer 等。
- 中截断,中间一致。如?comput?表示 minicomputer、microcomputers 等。

截词检索也是一种常用的检索技术,是防止漏检的有效工具,尤其在西文检索中,更是应用广泛。截断技术可以作为扩大检索范围的手段,但一定要合理使用,否则会造成误检。

4)限制检索

限制检索指对检索到的结果进行条件限制。有时检索命中的结果数量非常大,需要进一步附加条件限制,以便筛选出更加适合检索需求的结果。条件限制的种类很多,如时间限制可以是 20 世纪、80 年代、21 世纪以来等;文件类型限制可以是文本、MP3、图像、视频、网页、程序等;学科限制可以是计算机、化学、医学等;地域限制可以是陕西省、上海市等;职业限制可以是工人、军人、运动员、教师、农民等。综合运用上述条件限制可减少检索结果的数量。

6.4.4 网络搜索引擎的应用

Internet 是一个巨大的信息资源库,每天都有新的主机被连接到 Internet 中,都有新的信息资源被增加到 Internet 中,使 Internet 中的信息量以惊人的速度增长。然而 Internet 中的信息资源分散在无数台主机中，如果用户想寻找某个信息，无异于大海捞针。那么用户如何在繁杂的网站中快速、有效地查找到需要的信息呢？这就要借助于 Internet 中的搜索引擎。搜索引擎是指搜索因特网信息的软件系统，它的功能主要有两个：一是采集、标引、整合因特网中所有信息资源；二是为用户提供全局性检索机制。搜索引擎网站与普通网站不同的是提供了索引数据库和分类目录。搜索引擎整合资源的方式有两种：一是人工方式，由图书馆或信息专业人员收集、标引、分类网络上新产生的信息，形成数据库，并合并到已有的数据库中；二是自动方式，由巡视软件和网络机器人来收集、标引、分类网络上新产生的信息。

Internet 上的搜索引擎种类很多，常用的网页搜索引擎有百度、谷歌、必应等。

6.4.5 常用数据库和特种文献的信息检索

电子数据库资源因其自身的众多优点而受到广大用户的青睐，主要表现在服务不受开放时间限制、支持大量用户同时访问、检索迅速、知识类聚、方便统计等。

1．超星数字图书馆

超星数字图书馆的图书涵盖国内各公共图书馆和大学图书馆，使用超星 PDG 技术制作数字图书。超星数字图书馆图书以工具类、文献类、资料类、学术类图书为主。访问网址，注册并登录后，可以查看部分免费图书，但只有充值的用户才可以查阅会员图书馆内的图书，阅读时需要下载并安装阅读器。

2．万方数据知识服务平台

万方数据知识服务平台是一个以科技信息为主，集经济、金融、社会、人文信息为一体，以 Internet 为网络平台的大型科技、商务信息服务系统。目前，万方数据资源系统包括学位论文全文、会议论文全文、数字化期刊、科技信息、商务信息等板块，并通过统一平台实现了跨库检索服务。

3．中国知网（CNKI）

中国知网是以实现知识资源传播共享与增值利用为目标的数据库，由清华大学、清华同方发起，始建于 1999 年 6 月，内容包括农业、生物、环境资源等期刊全文、优秀硕博论文、会议论文、重要报纸等。

4．中国国家数字图书馆

通过中国国家数字图书馆资源统一门户，可以为读者提供数字资源的一站式服务。中国国家数字图书馆平台和全国文化信息资源共享平台将数字资源传输到全国各级基层图书馆，为公众提供服务，成为中文文献收藏中心、中文数字资源基地和中国先进的信息网络服务基地。文化共享工程应用现代科学技术，将中华优秀文化信息资源进行数字化加工和整合，通过共享工程网络体系，使用卫星网、互联网、有线电视/数字电视网、镜像、移动存储、光盘等，实现优秀文化信息资源在全国范围内的共建共享。

5．国外三大检索工具

SCI 即《科学引文索引》，是自然科学领域基础理论学科方面的重要期刊文摘索引数据库。SCI 创建于 1961 年，创始人为美国科学情报研究所所长 Eugene Garfield，可以检索自 1945 年以来数学、物理学、化学、天文学、生物学、医学、农业科学、计算机科学、材料科学等领域重要的学术成果信息。

ISTP 即《科学技术会议录索引》，由美国科学情报研究所编制，创刊于 1978 年，主要收录国际上著名的科技会议文献。它所收录的数据包括农业、环境科学、生物化学、分子生物学、生物技术、医学、工程、计算机科学、物理学等领域。

EI 即《工程索引》，创刊于 1884 年，由美国工程信息公司编辑出版。主要收录工程技术领域的论文，数据覆盖了核技术、生物工程、交通运输、化学和工艺工程、照明和光学技术、农业工程和食品技术、计算机和数据处理、应用物理、电子和通信、控制工程、土木工程、机械工程、材料工程、石油、宇航及汽车工程等领域。

6. 与三大检索工具相关的其他数据库

SSCI 即《社会科学引文索引》，创刊于 1969 年，收录从 1956 年至今的数据，是社会科学领域重要的期刊文摘索引数据库。数据覆盖了历史学、政治学、法学、语言学、哲学、心理学、图书情报学及公共卫生等社会科学领域。

A&HCI 即《艺术与人文科学引文索引》，创刊于 1976 年，收录从 1975 年至今的数据，是艺术与人文科学领域重要的期刊文摘索引数据库。数据覆盖了考古学、建筑学、艺术、文学、哲学、宗教及历史等社会科学领域。

ISSHP 即《社会科学和人文会议录索引》，创刊于 1979 年，数据涵盖了社会科学、艺术与人文科学领域的会议文献数据，包括哲学、心理学、社会学、经济学、管理学、艺术、文学、历史学及公共卫生等学科领域。

7. 特种文献的检索

特种文献相对于图书和期刊而言，在出版、发行、公开程度、流通范围、文献形式、法律效力、管理方法等方面都具其独特之处。特种文献包括学位论文、专利文献、科技报告、会议文献、标准文献、政府出版物、产品样本、技术档案等类型。

① 学位论文检索。学位论文是高校学生获得学位前提交的学术研究论文，论文研究水平较高，在科学研究中有很好的参考价值。可检索到学位论文的数据库包括：中国知网（http://www.cnki.net）、万方数据知识服务平台（http://www.wanfangdata.com.cn）、国家科技图书文献中心（http://www.nstl.gov.cn）、中国民商法律网（http://www.civillaw.com.cn）等。

② 专利文献检索。目前，网上专利信息检索系统是搜集、获取专利信息的一条重要途径。提供中国专利信息检索服务的网站主要有国家知识产权局（http://www.sipo.gov.cn）、中国知识产权网（http://www.cnipr.com）、中国专利信息网（http://www.patent.com.cn）等。

③ 科技报告检索。科技报告按内容可以分为报告书、札记、论文、备忘录、通报等；按发行密级可分为：秘密报告、绝密报告、非密限制发行报告、非密公开报告、解密报告等。提供科技报告检索服务的数据库包括：万方数据知识服务平台中国科技成果数据库（http://c.wanfangdata.com.cn/cstad）等。

④ 会议文献检索。会议文献可以分为会前文献、会间文献和会后文献。会前文献有两种：一种是会议情报文献，用来预报将要召开的学术会议，报道会议名称、地点、日期、发起机构和地址、会议内容、截稿日期及会议出版物情况预报等；另一种是会前印发的与会者的论文预论本、论文摘要等。会间文献是指会议期间发给与会者的文献。会后文献是指会议结束后由主办单位编辑出版发行的论文集。其中会后文献有多种名称，如会议录、会议论文集、学术讨论论文集、会议论文汇编及会议记录等。

⑤ 标准文献检索。标准文献是指在有关方面的通力合作下，按照规定程序编制并经主管机关批准，以特定形式发布，为在一定范围内获得最佳秩序，对活动或其结果规定重复使用的规则、导则、定额或要求的文件。它是记录和传播标准化工作具体成果规定的重要载体，是一种非常重要的信息源。

6.5 计算机病毒

计算机病毒是指编制或在计算机程序中插入的，破坏计算机功能或数据，从而影响计算机使用,并能够自我复制的一组计算机指令或程序代码。

6.5.1 计算机病毒的起源

20 世纪 40 年代末期,计算机的先驱者冯·诺依曼在一篇论文中提出了计算机程序能够在内存中自我复制的观点。到 20 世纪 70 年代,一位作家在一部科幻小说中构思出了世界上第一个"计算机病毒",一种能够自我复制,可以从一台计算机传染到另一台计算机,利用通信渠道进行传播的计算机程序。这实际上是计算机病毒的思想基础。

1987 年 10 月,世界上第一例计算机病毒(Brain)被发现,计算机病毒由幻想变成了现实。随后,其他病毒相继出现。

6.5.2 计算机病毒的特征

1)非授权可执行性

当用户通常调用执行一个程序时,会把系统控制交给这个程序,并分配给它相应的系统资源,如内存,从而使之能够运行完成用户的需求。因此,程序执行的过程对用户是透明的。而计算机病毒是非法程序,正常用户是不会明知是病毒而故意调用执行的。但由于计算机病毒具有与正常程序相同的特性(可存储性、可执行性),且常隐藏在合法的程序或数据中,因此当用户运行正常程序时,病毒会伺机窃取到系统的控制权,得以抢先运行,导致计算机中毒。

2)隐蔽性

计算机病毒是一种编程技巧高、短小精悍的可执行程序。它通常黏附在正常程序的磁盘引导扇区中或者磁盘上标为坏簇的扇区中,以及一些空闲扇区中,其隐藏自身,就是为了防止用户察觉。

3)传染性

传染性是计算机病毒的重要特征,病毒一旦侵入计算机系统,就会搜索可以传染的程序或者磁介质,然后通过自我复制,迅速传播。

4)潜伏性

计算机病毒具有依附于其他媒体而寄生的能力,这种媒体称计算机病毒的宿主。依靠病毒的寄生能力,病毒传染合法的程序和系统后,通常不会立即发作,而是悄悄隐藏起来,然后在用户不察觉的情况下再进行传染。因此,病毒的潜伏性越好,它在系统中存在的时间也就越长,病毒传染的范围可能就越广,危害性也会越大。

5)表现性或破坏性

无论何种病毒,一旦侵入系统都会对操作系统的运行造成不同程度的影响。即使不直接产生破坏作用,病毒也要占用系统资源(如内存空间、磁盘存储空间等)。而绝大多数病毒要显示一些文字或图像,影响系统的正常运行。还有一些病毒会删除文件,加密磁盘中的数据,甚至摧毁整个系统和数据,使之无法恢复,对用户造成无法挽回的损失。病毒的表现性或破坏性体现了病毒设计者的真正意图。

6)可触发性

计算机病毒一般都有一个或者几个触发条件,满足其触发条件会激活病毒的传染机制,使之进行传染,或者激活病毒的表现部分或破坏部分。触发的实质是一种条件的控制,病毒可以依据设计者的要求在一定条件下实施攻击。这个条件可以是输入特定字符、使用特定文件、某个特定日期和特定时刻或者是病毒内置的计数器达到一定次数等。

6.5.3 计算机病毒的分类

（1）按病毒的破坏性可分为良性计算机病毒和恶性计算机病毒。

良性计算机病毒一般只会表现自己而不进行破坏，如在屏幕上出现相应语句或动画等，删除病毒后系统能够恢复；恶性计算机病毒会破坏系统和数据，或删除和修改文件，所造成的破坏是较难恢复的。

（2）按病毒的寄生方式可分为系统型病毒、文件型病毒和混合型病毒。

系统型病毒常驻于系统的引导区，也可称为引导型病毒，系统一旦启动，病毒就进入内存，伺机进行破坏；文件型病毒是指专门感染可执行文件的计算机病毒，一旦运行了被感染的文件，病毒开始发作、传播，这是较为常见的病毒传播方式；混合型病毒是指既感染引导区又感染可执行文件的计算机病毒，因此危害性更大。

（3）按病毒的入侵方式可分为源码型病毒、嵌入型病毒、外壳型病毒和操作系统型病毒。

源码型病毒攻击高级语言编写的程序，该病毒在程序编译前插入源程序，经编译后成为合法程序的一部分；嵌入型病毒会侵入主程序，并替代主程序中部分不常用的功能模块或堆栈区，这种病毒一般是针对某些特定程序而编写的；外壳型病毒常驻留在主程序的首尾，对源程序不做更改，这种病毒较常见，易于编写也易于发现，一般通过测试可执行程序大小即可发现；操作系统型病毒用自己的程序代码加入或取代操作系统进行工作，具有很强的破坏力，可以导致整个系统瘫痪。

（4）按病毒的激活时间可分为定时病毒和随机病毒。

定时病毒仅在某一特定时间才发作，而随机病毒一般不是由时钟来激活的。

（5）按病毒的传播媒介可分为单机病毒和网络病毒。

单机病毒的载体是磁盘或 U 盘，常见的是病毒从 U 盘传入硬盘，感染系统，然后再传染其他 U 盘；网络病毒的传播媒介不再是移动式载体，而是网络通道，这种病毒的传染性更强，破坏力更大。

6.5.4 计算机流行病毒简介

Windows 7 系统相对 Windows XP 系统更加安全，而且自带恶意程序扫描软件。检查计算机有无病毒主要有两种途径：一种是利用反病毒软件进行检测，另一种是观察计算机出现的异常现象，例如：

- 屏幕出现一些无意义的显示画面或异常的提示信息；
- 屏幕出现异常滚动；
- 计算机系统出现异常死机和重启动现象；
- 系统不承认硬盘或硬盘不能引导系统；
- 机器喇叭自动产生鸣响；
- 系统引导或程序装入时速度明显减慢，或异常要求用户输入口令；
- 文件或数据无故丢失，或文件长度自动发生变化；
- 磁盘出现坏簇或可用空间变小，或不识别磁盘设备；
- 编辑文本文件时，频繁自动存盘。

安装杀毒软件，及早发现计算机病毒，是有效控制病毒危害的关键。下面介绍几种计算机流行病毒。

1）宏病毒和脚本病毒

宏病毒寄生于文档或模板中，一旦打开这样的文档，宏病毒就会被激活。脚本病毒是用脚本语言（如 VB Script）编写的病毒，目前网络上流行的许多病毒都属于脚本病毒。

2）冲击波病毒

冲击波病毒属于蠕虫类病毒。2003 年 8 月 12 日，冲击波病毒在全球爆发。病毒发作时会不停地利用 IP 地址扫描技术寻找网络上操作系统为 Windows 2000 或 Windows XP 的计算机，找到后就利用系统漏洞攻击计算机。一旦攻击成功，就会造成计算机运行异常缓慢，网络不流畅，反复重启系统。病毒会对微软的一个升级网站进行拒绝服务攻击，导致该网站堵塞，使用户无法通过该网站升级系统。被攻击的系统会丧失更新漏洞补丁的能力，没有补丁的计算机更容易感染该病毒。预防冲击波病毒的最好办法就是安装系统补丁。

3）灰鸽子病毒

这是一段未经授权远程访问用户计算机的后门程序，该后门程序把自己复制到系统目录下，修改注册表，实现开机自启、侦听黑客指令、记录键击、盗取并发送机密信息给黑客、下载并执行特定文件等。

4）熊猫烧香病毒

这是一种集文件型病毒、蠕虫病毒、病毒下载器于一身的复合型病毒，受感染系统中的可执行文件的图标全部被改成"一只手捧三柱香的熊猫"的新图标，同时计算机会出现蓝屏、频繁重启，以及数据文件被破坏等现象，该病毒还会自动关闭大部分反病毒软件和防火墙软件。

5）磁碟机病毒

磁碟机病毒技术含量高、破坏性强。磁碟机病毒又名 Dummycom 病毒，主要通过 U 盘和局域网 ARP 攻击传播。病毒在每个磁盘下生成 pagefile.exe 和 autorun.inf 文件，并每隔几秒检测文件是否存在，修改注册表键值，破坏"显示系统文件"功能。

6）AV 终结者

"AV 终结者"即"帕虫"，是反击杀毒软件，会破坏系统安全模式，植入木马下载器的病毒。"AV 终结者"中的"AV"为英文"Anti-Virus"（反病毒）的缩写。它能破坏大量的杀毒软件和个人防火墙的正常监控和保护功能，导致用户计算机的安全性能下降，容易受到病毒的侵袭。同时它会下载并运行其他盗号病毒和恶意程序，严重威胁到用户的网络个人财产。此外，它还会造成计算机无法进入安全模式，并可通过可移动磁盘传播。"AV 终结者"攻击后，用户即使重装操作系统也无法解决问题，格式化系统盘重装后很容易被再次感染。用户格式化后，只要双击其他盘符，病毒将再次运行。"AV 终结者"会使用户计算机的安全防御体系被彻底摧毁，安全性几乎为零。它还自动连接到某网站，下载数百种木马病毒及各类盗号木马、广告木马、风险程序，在用户计算机毫无抵抗力的情况下，用户的网银、网游账户、QQ 账户及机密文件都将处于极度危险之中。

7）机器狗病毒

机器狗病毒因最初的版本采用电子狗的照片作为图标而被网民命名为"机器狗"，该病毒变种繁多，遭到攻击后计算机多表现为杀毒软件无法正常运行。该病毒的主要危害是充当病毒木马下载器，与"AV 终结者"病毒相似，病毒通过修改注册表，让大多数流行的安全软件失效，然后下载各种盗号工具或黑客工具，给用户计算机带来严重威胁。机器狗病毒直接操作磁盘，以绕过系统文件完整性的检验，通过感染系统文件（如 explorer.exe、userinit.exe、winhlp32.exe 等）达到隐蔽启动。部分机器狗病毒变种还会下载 ARP 恶意攻击程序，对所在局域网（或者服务器）进行 ARP 攻击。

8）网游大盗

网游大盗是一个盗取网络游戏账号的木马程序，会在被感染计算机系统的后台秘密监视用户运行的所有应用程序窗口标题，然后利用键盘钩子、内存截取或封包截取等技术盗取网络游戏玩家的游戏账号、游戏密码、所在区服、角色等级、金钱数量、仓库密码等信息资料,并在后台将盗取的所有信息发送到指定的远程服务器站点上,致使网络游戏玩家的游戏账号、装备物品、金钱等丢失。网游大盗通过在被感染计算机系统注册表中添加启动项的方式,来实现木马开机自启动。

6.5.5　计算机病毒的防治

做好计算机病毒的预防是关键。对于病毒的防治,首先应该确立"预防胜于治疗"的思想,要以预防为主,防患于未然。防治工作应该从管理和技术两方面入手,注意做好以下几方面的工作:

对计算机设置严格的使用权限;
不安装、使用盗版软件和游戏,定期进行数据备份,给系统打补丁;
使用正版杀毒软件,及时升级杀毒软件,定期查毒,安装病毒防火墙;
从网络上下载文件要慎重,不轻易打开来历不明的电子邮件;
复制文件前先查毒,若发现病毒,则需要立即清除,以防扩散;
将硬盘引导区和主引导扇区备份,并经常对重要数据进行备份。

6.5.6　计算机杀毒软件

1) avast!

"avast!"来自捷克,已有数十年的历史。"avast!"分为家庭版、专业版、家庭网络特别版和服务器版等。"avast!"的实时监控功能十分强大,免费版的"avast!"拥有七大防护模块:网络防护、标准防护、网页防护、即时消息防护、互联网邮件防护、P2P防护、网络防护。收费版的"avast!"还有脚本拦截、PUSH更新、命令行扫描器、增大用户界面等功能,其工作主界面如图6-24所示。

2) 卡巴斯基

卡巴斯基在启动时能对计算机提供强有力的保护,可避免Rootkit等隐藏程序对系统造成破坏,恶意软件阻止反病毒引擎启动的现象也得到了遏制。用户可直接启动安全状态监视器,查看实时安全情况。卡巴斯基的优点有:具备加强垃圾邮件过滤器和家长控制功能,实现了智能防火墙在发出警告的同时将对正常使用的影响降到最小。另外,卡巴斯基具有虚拟键盘、沙盒机制、漏洞扫描、隐私选项、系统救急工具等,其工作主界面如图6-25所示。

图 6-24　"avast!"工作主界面

图 6-25　卡巴斯基工作主界面

3) 金山毒霸

金山毒霸是金山公司推出的一款产品,运行轻巧快速,是高智能反病毒软件。其配置在云端的查杀引擎的查杀能力优于传统杀毒软件。

4）小红伞

小红伞的特点是快扫描、高侦测、低耗费。个人免费版提供基本病毒防护，保护计算机免遭蠕虫、特洛伊木马、Rootkit、钓鱼、广告软件和间谍软件的危害。

5）瑞星

瑞星借助虚拟化引擎，可有效提升查杀速度，保证病毒查杀率。瑞星采用木马强杀、病毒DNA识别、恶意行为检测等核心技术，可有效查杀各种加壳、混合型及家族式木马病毒。

6）微软MSE杀毒软件

微软MSE杀毒软件可直接从微软MSE官网下载，安装简便，没有复杂的注册过程和个人信息填写，运行于后台，在不打扰计算机正常使用的情况下提供实时保护，可自动更新，使计算机处于新安全技术的保护中。

7）诺顿

诺顿是一个广泛应用的反病毒程序。其除了具有一般防毒功能，还具有防间谍等网络安全风险的功能。诺顿反病毒产品包括：诺顿网络安全特警、诺顿反病毒、诺顿360、诺顿计算机大师等。

8）360杀毒软件

360杀毒软件除拥有反病毒引擎和云查杀引擎外，还拥有主动防御引擎及QVM人工智能引擎。360杀毒软件查杀速度快、运行占用资源少，常用功能可免费使用。

9）江民杀毒软件

江民杀毒软件采用动态启发式杀毒引擎，融入指纹加速功能，杀毒功能更强、速度更快。其颠覆了传统的防杀毒模式，在智能主动防御、沙盒技术、内核级自我保护、虚拟机脱壳、云安全防毒系统、启发式扫描等核心杀毒技术的基础上，创新"前置威胁预控"安全模式，在查杀病毒前预先对系统进行全方位安全检测和防护，提供安全加固和解决方案。

6.6 信息安全

6.6.1 信息安全的概念

随着信息技术的发展与应用，信息安全的内涵不断延伸，从最初的信息保密性发展到信息的完整性、可用性、可控性和不可否认性，还涉及"攻（攻击）、防（防范）、测（检测）、控（控制）、管（管理）、评（评估）"等多方面的基础理论和实施技术。信息安全是一个交叉学科，信息安全人员利用数学、物理、通信和计算机等诸多学科的长期知识积累和最新研究成果，进行自主创新，加强顶层设计，并提出系统的、完整的安全解决方案。与其他学科相比，信息安全的研究更强调自主性和创新性。

信息安全指为数据处理系统建立和采用的技术和管理的安全保护，保护计算机硬件、软件和数据不因偶然和恶意的原因而遭到破坏、更改和泄露。

信息安全包含三层含义：一是系统安全（实体安全），即系统运行安全；二是系统中的信息安全，即通过对用户权限的控制、数据加密等手段确保信息不被非授权者获取和篡改；三是管理安全，即通过综合手段对信息资源和系统安全运行进行有效管理。不论采用哪种安全机制解决信息安全问题，本质上都是为了保证信息的各项安全属性，使信息的获得者对所获取的信息充分信任。信息安全的基本属性有真实性、保密性、完整性、可用性、不可抵赖性、可控制性和可审查性。

- 真实性：对信息的来源进行判断，能对伪造来源的信息予以鉴别。
- 保密性：保证机密信息不被窃听，或窃听者不能了解信息的真实含义。

- 完整性：保证数据的一致性，防止数据被非法用户篡改。
- 可用性：保证合法用户对信息和资源的使用不会被不正当拒绝。
- 不可抵赖性：建立有效的责任机制，防止用户否认其行为，这一点在电子商务中是极其重要的。
- 可控制性：对信息的传播及内容具有控制能力。
- 可审查性：对出现的网络安全问题提供调查的依据和手段。

6.6.2 信息安全技术

信息网络常用的基础性安全技术包括以下几方面。

（1）身份认证技术：用来确定用户或者设备身份的合法性，典型的手段有用户名口令、身份识别、PKI 证书和生物认证等。

（2）加/解密技术：在传输过程或存储过程中进行信息数据的加/解密，典型的加密体制可采用对称加密和非对称加密。

（3）边界防护技术：防止外部网络用户以非法手段进入内部网络，访问内部资源。保护内部网络操作环境的特殊网络互联设备，典型的有防火墙和入侵检测设备。

（4）访问控制技术：保证网络资源不被非法使用和访问。访问控制是网络安全防范和保护的核心策略，规定了主体对客体访问的限制，并在身份识别的基础上，根据身份对提出资源访问的请求加以权限控制。

（5）主机加固技术：主机加固技术可对操作系统、数据库等进行漏洞加固和保护，提高系统的抗攻击能力。

（6）安全审计技术：包含日志审计和行为审计，可通过日志审计协助管理员在受到攻击后查看网络日志，从而评估网络配置的合理性、安全策略的有效性，追溯分析安全攻击轨迹，并能为实时防御提供支撑。通过对员工或用户的行为审计，可确认行为的合规性，确保管理安全。

（7）检测监控技术：对信息网络中的流量或应用内容进行二至七层的检测，并适度监管和控制，避免网络流量的滥用、垃圾信息和有害信息的传播。

6.6.3 计算机使用道德规范

人们应用健康的心理去看待信息世界衍生出的各种文化，并提高鉴别能力，汲取信息文化的营养，去除糟粕，特别是要抵制网络中传输的虚假信息、色情信息、恐怖信息等有害信息。上网时一定要遵守文明公约，在学校机房或社会网络场所上网时要遵守相关管理制度，爱惜公共设备。不要沉溺于游戏，严禁传播、制作病毒或色情、反动等非法信息，坚决抵制违反道德的行为和犯罪行为。

随着计算机与网络的普及，网络文化融入社会生活，计算机网络的负面影响也引起了社会学者的关注。当前计算机网络犯罪和违背计算机职业道德规范的行为时有发生，为了保障计算机网络的良好秩序，减少网络陷阱对社会的危害，有必要加强计算机职业道德教育，增强人们的计算机道德规范意识。

以下列举部分计算机使用道德规范：

不可使用计算机去伤害他人；

不可干扰他人在计算机上的工作；

不可偷窥他人的文件；

不可利用计算机偷窃；

不可使用计算机造假；

不可复制或使用未付费的软件；

未经授权，不可使用他人的计算机资源；

不可侵占他人的智慧成果；

设计程序或系统之前，先衡量其对社会的影响；

使用计算机时必须表现出对他人的尊重与体谅。

6.7 自主实践

6.7.1 网络连接

一、预习内容

（1）了解网络协议的作用。

（2）预习远程桌面的功能。

二、实践目的

（1）掌握设置网络协议的方法。

（2）掌握设置远程协助与远程桌面方法。

三、实践内容

（一）实训任务

（1）配置网络协议，可扫描二维码观看。

① 打开网络和共享中心。

② 配置 TCP/IP 协议。

（视频资料）

（2）设置远程协助与远程桌面，可扫描二维码观看。

① 设置远程协助。

② 设置远程桌面。

（3）设置家庭组共享。

（视频资料）

（二）操作提示

（1）配置网络协议。

① 打开网络和共享中心。

在 Window 7 中进行网络相关的配置，只需打开"网络和共享中心"窗口进行设置即可。打开"网络和共享中心"窗口的方法如下：

- 在开始菜单搜索框中输入"网络和共享中心"并按回车键；
- 单击任务栏通知区域中的网络图标，选择"网络和共享中心"项；
- 在控制面板默认的查看视图下单击"网络和 Internet"，如图 6-26 所示，打开"网络和共享中心"窗口；
- 在开始菜单右侧列表中的"网络"项上右击，选择菜单中的"属性"。

"网络和共享中心"窗口如图 6-27 所示，在左侧的任务列表中可以选择执行常用的管理操作，如管理无线网络、更改适配器设置、更改高级共享设置；右侧的主要区域用于查看当前网络状态、进行相关网络设置等。

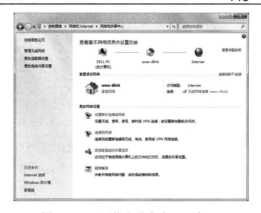

图 6-26　控制面板"网络和 Internet"　　　　图 6-27　"网络和共享中心"窗口

② 配置 TCP/IP。

用户连接好局域网后,在 Windows 7 中设置 IP 地址,主要操作如下:

打开"网络和共享中心"窗口,选择"更改适配器设置",双击"本地连接"图标,打开"本地连接 属性"对话框,如图 6-28 所示,双击"此连接使用下列项目"中的"Internet 协议版本 4（TCP/IPv4）"选项,在打开的对话框中选中"使用下面的 IP 地址"单选按钮,输入用户 IP 地址信息,如图 6-29 所示,依次单击"确定"按钮完成配置。

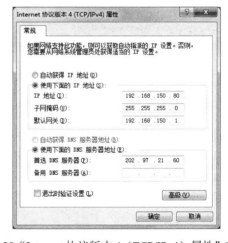

图 6-28 "本地连接 属性"对话框　　　图 6-29 "Internet 协议版本 4（TCP/IPv4）属性"对话框

(2) 设置远程协助与远程桌面。

① 设置远程协助。

Windows 7 提供的远程协助和远程桌面连接功能可有效解决我们在实际生活和工作中遇到的计算机问题。

主要操作如下:

在"控制面板"中单击"系统和安全",再单击"系统",打开"系统"窗口,然后单击左侧的"远程设置"。

打开"系统属性"对话框,选择"远程"选项卡,再选中"允许远程协助连接这台计算机"复选框,如图 6-30 所示,单击"确定"按钮开启远程协助,并关闭对话框。在"开始"菜单中,单击"所有程序",再单击"维护",选择"Windows 远程协助"命令,在打开的对话框中选择"邀请信任的人帮助您"选项,再选择"使用轻松连接"选项,应用程序开始连接网络。打开窗口,单击"将该邀请另存为文件",然后连同密码框中的密码一并发给对方并等待对方的响应,单击"是"按钮同意控制,此时"远程协助"窗口显示"帮助者正在共享对计算机的控制"对话框,同时"停止共享"按钮呈深色可操作状态,若需结束,则单击"远程协助"窗口左侧的"停止共享"按钮,结束帮助。

② 设置远程桌面。

远程桌面连接是通过网络在一台计算机上远程连接并登录另一台计算机,主要操作如下:

在 Windows 7 中要实现远程桌面连接首先要在目标计算机上开启远程桌面功能,打开"系统属性"对话框,选择"远程"选项卡,选中"远程桌面"中的"允许运行任意版本远程桌面的计算机连接"单选按钮,然后在本地计算机的"开始"菜单中选择"远程桌面连接"命令,打开"远程桌面连接"对话框,如图 6-31 所示。

图 6-30 "系统属性"对话框

图 6-31 "远程桌面连接"对话框

在计算机文本框中输入远程计算机的 IP 地址或完整用户名,单击"连接"按钮系统开始连接远程计算机,连接完成后打开"Windows 安全"对话框,分别在两个文本框中输入远程计算机的用户名和密码,单击"确定"按钮系统开始登录远程桌面,密码验证通过后打开提示对话框,在提示对话框中单击"是"按钮,即可操作远程计算机。

(3) 设置家庭组共享。

在家、宿舍、学校或者办公室中,若多台计算机需要组网共享,或者联机游戏和办公,并且这几台计算机上安装的都是 Windows 7 系统,则可通过 Windows 7 中提供的"家庭组"家庭网络辅助功能实现,操作简单、快捷。通过该功能还可以轻松地实现 Windows 7 计算机互联,在计算机之间直接共享文档、照片、音乐等各种资源,还能直接进行局域网联机,也可以对打印机进行更方便的共享。主要操作如下。

在 Windows 7 系统中打开"控制面板"窗口,选择"网络和 Internet",然后选择"家庭组",打开"家庭组"窗口,如图 6-32 所示,可以在窗口中看到家庭组的设置区域。如果当前使用的网络中没有其他人已经建立的家庭组,那么会看到 Windows 7 提示创建家庭组进行文件共享。此时单击"创建家庭组",就可以开始创建一个全新的家庭组网络,即局域网。

打开创建家庭组的向导,首先选择要与家庭组共享的文件类型,可共享的内容包括图片、音乐、视频、文档和打印机,如图 6-33 所示。除了打印机,其他 4 个选项分别对应系统中默认存在的几个共享文件。单击"下一步"按钮,Windows 7 创建家庭组向导会自动生成一连串的密码,如图 6-34 所示。此时需要把该密码发给其他计算机用户,当其他计算机通过 Windows 7 家庭组连接进来时，必须输入此密码串。虽然密码是自动生成的，但也可以在后面的设置中修改成用户熟悉的密码。单击"完成"按钮，创建家庭组成功。返回家庭组进行一系列相关设置，如图 6-35 所示。当关闭这个 Windows 7 家庭组时，在家庭组设置中选择退出（离开）已加入的家庭组，然后打开"控制面板"窗口，再进行相应设置即可。

图 6-32　"家庭组"窗口

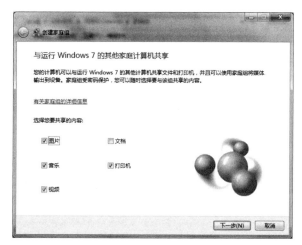

图 6-33　创建家庭组

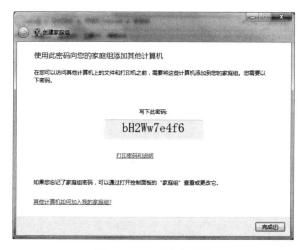

图 6-34　自动生成密码

图 6-35　设置"家庭组"

（三）思考与探究

（1）如何设置 IP 协议？

（2）远程协助与远程桌面的区别是什么？

6.7.2　浏览器的使用与电子邮件的收/发

一、预习内容

（1）学习浏览器的窗口组成。

（2）了解电子邮件的相关操作。

二、实践目的

（1）掌握使用浏览器。

（2）掌握收/发电子邮件的方法。

三、实践内容

（1）浏览器的使用，可扫描二维码观看操作视频。

① Internet Explorer 9.0 的启动与关闭。

② 保存网页信息。

③ 收藏网页。

④ 查看历史记录。

⑤ 管理下载文件。

⑥ 清除临时文件和历史记录。

⑦ 分页标签显示。

⑧ 设置浏览器主页。

（视频资料）

（2）收/发电子邮件，可扫描二维码观看操作视频。

① 申请免费邮箱。

② 收/发 E-mail。

③ 使用 Outlook Express 收/发邮件。

（视频资料）

6.7.3　信息检索

一、预习内容

（1）学习信息搜索的原理。

（2）了解信息检索的相关工具。

二、实践目的

（1）熟悉信息检索工具。

（2）掌握信息检索方法。

三、实践内容

（一）实训任务

（1）使用 CNKI 检索工具，进行学术检索，可扫描二维码观看操作视频。

① CNKI 检索工具。

② 使用 CNKI "期刊"检索工具检索 "2015 年齐齐哈尔大学发表的核心期刊论文"。

③ 使用 CNKI "词典"检索工具检索 "人工智能"。

（2）使用多种检索工具，检索相同关键词进行比较，可扫描二维码观看操作视频。分别使用百度检索、搜狗检索和淘宝网检索 "吉祥物" 一词。

（视频资料）

（视频资料）

（二）操作提示

（1）使用 CNKI 检索工具，进行学术检索。

① CNKI 检索工具。

CNKI 检索窗口如图 6-36 所示。

使用 CNKI 进行检索的主要操作为：打开浏览器，在地址栏输入 http://www.cnki.net，进入 CNKI 中国知网页面，在 "文献全部分类" 下拉列表中可以选择相应的学科门类，在 "全文" 下拉列表中可以选择检索的 "主题" "篇名" "作者" 等，在其上方可以选择 "期刊" "博硕论文" "会议" "报纸" 等，在窗口右侧还有 "跨库选择" 和 "高级检索" 按钮，通过这几部分的组合使用，可以最大限度地缩小检索范围，尽快查询到所需内容。

注意：CNKI 主要用于检索科技文献类、特种文献类的网络内容。

图 6-36　CNKI 检索窗口

② 使用 CNKI "期刊"检索工具检索 "2015 年齐齐哈尔大学发表的核心期刊论文"。

按照上面介绍的使用方法进行相应的选择和输入，检索结果如图 6-37 所示。

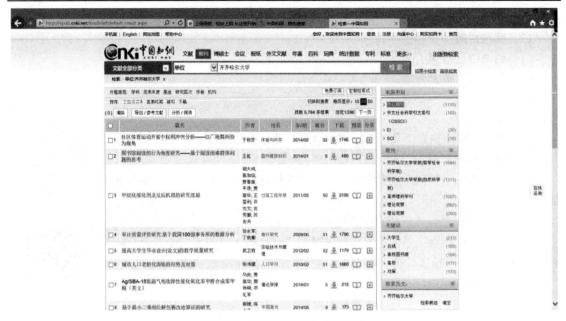

图 6-37　CNKI "期刊" 检索结果

③ 使用 CNKI "词典" 检索工具检索 "人工智能"。

检索结果如图 6-38 所示。

图 6-38　CNKI "词典" 检索结果

（2）使用多种检索工具，检索相同关键词进行比较。

① 使用百度检索 "吉祥物" 一词。

主要操作为：打开浏览器，在地址栏输入 http://www.baidu.com，进入百度页面，在文本框中输入 "吉祥物"，单击 "百度一下"，得到检索结果。

② 使用搜狗检索 "吉祥物" 一词。

主要操作为：打开浏览器，在地址栏输入 https://www.sogou.com，进入搜狗页面，在文本框中输入"吉祥物",单击"搜狗搜索",得到检索结果。

③ 使用淘宝网检索"吉祥物"一词。

主要操作为:打开浏览器,在地址栏输入 https://www.taobao.com,进入淘宝页面,在文本框中输入"吉祥物",单击"搜索",得到检索结果。

通过上述检索工具检索相同关键词,得到的检索结果不同,所以根据不同需求,需要学会选择合适的检索工具。

6.7.4 网络安全与防火墙的设置

一、预习内容

(1) 学习网络安全的原理。

(2) 了解防火墙如何设置。

二、实践目的

(1) 了解网络安全的相关操作。

(2) 掌握 Windows 7 防火墙的设置。

三、实践内容

(一) 实训任务

(1) 设置网络安全级别,可扫描二维码观看操作视频。

① 查看网络安全级别。

② 设置网络安全级别。

(视频资料)

(2) 设置 Windows 7 防火墙,可扫描二维码观看操作视频。

① 查看 Windows 7 防火墙。

② 打开或关闭 Windows 7 防火墙。

③ Windows 7 高级设置。

(视频资料)

(二) 操作提示

(1) 设置网络安全级别。

① 查看网络安全级别。

网络安全级别在浏览器中可以查看,主要操作如下:

打开浏览器,单击"设置"菜单中的"Internet 选项",在"Internet 选项"对话框中,选择"安全"选项卡,如图 6-39 所示,能够看到当前"该区域的安全级别"为"中-高",这是系统自动设置的级别。

② 设置网络安全级别。

主要操作如下:

在如图 6-39 所示窗口中,单击"自定义级别"按钮,打开"安全设置-Internet 区域"对话框,如图 6-40 所示。在"设置"中,可以对".NET Framework",包括"XAML 浏览器应用程序""XPS 文档""松散 XAML",以及".NET Framework 相关组件"等逐项进行设置,设置内容包括禁用、启用、提示。在"重置为"列表中可以选择其他网络安全级别,设置结果会在重新启动计算机后生效。

(2) 设置 Windows 7 防火墙。

① 查看 Windows 7 防火墙。

Windows 7 自带防火墙可以对本机进行网络控制,实现有效保护,查看 Windows 7 自带防火墙主要操作如下:

图 6-39 "Internet 选项"对话框

图 6-40 "安全设置-Internet 区域"对话框

打开"控制面板"窗口,单击"系统和安全"选项,打开"系统和安全"窗口,如图 6-41 所示。单击"Windows 防火墙"选项,打开"Windows 防火墙"窗口,在该窗口中可以查看 Windows 防火墙的设置情况,如图 6-42 所示。单击窗口左侧"允许程序或功能通过 Windows 防火墙"选项,可以查看计算机中哪些程序允许通过防火墙,如图 6-43 所示。

图 6-41 "系统和安全"窗口

图 6-42 "Windows 防火墙"窗口

② 打开或关闭 Windows 7 防火墙。

在图 6-42 所示窗口中,单击窗口左侧"打开或关闭 Windows 防火墙"选项,弹出"自定义设置"窗口,如图 6-44 所示。在"家庭或工作(专用)网络位置设置"和"公用网络位置设置"中,均有"启用 Windows 防火墙"和"关闭 Windows 防火墙"选项,单击选择即可。

③ Windows 7 高级设置。

在图 6-42 所示窗口中,单击窗口左侧"高级设置"选项,弹出"高级安全 Windows 防火墙"窗口。每项设置的具体含义,读者可从本书配套资源文件夹中获取并学习。

第 6 章　网络信息技术

图 6-43　"允许的程序"窗口

图 6-44　"自定义设置"窗口

6.8　拓展实训

6.8.1　组建一个局域网

一、设计目的

（1）通过对网络的具体规划和组建，掌握网络互联设备的使用及工作原理，增加对计算机网络软、硬件组成的认识，初步学会典型局域网络的操作和使用技能。

（2）加深理解网络分层结构概念，尤其是对话层、表示层、应用层等高层协议软件的通信功能、实现方法，掌握网络互联设备的使用及工作原理，掌握 IP 地址的配置。

（3）初步掌握局域网的设计技术和技巧，培养开发网络应用的独立工作能力，掌握 IP 地址的配置及数据传输过程中路由的选择。

二、设计方案

网络拓扑图如图 6-45 所示。

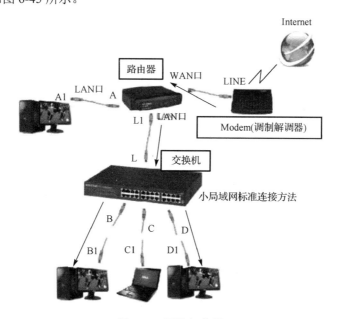

图 6-45　网络拓扑图

6.8.2 制作一个环境保护公益片

（1）利用信息检索工具搜索"雾霾""汽车尾气""工业废气排放"等相关素材。
（2）利用 Excel 统计检索的相关数据。
（3）利用演示文稿制作环境保护公益片。

习题 6

1. Internet 是全球性的、最具影响的计算机互联网络，它的前身就是（   ）。
   A．Ethernet   B．Novell   C．ISDN   D．ARPANet
2. 计算机网络按其覆盖的范围，可划分为（   ）。
   A．以太网和移动通信网   B．电路交换网和分组交换网
   C．局域网、城域网和广域网   D．星形、环形和总线型结构
3. 计算机网络按地址范围可划分为局域网和广域网，下列选项中（   ）属于局域网。
   A．PSDN   B．Ethernet   C．China DDN   D．China PAC
4. 有关 IP 地址与域名的关系，下列描述正确的是（   ）。
   A．IP 地址对应多个域名
   B．域名对应多个 IP 地址
   C．IP 地址与主机的域名一一对应
   D．地址表示的是物理地址，域名表示的是逻辑地址
5. Internet 采用的协议是（   ）。
   A．FTP   B．HTTP   C．IPX/SPX   D．TCP/IP
6. 下列域名中，表示教育机构的是（   ）。
   A．ftp.bta.net.cn   B．www.ioa.ac.cn
   C．www.buaa.edu.cn   D．ftp.sst.net.cn
7. 在网络数据通信中，实现数字信号与模拟信号转换的网络设备称为（   ）。
   A．网桥   B．路由器   C．调制解调器   D．编码解码器
8. 下列不属于 Internet 基本功能的是（   ）。
   A．电子邮件   B．文件传输   C．远程登录   D．实时监测控制
9. Internet 是一个全球范围内的互联网，它通过（   ）将各个网络互联起来。
   A．网桥   B．路由器   C．网关   D．中继器
10. 下列属于非法 IP 地址的是（   ）。
    A．126.96.2.6   B．203.226 .1.68   C．190.256.38.8   D．203.113.7.15

（习题答案）

第7章　算法与程序设计

7.1　算法与算法设计

7.1.1　算法的基本概念

算法（Algorithm）是指对解题方案准确而完整的描述，是一系列解决问题的清晰指令，代表着用系统的方法描述解决问题的策略机制。也就是说，使用算法，能够对一定规范的输入，在有限时间内获得所要求的输出。如果一个算法有缺陷，或不适合于某个问题，那么执行这个算法将不会解决这个问题。不同的算法可能用不同的时间、空间或效率来完成同样的任务。一个算法的优劣可以用空间复杂度与时间复杂度来衡量。

算法中的指令描述的是一个计算，当程序运行时，指令从一个初始状态和初始输入开始，经过一系列有限而清晰定义的状态，最终产生输出，并止于一个终态。从一个状态到另一个状态的转移不一定是确定的。一个算法具有如下重要特性。

① 有穷性（Finiteness）：算法的有穷性是指算法必须能在执行有限个步骤之后终止。

② 确定性（Definiteness）：算法的每一步必须有确切的定义。

③ 可行性（Effectiveness）：算法中执行的任何计算步骤都可以被分解为基本的可执行操作，即每个计算步骤都可以在有限时间内完成（也称为有效性）。

④ 有输入（Input）：一个算法有零个或多个输入，以描述运算对象的初始情况，所谓零个输入是指算法本身规定了初始条件。

⑤ 有输出（Output）：一个算法有一个或多个输出，以反映输入数据加工后的结果。没有输出的算法是毫无意义的。

计算机可以执行的基本操作是以指令形式描述的。一个计算机系统能执行的所有指令的集合称为该计算机系统的指令系统。计算机的基本运算和操作如下。

① 算术运算：加、减、乘、除等运算。

② 逻辑运算：或、且、非等运算。

③ 关系运算：大于、小于、等于、不等于等运算。

④ 数据传输：输入、输出、赋值等。

一个算法的功能结构不仅取决于用户所选用的操作，还与各操作之间的执行顺序有关。

7.1.2　算法度量

同一问题可用不同算法解决，而一个算法质量的优劣将影响到算法乃至程序的效率。算法分析的目的在于选择合适的算法和改进算法。一个算法的评价主要从时间复杂度、空间复杂度、正确性等方面来考虑。

时间复杂度：算法的时间复杂度是指执行算法所需要的计算工作量。一般来说，计算机算法是问题规模 n 的函数 $f(n)$，算法的时间复杂度也因此记为

$$T(n)=O(f(n))$$

空间复杂度：算法的空间复杂度是指算法需要消耗的内存空间。其计算和表示方法与时间复杂度类似，一般都用复杂度的渐近性来表示。与时间复杂度相比，空间复杂度的分析要简单得多。

正确性：算法的正确性是评价一个算法优劣的最重要的标准。

可读性：算法的可读性是指一个算法可供人们阅读的容易程度。

健壮性：健壮性是指一个算法对不合理数据输入的反应能力和处理能力，也称为容错性。

7.1.3 算法描述及分类

描述算法的方法有多种，包括自然语言、流程图、伪代码和 PAD 图等，其中最常用的是流程图。流程图是用一组几何图形表示各种操作类型，在图形上用简明扼要的文字和符号表示具体的操作，并用带有箭头的直线表示操作的先后次序。流程图中图形符号的含义如表 7-1 所示。

表 7-1 流程图中图形符号的含义

图形符号	名称	含义
▱	起止框	表示算法的开始或结束
▱	输入、输出框	表示输入/输出操作
▭	处理框	表示处理或运算的功能
◇	判断框	根据给定的条件，决定执行两条路径中的某一条
→	连接线	表示程序执行的路径，箭头代表方向
○	连接符	表示算法流向的出口连接点或入口连接点，同一对出口与入口的连接符内必须标记相同的数字或字母

算法包括基本算法、数据结构的算法、数论与代数算法、计算几何的算法、图论的算法、动态规划及数值分析、加密算法、排序算法、检索算法、随机化算法、并行算法等。算法可以分为三类。

1）有限的、确定算法

这类算法在有限的一段时间内终止。算法可能要花很长时间来执行指定的任务，但仍将在一定的时间内终止。这类算法得出的结果常取决于输入值。

2）有限的、非确定算法

这类算法在有限的时间内终止。然而，对于一个（或一些）给定的数值，算法的结果并不是唯一的或确定的。

3）无限的算法

这类算法是指那些由于没有定义终止条件，或定义的终止条件无法由输入的数据满足，而无法终止运行的算法。

7.1.4 算法设计方法

1．递推法

递推法是序列计算机中的一种常用算法。它是按照一定的规律来计算序列中的每个项的，通常是通过计算机前面的一些项来得出序列中的指定项的值。其思想是把一个复杂庞大的计算过程转化为简单过程的多次重复。

2．递归法

程序调用自身的编程技巧称为递归。一个过程或函数在其定义或说明中存在直接或间接调用自身的情况，通常会把一个大型复杂的问题层层转化为一个与原问题相似的规模较小的问题来求解。使用递归法，只需少量的代码就可描述出解题过程所需的多次重复计算，大大地减少了程序的代码量。递归法的优点在于可用有限的语句来定义对象的无限集合。一般来说，递归需要有边界条件、递归前进段和递归返回段。当边界条件不满足时，递归前进；当边界条件满足时，递归返回。应用此方法需注意：

（1）递归就是在过程或函数里调用自身；
（2）在使用递归法时，必须有一个明确的递归结束条件，即递归出口。

3. 穷举法

穷举法或称暴力破解法，其基本思路是：对于要解决的问题，列举出它的所有可能的情况，逐个判断有哪些符合问题所要求的条件，从而得到问题的解。穷举法也常用于密码破译，即将已有密码进行逐个推算，直到找出真正的密码为止。理论上利用穷举法可以破解任何一种密码，问题在于如何缩短试误时间。因此，一些人会运用计算机来提升效率，另一些人会辅以字典来缩小密码组合的范围。

4. 贪心算法

贪心算法是一种针对某些求最优解问题的更简单、更迅速的方法。使用贪心算法需要一步一步进行，常以当前情况为基础，根据某个优化测度进行最优选择，而不用考虑各种可能的整体情况，它省去了为找最优解要穷尽所有可能而必须耗费的大量时间。贪心算法自顶向下，以迭代的方法做出贪心选择，每做一次贪心选择就将所求问题简化为一个规模更小的子问题，通过每一步贪心选择，可得到问题的一个最优解。虽然每一步都要保证能获得局部最优解，但由此产生的全局解有时不一定是最优的，所以贪心算法不要回溯。

5. 分治法

分治法是把一个复杂的问题分成两个或更多的相同或相似的子问题，再把子问题分成更小的子问题，直到最后的子问题可以直接求解，原问题的解即子问题的解的合并。

分治法所能解决的问题一般具有以下几个特征：

（1）该问题的规模缩小到一定的程度就可以方便地解决；
（2）该问题可以分解为若干个规模较小的相同的问题，即该问题具有最优子结构性质；
（3）利用该问题分解出的子问题的解可以合并为该问题的解；
（4）该问题所分解出的各个子问题是相互独立的，即子问题与子问题之间不包含公共的子问题。

6. 动态规划法

动态规划法是一种在数学和计算机科学中使用的，用于求解包含重叠子问题的最优化问题的方法。其基本思想是，将原问题分解为相似的子问题，在求解的过程中通过子问题的解求出原问题的解。动态规划的思想是多种算法的基础，被广泛应用于计算机科学和工程领域。

动态规划法是解最优化问题的一种途径、一种方法，而不是一种特殊算法，它不像其他算法一样具有一个标准的数学表达式和明确清晰的解题方法。动态规划法往往是针对一种最优化问题，由于各种问题的性质不同，确定最优解的条件也互不相同，因而动态规划的设计方法对不同的问题有各具特色的解题方法，而不存在一种万能的动态规划法，可以解决各类最优化问题。因此，读者在学习时，除了要对基本概念和方法正确理解，还需要对具体问题进行具体分析，发挥创造性求解问题。

7. 迭代法

迭代法也称辗转法，是一种不断用变量的旧值递推新值的过程。与之相对应的算法是直接法（或称一次解法），即一次性解决问题。迭代法又分为精确迭代法和近似迭代法。"二分法"和"牛顿迭代法"属于近似迭代法。迭代法是用计算机解决问题的一种基本方法。它利用计算机运算速度快、适合做重复性操作的特点，让计算机对一组指令（或步骤）进行重复执行，在每次执行这组指令（或步骤）时，都从变量的原值推出它的一个新值。

8. 分支界限法

分枝界限法是一个用途十分广泛的算法,运用这种算法的技巧性很强,不同类型的问题解法也各不相同。分支界限法的基本思想是对有约束条件的最优问题的所有可行解(数目有限)空间进行搜索。该算法在具体执行时,把全部可行解的空间不断分割为越来越小的子集(称为分支),并为每个子集内的解的值计算一个下界或上界(称为定界)。对凡是超出界限且已知可行解值的那些子集不再做进一步分支,这样,解的许多子集(即搜索树上的许多节点)就可以不予考虑了,从而缩小了搜索范围。这一过程一直进行到找出可行解为止,该可行解的值不大于任何子集的界限。因此这种算法一般可以求得最优解。

与贪心算法一样,分支界限法也是用来为组合优化问题设计求解算法的,不同的是它在问题的整个可能解空间搜索,设计出来的算法虽然时间复杂度比贪心算法高,但它的优点是能保证求出问题的最佳解,而且这种方法不是盲目的穷举搜索,在搜索过程中可通过限界,中途停止对某些不可能得到最优解子空间的搜索(类似于人工智能中的剪枝),故它比穷举法效率更高。

9. 回溯法

回溯法(探索与回溯法)是一种选优搜索法,按选优条件向前搜索,以达到目标。但是当探索到某一步时,发现原先的选择并不优或达不到目标,就会退回一步重新选择,这种走不通就退回再走的技术称为回溯,其中满足回溯条件的某个状态点称为"回溯点"。

回溯法的基本思想是,在包含问题的所有解的空间树中,按照深度优先搜索的策略,从根节点出发深度探索解空间树。当探索到某一节点时,要先判断该节点是否包含问题的解,如果包含,就从该节点出发继续探索下去,如果该节点不包含问题的解,就逐层向其祖先节点回溯。当用回溯法求问题的所有解时,要回溯到根,且根节点的所有可行的子树都要被搜索一遍才结束。当用回溯法求任意解时,只要搜索到问题的一个解就可以结束了。

7.1.5 经典算法类问题

1. 汉诺塔问题

相传在古印度圣庙中,有一种被称为汉诺塔的游戏。该游戏是在一块铜板装置上,有三根杆(编号 A、B、C),在 A 杆自下而上、由大到小按顺序放置若干个金盘,如图 7-1 所示。

游戏的目标:把 A 杆上的金盘全部移到 C 杆上,并仍保持原有顺序叠好。

操作规则:每次只能移动一个盘子,并且在移动过程中三根杆上都始终保持大盘在下,小盘在上,操作过程中盘子可以置于 A、B、C 任一杆上,模拟操作过程,如图 7-2 所示。

若假设盘子数目为 N,则最终要移动 $2^N - 1$ 步。

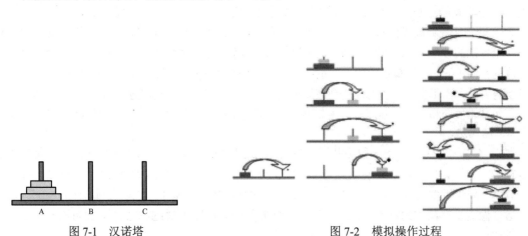

图 7-1 汉诺塔   图 7-2 模拟操作过程

2. 哥尼斯堡七桥问题

在 18 世纪初，哥尼斯堡有一条河穿，河上有两个岛，有七座桥把两个岛与河岸联系起来，如图 7-3 所示。有人提出一个问题：一个步行者怎样才能不重复、不遗漏地一次走完七座桥，最后回到出发点。

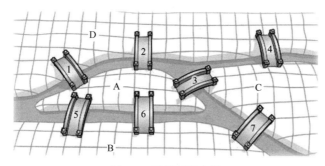

图 7-3 哥尼斯堡七桥

后来，数学家欧拉把它转化成一个几何问题，即一笔画问题。同时，开创了数学的一个新分支，即图论。欧拉不仅解决了此问题，且给出了连通图可以一笔画的充要条件：奇点的数目不是零个就是两个。连到某一个点的线的条数如果是奇数，该点就称为奇点，如果是偶数条就称为偶点，要想一笔画成，必须中间点均是偶点，也就是有来路必有另一条去路，奇点只可能在两端，因此，任何图若能一笔画成，奇点要么没有，要么在两端。

3. 背包问题

1）01 背包

有 N 件物品和一个容量为 V 的背包，第 i 件物品消耗的容量为 C_i，价值为 W_i，求解放入哪些物品可以使得背包中物品的总价值最大。

2）完全背包

有 N 件物品和一个容量为 V 的背包，每种物品都有无限件可用，第 i 件物品消耗的容量为 C_i，价值为 W_i，求解放入哪些物品可以使得背包中物品的总价值最大。

3）多重背包

有 N 件物品和一个容量为 V 的背包，第 i 种物品最多有 M_i 件可用，每件物品消耗的容量为 C_i，价值为 W_i，求解放入哪些物品可以使得背包中物品的总价值最大。

三种背包都有一个共同的限制，那就是背包容量，背包的容量是有限的，这便限制了物品的选择，而三种背包问题的共同目的是让背包中的物品的总价值最大。

01 背包问题中，每种物品只有一个，对于每种物品而言，只有进行选择或不选择；完全背包问题中，每种物品有无限多个，所以可选的范围要大很多；而在多重背包问题中，每种物品都有各自的数量限制。

三种背包问题对于物品数量的限制不一样，但都可以转化为 01 背包问题来进行思考。所以说，01 背包问题是所有背包问题的基础，理解了 01 背包问题，所有背包问题也就迎刃而解了。

4. 约瑟夫环问题（猴子选大王）

约瑟夫环是一个数学的应用问题。

问题描述：一般题目为 n 只猴子围坐成一个圈，按顺时针方向从 1 到 n 编号。然后从 1 号猴子开始，沿顺时针方向，从 1 开始报数，报到 m 的猴子出局，再从出局猴子的下一个位置重新开始报数，以此类推，直至剩下一只猴子，这只猴子就是大王。

5. 八皇后问题

八皇后问题是一个以国际象棋为背景的问题，如图7-4所示。

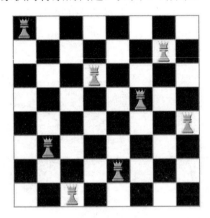

图7-4 八皇后问题

问题描述：要在8×8的国际象棋棋盘中放8个皇后，使任意两个皇后都不能互相吃掉。规则是皇后能吃掉同一行、同一列、同一斜线的棋子。并由此扩展至N皇后问题，即在$N×N$的棋盘上放置N个皇后，任何两个皇后不放在同一行、同一列或同一斜线上。

6. 排序算法

排序算法指对一系列对象根据某个关键字进行排序。

输入n个数，如$a_1, a_2, \cdots, a_n$；

输出n个数的排列为$a_1', a_2', \cdots, a_n'$，使得$a_1' \leq a_2' \leq \cdots \leq a_n'$。

排序算法是最基本、最常用的算法，不同的排序算法在不同的场景或应用中会有不同的表现。

7.2 数据结构与算法

数据结构是设计软件的重要基础知识。数据结构研究的是数据集合中各数据元素之间的逻辑关系、数据运算以及数据在计算机中的存储结构。数据的逻辑关系主要分为线性和非线性两类，在每类数据结构上都定义了相应的各种运算。数据的存储结构是通过计算机语言来实现的，在实现数据存储时，存储结构离不开算法的设计环节。

7.2.1 数据结构的基本概念

一般，当使用计算机解决一个具体问题时，大致都需要经过下面几个步骤：首先要从具体问题中抽象出一个适当的数学模型（或数学公式），然后设计一个描述这个数学模型的算法，最后利用合适的程序设计语言来编写程序、进行测试、调整程序直至最终得到满意的解答。抽象数学模型的过程实质上是分析问题的过程，从中提取操作的对象并找出这些操作对象之间含有的关系，然后用数学语言加以描述。事实上，有些问题的求解过程可以通过方程进行运算来获取。例如，求解梁架结构中应力的数学模型为线性方程组；预报人口增长情况的数学模型为微分方程。然而，更多的非数值计算问题却无法用数学方程加以描述，如下面几个例子。

1）图书馆的书目检索系统自动化问题

当你想借阅一本参考书但不知道书库中是否有该书时，或者当你想找某一方面的参考书而不知图书馆内有哪些该方面的书时，都需要到图书馆去查阅图书目录卡片。在图书馆内有各种名目的卡片，有按书名编排的，有按作者编排的，还有按分类编排的。若利用计算机实现自动检索，则计算机处理的对象便是这些目录卡片上的书目信息。列在一张卡片上的一本书的书目信息可由登录号、书名、作者名、分类号、出版单位和出版时间等若干项组成,每本书都有唯一的一个登录号,但不同的书目之间可能有相同的书名、作者名或分类号。由此,在书目自动检索系统中可以建立一张按登录号顺序排列的书目文件和三张分别按书名、作者名和分类号顺序排列的索引表。由这几张表构成的文件便是书目自动检索的数学模型,计算机的主要操作便是按照某个特定要求(如给定书名)对书目文件进行查询。在这类文档管理的数学模型中,计算机处理的对象之间通常存在着一种简单的线性关系,这类数学模型可称为线性的数据结构。

2)酒店管理系统中的客房分配问题

在酒店的客房管理过程中,希望同类房中各间客房的出借机会基本均等,以保证维持一个平均的磨损率。为此,分配客房采用的算法应该是"先退的房先被启用"。相应地,所有"空"的同类客房的管理模型应该是一个"队列",酒店前台每次接待客人入住时,应从"队首"分配客房;当客人结账离开时,应将退掉的空客房排在"队尾"。

3)铺设煤气管道问题

假设要在某个城市的 n 个居民区之间铺设煤气管道,则在这 n 个居民区之间只要铺设 $n-1$ 条管道即可。假设任意两个居民区之间都可以铺设管道,但由于地理环境的不同,所需经费也不同,因此我们需要考虑采用什么样的施工方案使总投资金额最少。这个问题就是"求图的最小生成树"问题。其数学模型如图 7-5 所示,图中顶点表示居民区,顶点之间的连线及其上的数值表示可以铺设的管道及所需经费。求解的算法为:在可能铺设的 m 条管道中选取 $n-1$ 条,既能连通 n 个居民区,又使总投资达到"最小"。

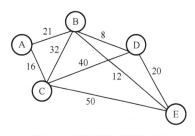

图 7-5 铺设煤气管道问题

4)人机对弈问题

计算机之所以能和人对弈是因为有人将对弈的策略事先存入计算机。由于对弈的过程是在一定规则下随机进行的,所以,为了使计算机能够灵活对弈,就必须对对弈过程中所有可能发生的情况及相应的对策考虑周全,并且一个好的棋手在对弈时不仅要看棋盘当时的状态,还应能预测棋局发展的趋势,甚至是结局。因此,在对弈问题中,计算机操作的对象是对弈过程中可能出现的棋盘状态,称为格局。"井"字棋格局如图 7-6 所示,该格局之间的关系是由比赛规则决定的。通常,这个关系不是线性的,因为从一个棋盘格局可以派生出几个格局。如从图 7-6 所示的格局可以派生出 5 个格局,而从每个新的格局又可派生出 4 个可能出现的格局。因此,若将对弈开始到结束过程中所有可能出现的格局都画在一张图上,则可得到一棵倒长的"树"。"树根"是对弈开始之前的棋盘格局,而所有的"叶子"就是可能出现的结局,对弈的过程就是从树根沿树杈到某个叶子的过程。"树"可以是某些非数值计算问题的数学模型,它也是一种数据结构。

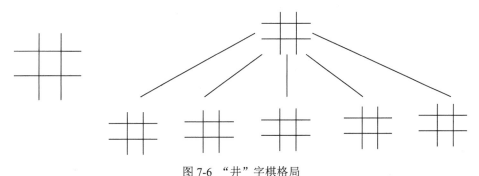

图 7-6 "井"字棋格局

综合上面几个例子可以看出，描述这类非数值计算问题的数学模型不再是数学方程，而是诸如表、树和图之类的数据结构。因此，简单说来，数据结构是一门研究非数值计算的程序设计问题中计算机的操作对象以及它们之间的关系、操作等问题的学科。

7.2.2 数据元素及对象

数据元素是数据的基本单位，在计算机程序中通常作为一个整体进行考虑和处理。有时，一个数据元素可由若干个数据项组成，例如，一本书的书目信息为一个数据元素，而书目信息中的每一项（如书名、作者名等）为一个数据项。数据项是数据不可分割的最小单位。

对于数据元素集合通常可以进行以下运算。

① 初始化：将该数据元素集合置为空。
② 插入数据元素：在数据元素集合的指定位置插入某个数据元素。
③ 删除数据元素：在数据元素集合的指定位置删除某个数据元素。
④ 读数据元素：在数据元素集合中读取指定位置的数据元素。
⑤ 检索数据元素：在数据元素集合中查找具有某个特征的数据元素。
⑥ 排序：按某个特征值递增（或递减）的顺序对数据元素集合中的所有数据元素进行重新排列。

数据对象是性质相同的数据元素的集合，是数据的一个子集。例如，整数数据对象是集合 $N=\{0, \pm1, \pm2, \cdots\}$，字母字符数据对象是集合 $C=\{'A', 'B', \cdots, 'Z'\}$。

简单说，数据结构是相互之间存在一种或多种特定关系的数据元素的集合。通过前面介绍的例子可以看出，在任何问题中，数据元素都不是孤立存在的，在它们之间存在着某种关系，这种数据元素相互之间的关系称为结构。数据结构可以形式地定义为一个二元组：

$$\text{Data Structure}=(D, S)$$

其中，D 是数据元素的有限集，S 是 D 上关系的有限集。

7.2.3 数据的存储结构及逻辑结构

为了进一步理解什么是数据结构，下面分析一个具体的例子——图书馆管理图书的结构。从管理角度看，图书馆从两个方面管理图书：物理的藏书和逻辑的编目表，这就是图书馆管理图书的结构。和图书馆一样，计算机管理数据，也有两个方面：即物理的存储和逻辑的关系。数据结构指的是数据之间的结构关系，具体来说，它包括数据的逻辑结构和数据的物理结构。数据结构研究的对象就是数据，研究数据采用什么样的结构才能使处理更高效可靠。

1. 数据的存储结构

数据的存储结构指数据元素在计算机存储器中的表示。数据的存储结构对于数据的逻辑结构的实现有着很大的影响。一种逻辑结构通过映像便得到它相应的存储结构。同一种逻辑结构可以映像成不同的内部存储结构，数据的存储结构一定要反映数据之间的逻辑关系。

2. 数据的逻辑结构

数据的逻辑结构指数据之间的逻辑关系，仅考虑数据元素之间的逻辑关系。根据数据元素之间关系的不同特性，通常有如下 4 种基本结构。

- 集合：结构中的数据元素之间除了"同属于一个集合"的关系，别无其他关系。
- 线性结构：结构中的数据元素之间存在一对一的关系。
- 树状结构：结构中的数据元素之间存在一对多的关系。
- 图状结构或网状结构：结构中的元素之间存在多对多的关系。

图 7-7 为 4 种基本结构的关系图。由于"集合"是元素之间关系极为松散的一种结构，因此也

可用其他结构来表示它。下面仅介绍两种主要结构，线性结构（如线性表、栈、队列）和非线性结构（如树、图）。

1）线性结构

在这种结构中的数据元素有且只有一个起始节点和一个终端节点，其余的节点有且只有一个直接前趋节点、一个直接后继节点。线性结构包括线性表、栈和队列。

① 线性表。

线性表是 n（$n \geq 0$）个数据元素的有序序列，是最简单、最常用的一种数据结构。在表中，元素之间存在着线性的逻辑关系，即表中有且仅有一个起始节点，有且仅有一个终端节点。除起始节点外，表中的每个节点均只有一个前趋节点，除终端节点外，表中的每个节点均只有一个后继节点。

② 栈。

栈是一种特殊的线性表，它限定只能在线性表的一端进行插入、删除及存取操作。插入、删除及存取的一端称为栈顶，另一端称为栈底。栈中元素的存取是按后进先出或者先进后出的原则进行的，故称栈为后进先出表。当表中没有元素时，称为空栈。向栈顶插入一个元素的操作称为入栈（push）操作，从栈顶取出一个元素的操作称为出栈（pop）操作。

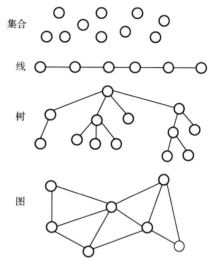

图 7-7　4 种基本结构的关系图

在日常生活中，有许多这种后进先出的例子，如往子弹夹中压子弹和取子弹的过程，又如从一叠码放好的书的上面放书和取书的过程，都是栈操作的形象表示。

栈的应用非常广泛，只要问题满足后进先出的原则，就可采用栈作为数据结构。

③ 队列。

队列只允许对线性表的插入操作在表的一端进行（称为队尾），而删除操作只允许在线性表的另一端进行（称为队首）。队列中元素的存取是按先进先出的原则进行的，故称队列为先进先出表。

可以看出，数据结构中的队列非常类似于日常生活中的排队，如在食堂排队买饭、在商场里排队交款等，入队操作相当于一位新顾客到达后排在队尾，出队操作相当于第 1 位顾客买完饭或交完款后离开。在整个操作过程中严格限定不允许"加塞儿"，也不允许有中间顾客中途离队。当队列中的最后一个人出队后，该队列为空队列。

队列是先进先出的线性表，因此在程序设计中常用队列模拟作业排队的问题。例如，解决高速 CPU 和低速打印设备之间速度不匹配的问题，常需设置一个打印数据缓冲区。CPU 将待打印数据不直接送入打印设备，而是先送入该缓冲区。当缓冲区满时，主机将不再送数据，而转去执行其他工作，打印机则按先进先出的原则依次取出缓冲区中的数据进行打印，直到缓冲区空闲时，再向 CPU 提出中断请求，CPU 响应该中断请求后，再次向缓冲区送入数据。

2）非线性结构

非线性结构的逻辑特征是一个节点可能有多个直接前趋节点和直接后继节点。树和图等数据结构都是非线性结构，如我们日常生活中看到的树枝，树枝长在树干上，每根树枝上又可以有很多小树枝。若把每根树枝看成一个数据元素的话，则数据元素之间的关系就不是线性的。非线性结构包括树和图。

① 树。

树是 n（$n \geq 0$）个数据元素的有限集，它可能为空集（$n=0$），也可能含有唯一一个称为根的元素。当 $n>1$ 时,其余元素分成 m($m>0$)个互不相交的子集,每个子集自身也是一棵树,称为根的子树。集合为空的树称为空树。树中的元素也称为节点。

每个节点可能有多个后继节点,但它们的前趋节点只有一个(第一个节点无前趋节点),这种非线性结构称为树结构。树结构也类似于我们生活中的组织机构,如一个公司有董事长,董事长下面有各部门的总经理,而各部门总经理下面有经理,经理下面有职员等。树结构能充分表示数据元素之间的层次关系,这种关系就像一棵倒长的大树。

② 图。

图是比线性表和树更为复杂的一种数据结构。在线性表中,每个元素最多只能有一个直接前趋节点和一个直接后继节点,在树中,各个节点都处在一定的层次上,每个节点可以和它下一层的多个节点相关联,但只能和上一层的一个节点相关联,即其双亲节点。而在图中,每个节点可以和任何其他的节点相关联。

图 G 由两个集合 $V(G)$ 和 $E(G)$ 组成,记作 $G=(V, E)$。其中 $V(G)$ 是图中顶点的非空有限集合,$E(G)$ 是图中边的有限集合。若图中每条边都是有方向的,即每条边都是顶点的有序对,则称这样的图为有向图。在有向图中,有序对通常用尖括号表示。有向边也称为弧,边的起点称为弧尾,边的终点称为弧头。例如,$<v_i, v_j>$ 表示一条有向边,v_i 是弧的起点,v_j 是弧的终点,因此,$<v_i, v_j>$ 和 $<v_j, v_i>$ 是两条不同的有向边。若图 G 中每条边都是没有方向的,则称 G 为无向图。无向图中的边是顶点的无序对,无序对通常用圆括号表示,因此无序对 (v_i, v_j) 和 (v_j, v_i) 表示的是同一条边。

在图这种数据结构中,节点之间的联系是任意的,每个节点都可以与其他节点相联系,因此图是比树更复杂的非线性数据结构。

7.3 程序与程序设计

7.3.1 程序设计基本概念

程序设计就是使用计算机程序语言编写程序的过程。计算机解决某一问题时,无论是简单的还是复杂的,都必须按照程序的安排来进行。因此,要使计算机能按人的意图去处理问题,首先要把问题处理的过程和方法转换成程序。显然,程序设计就是为计算机安排工作步骤,使计算机能按预期目标完成各项任务。

1. 计算机程序

计算机程序是指为了得到某种结果而由计算机等具有信息处理能力的装置执行的代码化指令序列,或者可以被自动转换成代码化指令序列的符号化指令序列及符号化语句序列。

计算机程序一般分为系统程序和应用程序两大类。现在的计算机还不能理解人类的自然语言,所以还不能用自然语言编写计算机程序。所以,目前使用的计算机程序是用汇编语言、高级语言等编制出来的可以运行的文件,在计算机中称为可执行文件,也叫应用程序。

通常,计算机程序要经过编译和链接,成为一种人们不易理解而计算机能够理解的格式,然后运行。未经编译就可运行的程序通常称为脚本程序。在这种情况下,一个计算机程序是指一个单独的可执行的映射,而不是当前在这个计算机上运行的全部程序。

2. 程序设计

程序设计是指设计、编制、调试程序的方法和过程。由于程序是软件的本体,软件的质量主要是通过程序的质量来体现的,因此在软件研发中,程序设计的工作非常重要。

按照编程过程结构性质划分,程序设计有结构化程序设计与非结构化程序设计之分。前者是指具有结构性的程序设计方法与过程,它具有由基本结构构成复杂结构的层次性,后者反之。按照用户的要求划分,程序设计有过程式程序设计与非过程式程序设计之分。前者是指使用过程式程序设计语言的程序设计,后者是指使用非过程式程序设计语言的程序设计。按照程序设计的成分性质划分,程序设计有顺序程序设计、并发程序设计、并行程序设计、分布式程序设计之分。按照程序设计风格划分,程序设计有逻辑式程序设计、函数式程序设计、对象式程序设计之分。

程序是程序设计中最基本的概念,子程序和协同例程都是为了便于进行程序设计而建立的程序设计基本单位,顺序性、并发性、并行性和分布性反映程序的内在特性。

程序设计规范是进行程序设计的具体规定。程序设计是软件开发工作的重要部分,而软件开发是工程性的工作,所以要有规范。语言影响程序设计的功效以及软件的可靠性、易读性和易维护性。专用程序为软件开发人员提供合适、方便的环境,便于进行程序设计工作。

程序设计语言是用于编写计算机程序的语言。语言的基础是一组记号和一组规则,根据规则由记号构成的记号串的总体就是语言。在程序设计语言中,这些记号串就是程序。程序设计语言包含三方面,即语法、语义和语用。语法表示程序的结构或形式,也表示构成程序的各个记号之间的组合规则,但不涉及这些记号的特定含义,也不涉及使用者;语义表示程序的含义,也表示按照各种方法所表示的各个记号的特定含义,但也不涉及使用者;语用表示程序与使用的关系。

程序设计语言的基本成分有数据成分、运算成分、控制成分和传输成分。数据成分用于描述程序所涉及的数据;运算成分用于描述程序中所包含的运算;控制成分用于描述程序中所包含的控制;传输成分用于表达程序中数据的传输。

按照语言级别划分,程序设计语言可以分为低级语言和高级语言。低级语言有机器语言和汇编语言。低级语言与机器有关,功效高,但使用复杂、烦琐、费时、易出差错。机器语言是表示成数码形式的机器基本指令集,或者是操作码经过符号化的基本指令集。汇编语言是机器语言中地址部分符号化的结果。高级语言的表示方法要比低级语言更接近于待解问题的表示方法,其特点是在一定程度上与具体机器无关,易学、易用、易维护。

程序设计语言是软件的重要方面,其发展趋势是模块化、简明化、形式化、并行化和可视化。

7.3.2 程序设计方法

早期的程序设计语言是面向数值计算的,程序规模通常较小。随着计算机硬件技术的发展,其速度和存储容量不断提高,成本急剧下降。但要解决的问题却越来越复杂,程序规模也越来越大,这样的程序必须由多个程序员密切合作才能完成。由于旧的程序设计方法很少考虑程序员间相互合作的需要,因此编写程序的错误数量随着软件规模的增加而迅速增加,造成调试时间和成本迅速上升,甚至使得某些软件产品因调试成本过高而报废,产生了通常所说的"软件危机",结构化程序设计的方法就是在这种背景下产生的。

解决问题都需要遵循一定的方法和思路,并正确列出各求解步骤。同样,计算机在解决某个问题时更要遵循一定的方法和步骤。

美国著名的计算机科学家克努特教授提出了"计算机科学就是研究算法的科学"。算法可以是纯理论的,也可以是由计算机程序实现的。理论的算法通常会根据不同的复杂性分为不同类别,实现的算法通常经过剖析以测试其性能。值得注意的是,虽然一个算法在理论上有效可行,但是一个糟糕的实现可能会导致计算机资源的浪费。

1. 结构化程序设计

结构化程序设计思想认为,新的程序设计方法应以结构清晰、可读性强、易于分工合作编制和调试程序为基本目标。好的程序应具有层次化的结构，应该采用"逐步求精"的方法，使用顺序、选择和循环等基本程序结构，通过组合、嵌套来编写。

1) 程序控制结构

程序一般由若干子程序构成，而子程序又是由语句构成的。对于程序员来说，程序设计工作的一个主要内容就是将解决问题的算法用某种语言按照一定的结构编写成语句和子程序。

结构化设计方法是以模块化为中心的，将待开发的软件系统划分为若干个相互独立的模块，这样就使完成每个模块的工作变得单纯而明确，为设计一些较大的软件打下良好的基础。由于模块间相互独立，因此在设计一个模块时，不会受到其他模块的干扰，从而可将一个复杂的大问题分解为若干个简单的小问题来处理，即编写一系列简单的小模块。模块的独立性还为扩充已有的系统，建立新系统带来了不少方便。按照结构化程序设计方法设计出的程序具有结构清晰、可读性好、易于修改、易于扩充和容易调试的优点。结构化程序设计包括三种结构：顺序结构、选择结构和循环结构。

顺序结构是最自然的一种结构，如图 7-8 所示。由前到后，一条语句接着一条语句执行。先执行"程序模块 1"，再执行"程序模块 2"。从逻辑上看，模块 1 和模块 2 可以合并成一个模块。但无论怎样合并，新程序模块也只能从模块入口进入，一条语句接着一条语句去执行，当执行完所有的语句后，再从新模块出口退出模块，去执行其他的程序模块。但试想，一个程序不可能只由顺序结构构成，在日常工作和生活中，当要处理一个问题时，往往需要根据不同的条件去进行不同的处理，有时还要对某些条件重复地进行某些操作，编程也是这样。因此，就需要在程序中引入选择结构和循环结构。

选择结构如图 7-9 所示。从图中可以看出，根据条件成立与否，将判断执行程序模块 1 或程序模块 2。虽然选择结构比顺序结构稍微复杂，但是仍可以看成一个只有一个入口和一个出口的新程序模块。

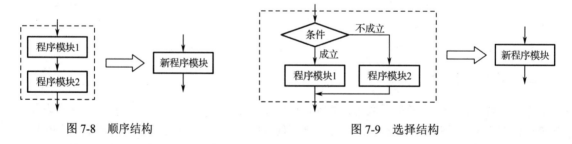

图 7-8　顺序结构　　　　　　　　　　图 7-9　选择结构

循环结构如图 7-10 所示。在进入循环结构时，首先判断条件是否成立，若条件成立，则执行程序模块，执行后，再去判断循环条件，若为真，则再去执行程序模块，如此循环往复，直到条件不成立时退出。

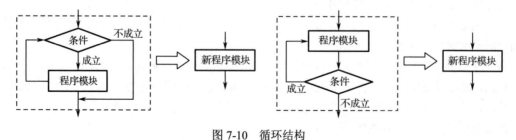

图 7-10　循环结构

在编写循环结构的程序时,要注意以下两点:

① 必须使首次判断的条件为真,保证能够进入循环体。也就是说,至少要使循环体执行一次,否则我们编写的循环程序就没有意义了。

② 在循环体中必须有修改循环条件的语句,保证循环在执行有限次后能够退出,不会出现死循环。

2)结构化程序设计的特点

结构化程序设计的基本思想是采用"自顶向下、逐步求精"的程序设计方法和"单入单出"的控制结构。具有结构化特点的程序,实际上是由一些具有相对独立功能、结构清晰、容易理解的小程序模块串联起来的顺序结构。在进行具体的程序设计时,我们可以用函数和过程等编程手段将这些相对独立的小程序定义成"模块",即将程序模块化。程序模块化的优点在于:

① 便于将复杂的问题转化为个别的小问题,从而容易实现"各个击破"。

② 便于从抽象到具体地进行程序设计。当我们对问题采用模块化解法时,可以提出许多抽象的层次。在抽象的最高层,使用自然语言来描述;在抽象的较低层,采用比较具体化的方法来描述;最后,在抽象的最低层可以用直接实现的方式来叙述。

③ 便于测试和维护。采用模块化原则设计程序时,为了得到一组最佳模块,应当遵循信息隐蔽的原则分解软件。即某个模块所包含的信息(过程和数据)其他模块不需要知道,即不能访问,以体现模块的独立性。"隐蔽"意味着模块化可以通过定义一组独立的模块来实现,这些独立的模块彼此之间仅仅交换那些为了完成系统功能所必需的信息。在测试和以后的维护期间,当需要对软件进行修改时,如果某一模块之间的接口不变,每个模块内部的具体细节可以任意修改。由于疏忽而引起的错误,传播到其他模块的可能性很小。

④ 便于理解分析程序。在对模块化程序进行分析时,由于每个模块功能明确,彼此独立,因此可以采用自底向上的分析方法,首先确定每个模块的功能,进而完成整个程序。

2. 面向对象的程序设计

在面向对象的程序设计(Object Oriented Programming,OOP)技术出现前,程序员们一般采用面向过程的程序设计(Process Oriented Programming,POP)方法。面向过程的程序设计方法采用函数来完成对数据结构的操作,但又将函数和所操作的数据结构分离开来。但函数和它所操作的数据是密切相关的,特定的函数往往对特定的数据结构进行操作。若数据结构发生改变,则相应的函数也要发生变化。这就使得使用面向过程的程序设计方法编写出来的大程序不但过程难于编写,而且也难于调试、修改和维护。

面向对象的程序设计方法是对面向过程的程序设计方法的继承和发展,它汲取了面向过程的程序设计方法的优点,同时又考虑到现实世界与计算机世界的对应关系,现实世界中的实体就是面向对象的程序设计中的对象。

下面以常见的电视机为例来说明面向对象的程序设计方法。电视机内部有显像管、高压包、集成电路等很多复杂的元器件,如果让用户直接去操作这些元器件,那是相当困难的,需要用户有一定的专业知识才能实现。而现在呈现在我们面前的电视机,是将其内部的这些元器件之间的详细构造全部封装起来,只给我们提供一个控制面板,可以通过控制面板上的按钮来实现对电视机的操作,简单方便,这就是面向对象程序设计中所谓的"封装",电视机就是"对象",而对电视机的操作就是"方法"。

7.4 程序设计实现

7.4.1 排序

排序又称分类,是指将一组记录的任意序列按规定顺序重新排列,排序的目的是便于查询和处理,提高解决问题的效率。它是计算机数据处理中的一种重要的操作,如字典是典型的排序结构,将字或词按字母顺序排列,便于查询。

在计算机中,由于待排序的记录的形式、数量不同,使得排序过程中涉及的存储器不同,对记录进行分类所采用的方法也不同。根据排序时存放数据的存储器,可将排序分为两类:一类是内部排序,指排序的过程中,记录全部存放在计算机内存中,在内存中调整记录的位置,从而进行排序;另一类是外部排序,指待排序的记录数量很大,以致内存一次不能容纳全部记录,因此将记录的主要部分存入外存,借助计算机的内存,调整外存中的记录的位置,从而进行排序。下面仅以气泡排序为例来说明简单的排序过程。

气泡排序又称冒泡排序,它是一种简单的排序方法,其基本思想是通过相邻两个记录的比较及其交换,使关键字大的元素逐渐从顶部移向底部,关键字小的元素逐渐从底部移向顶部,就像水底的气泡逐渐上浮,最后达到排序的目的。其处理过程是:首先将第一个记录的关键字与第二个记录的关键字比较,若为逆序,则交换,然后比较第二个记录的关键字与第三个记录的关键字,以此类推,直到比较第 $n–1$ 个记录的关键字与第 n 个记录的关键字为止。经过此趟处理,关键字最大的记录被移至最后一个记录的位置,然后对前 $n–1$ 个元素进行类似的处理。直至对前两个元素处理为止,总共进行了 $n–1$ 趟处理。

7.4.2 查找

查找与我们日常的工作和生活有着密切的关系,它也是计算机数据处理中最常使用的操作。例如,从字典中查找单词,从电话号码簿中查找电话号码等。

查找就是在一组数据集合中找到满足某种条件的数据,若找到与给定条件匹配的数据元素,则查找成功,其结果是给出查找数据的全部信息或指示其位置;否则,查找失败。通常称用户查找的数据集合为查找表。查找表中的数据应属于同一类型,数据元素之间的关系完全松散,因此,查找表是一种非常灵活的数据结构。根据对查找表中的数据所执行的操作,可将查找表分为静态查找表和动态查找表。静态查找表是指在查找过程中结构始终不变的查找表,例如,查询某个条件下的数据元素或检索某个条件下数据元素的属性;动态查找表是指其结构在查找过程中发生变化的表,例如,在查找过程中同时插入查找表中不存在的数据元素或从查找表中删除已存在的某个数据元素。查找算法有很多,常用的有顺序查找、折半查找和分块查找,下面仅以折半查找为例进行简单介绍。

折半查找又称二分查找,它是在有序表上进行查找的方法。其基本思想是:确定待查找元素的范围,然后逐步缩小范围,直到查找成功或找不到该元素为止。具体步骤是:先定义指针 low 和 high,分别指向待查找元素所在范围的下界和上界,指针 mid=(low+high)/2,用来指向中间元素的位置。将待查找元素与下标为 mid 的元素比较,若相等,则查找成功,返回序号;若比下标为 mid 的元素大,则应在 mid 的后面再查找,即继续在 low=mid+1 到 high 的区间查找,若比下标为 mid 的元素小,则应在 mid 的前面再查找,即继续在 low 到 high=mid-1 的区间查找。当 low>high 时,说明查找失败,返回 0 值。

7.5 自主实践

一、预习内容
（1）流程图中图形符号的含义。
（2）程序控制结构的含义。

二、实践目的
（1）掌握流程图的表示规则。
（2）掌握控制结构的选择依据。

三、实践内容
（一）实训任务

通过流程图方式，描述 1 到 100 的累加（或者累乘）算法的实现过程，选择一种程序设计语言，简单编写代码，并运行结果。
（1）画出 1 到 100 累加的流程图。
（2）选择一门程序设计语言，编写代码实现。

（二）操作提示
（1）累加流程图如图 7-11 所示。

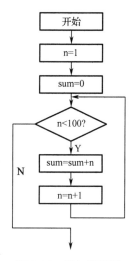

图 7-11 累加流程图

（2）代码参考如下（Python 语言）。

```
#求1到100的和
#使用循环解决累加求和
n = 1
#定义一个变量保存和 inr sum = 0
sum = 0
#循环体什么时候结束？ 所有代码块以"缩进"规定范围，每行前面的空格数相等
while num <= 100:
    sum = sum + n   #四个空格
    n =n + 1      #四个空格
#在Python2中print是一个命令
print('1~100 的和为：')
print(sum)
```

7.6 拓展实训

选择排序法实现对输入无序数的升序排序，写出选择排序法的算法并画出算法流程图。

1．选择排序法排序的思路

（1）从 $a(1)\cdots a(n)$，n 个数的序列中选出最小的数（递增）的下标 min，则此数是 $a(\min)$，让它与第 1 个数交换位置；

（2）除第 1 个数外，其余 $n-1$ 个数再按步骤（1）的方法选出次小的数，与第 2 个数交换位置；

（3）重复步骤（1）$n-1$ 遍，最后构成递增序列。

2．选择排序法的过程

选择排序法的过程如图 7-12 所示。

						原始数据	8	6	9	3	2	7
a(1)	a(2)	a(3)	a(4)	a(5)	a(6)	第1趟交换后	2	6	9	3	8	7
	a(2)	a(3)	a(4)	a(5)	a(6)	第2趟交换后	2	3	9	6	8	7
		a(3)	a(4)	a(5)	a(6)	第3趟交换后	2	3	6	9	8	7
			a(4)	a(5)	a(6)	第4趟交换后	2	3	6	7	8	9
				a(5)	a(6)	第5趟交换后	2	3	6	7	8	9

图 7-12 选择排序法的过程

习题 7

1. 描述算法的方法有多种，包括自然语言、结构化流程图、伪代码和 PAD 图等，其中最常用的是（　　）。
   A．自然语言　　　　B．伪代码　　　　C．流程图　　　　D．PAD
2. 下面（　　）不是算法的重要特征。
   A．有穷性　　　　　B．有输入输出　　C．无穷性　　　　D．确定性
3. 数据结构是数据的（　　）、存储结构及其操作的总称。
   A．逻辑结构　　　　B．线性结构　　　C．栈　　　　　　D．队列
4. （　　）提供了问题求解/算法的数据操纵机制。
   A．线性结构　　　　B．存储结构　　　C．嵌套结构　　　D．数据结构
5. （　　）表示条件判断，并根据判断结果执行不同的分支。
   A．矩形框　　　　　B．菱形框　　　　C．圆形框　　　　D．箭头线
6. 结构化程序设计主要强调的是（　　）。
   A．程序的规模　　　　　　　　　　　B．程序的易读性
   C．程序的执行效率　　　　　　　　　D．程序的可移植性
7. 建立良好的程序设计风格，下面描述正确的是（　　）。
   A．程序应简单、清晰、可读性好　　　B．符号名的命名只要符合语法即可
   C．充分考虑程序的执行效率　　　　　D．程序的注释可有可无
8. 程序的控制结构不包括（　　）。
   A．顺序结构　　　　B．选择结构　　　C．嵌套　　　　　D．循环结构
9. 下列基本控制结构中，（　　）是按顺序执行规则的一种结构。
   A．顺序结构　　　　B．选择结构　　　C．嵌套　　　　　D．循环结构
10. 下列基本控制结构中，（　　）是按条件判断结果，决定执行哪些规则的一种结构。
    A．顺序结构　　　　B．选择结构　　　C．嵌套　　　　　D．循环结构

（习题答案）

第8章 大数据基础

随着移动互联网的普及以及物联网技术的快速发展,全球数据种类不断增多,数据总量也以惊人的速度增长。与此同时,伴随着大数据技术研究和应用的快速发展,各国把发展大数据上升为国家战略。

8.1 大数据概述

时至今日,"数据"变身"大数据",开启了一次重大的时代转型。"大数据"概念的形成伴随着三个标志性事件。

2008年9月,美国《自然》杂志专刊 The next google,第1次正式提出"大数据"概念。

2011年2月,《科学》杂志专刊 Dealing with data,通过社会调查的方式,第1次综合分析了大数据对人们生活造成的影响,详细描述了人类面临的"数据困境"。

2011年5月,麦肯锡研究院发布报告 Big data: The next frontier for innovation, competition, and productivity,第1次给大数据做出相对清晰的定义。

8.1.1 大数据基本概念

大数据(Big Data)是指无法在一定时间范围内用常规软件工具进行捕捉、管理和处理的数据集合,是需要新处理模式才能实现更强的决策力、洞察发现力和流程优化能力的海量、高增长率和多样化的信息资产。

在大数据背景下,由于存在海量、包罗万象的数据,因此使许多看似毫不相关的现象之间发生一定的关联,使人们能够更简捷、更清晰地认知事物和把握局势。大数据的巨大潜能还难以进行准确估量,但揭示事物的相关关系无疑是其重要价值所在。

想要系统认知大数据,必须全面而细致地分解它,可从三个层面展开:

① 理论,是认知的必经途径,也是被广泛认同和传播的基线。
② 技术,是大数据价值体现的手段和前进的基石。
③ 实践,是大数据的最终价值体现。

8.1.2 大数据的特征

大数据的特征有很多,比较有代表性的为"5V"特征,如图8-1所示。

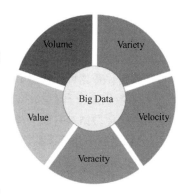

图8-1 "5V"特征

1. 价值高(Value)

大数据存在着巨大的潜在价值,随着信息技术的高速发展,数据爆发性增长,但某一对象或模块数据的价值密度却比较低,这无疑给开发海量数据增加了难度和成本。

2. 速度快(Velocity)

随着现代感测、互联网、计算机技术的发展,数据生成、储存、分析、处理的速度远远超出人们的想象力,这是大数据区别于传统数据或小数据的显著特征。

3．体量大（Volume）

大数据，顾名思义"大"是其主要特征。从 2013 年至 2020 年，人类的数据规模将扩大 50 倍，每年产生的数据量将增长到 44 万亿 GB，相当于美国国家图书馆数据量的数百万倍，且每 18 个月翻一番。

4．种类多（Variety）

大数据与传统数据相比，数据来源广、维度多、类型杂，各种机器仪表在自动产生数据的同时，人自身的生活行为也在不断创造数据。不仅有企业组织内部的业务数据，还有海量相关的外部数据。

5．真实性（Veracity）

大数据中的内容是与真实世界息息相关的，研究大数据就是从庞大的网络数据中提取出能够解释和预测现实事件的过程。

8.1.3 大数据的结构

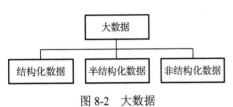

图 8-2 大数据

按大数据的结构划分，大数据包括结构化数据、半结构化数据和非结构化数据，如图 8-2 所示。结构化数据或非结构化数据都代表了所有用户的行为、服务级别、安全、风险、欺诈行为等操作记录。

大数据不仅仅体现在数据量大，还体现在数据类型多。在如此海量的数据中，仅有 20%左右的数据属于结构化数据，有 80%的数据属于广泛存在于社交网络、物联网、电子商务等领域的非结构化数据。

1．结构化数据

结构化数据最常见的就是具有模式的数据，即结构化就是模式，大多数技术应用基于结构化数据。

简单来说，结构化数据就是数据库，也称行数据，是由二维表结构来逻辑表达和实现的数据，严格地遵循数据格式与长度规范，主要通过关系型数据库进行存储和管理。结构化数据可以通过固有键值获取相应信息，且数据的格式固定，如 RDBMS data、企业 ERP、财务系统、医疗 HIS 数据库、教育一卡通等的核心数据。

2．半结构化数据

半结构化数据和普通纯文本相比具有一定的结构性，但和具有严格理论模型的关系数据库的数据相比更灵活。它是一种适用于数据库集成的数据模型，也就是说，适用于描述包含在两个或多个数据库中的数据。它是一种标记服务的基础模型，用于在 Web 上共享信息。

半结构化数据是"无模式"的。更准确地说，其数据是自描述的。它携带了关于其模式的信息，并且这样的模式可以随时间的改变在单一数据库内任意改变。

半结构化数据可以通过灵活的键值调整获取相应信息，且数据的格式不固定，如 json，同一键值下存储的信息可能是数值型的、文本型的，也可能是字典、列表。

半结构化数据具有如下特征。

1）数据结构自描述性

结构与数据相交融，在研究和应用中不需要区分"元数据"和"一般数据"（两者合二为一）。

2）数据结构描述的复杂性

结构难以纳入现有的各种描述框架，在实际应用中不易进行清晰的理解与把握。

3）数据结构描述的动态性

数据变化通常会导致结构模式变化，整体上具有动态的结构模式。

常规的数据模型，如 E-R 模型、关系模型和对象模型恰恰与上述特点相反，因此，可以成为结构化数据模型。而相对于结构化数据，半结构化数据的构成更为复杂和不确定，从而也具有更大的灵活性，能够适应更为广泛的应用需求。其使用半模式化的视角看待数据是非常合理的，且没有模式的限定，数据可以自由地流入系统，还可以自由地进行更新。由于不同的使用者会构建不同的模式，因此数据将被最大化利用。这才是最自然地使用数据的方式。

3．非结构化数据

非结构化数据包括所有格式的办公文档、文本、图片、XML、HTML、各类报表、图像和音频、视频等信息数据。

非结构化数据是与结构化数据相对的，不适合用数据库二维表来表现。支持非结构化数据的数据库，采用多值字段、字段和变长字段机制进行数据项的创建和管理，广泛应用于全文检索和各种多媒体信息处理领域。

非结构化数据不可以通过键值获取相应信息。随着"互联网+"的实施，将会有越来越多的非结构化数据产生。结构化数据分析挖掘技术经过多年的发展，已经形成了相对成熟的技术体系，也正是由于在非结构化数据中没有限定结构形式，表示灵活，因此其蕴含了丰富的信息。综合看来，在大数据分析挖掘中，掌握非结构化数据处理技术是至关重要的。

8.1.4 大数据的意义

1．有数据可说

人类生活在一个海量、动态、多样的数据世界中，数据无处不在、无时不有、无人不用，数据就像阳光、空气、水分一样常见。

2．说数据可靠

大数据中的"数据"真实可靠，它实质上是表示事物现象的一种符号语言和逻辑关系。从大数据的视角重新审视世界，用数据说话，让数据发声，已成为人类认知世界的一种全新方法。

8.2 大数据分析技术

目前，大数据领域每年都会涌现出大量新的技术，成为大数据获取、存储、处理分析或可视化的有效手段。大数据技术能够将大规模数据中隐藏的信息和知识挖掘出来，为人类社会经济活动提供依据，提高各个领域的运行效率。

8.2.1 大数据的来源

随着人类活动的进一步扩展，以及计算机、智能家电、手机等智能终端的快速发展，数据规模急剧增长，包括金融、汽车、零售、餐饮、电信、能源、政务、医疗、体育、娱乐等在内的各行业积累的数据量越来越大，数据类型也越来越多、越来越复杂，大数据的主要来源有如下几方面。

1．系统日志采集

可以使用海量数据采集工具，采集系统日志，如 Hadoop 的 Chukwa、Cloudera 的 Flume、Facebook 的 Scribe 等，这些工具均采用分布式架构，能满足大数据的日志数据采集和传输需求。

2．互联网数据采集

通过网络爬虫或网站公开 API 等从网站上获取数据信息，该方法可以把数据从网页中抽取出来，将其存储为统一的本地数据文件，且支持图片、音频、视频等文件或附件的采集，附件与正文可以自动关联。除了网站中包含的内容，还可以使用 DPI 或 DFI 等带宽管理技术实现对网络流量的采集。

3. App 移动端数据采集

App 是获取用户移动端数据的一种有效方法，App 中的 SDK 插件可以将用户使用 App 的信息汇总提供给指定服务器，即便在用户没有访问时，也能获知用户终端的相关信息，包括安装应用的数量和类型等。

4. 与数据服务机构进行合作

数据服务机构通常具备规范的数据共享和交易渠道，人们可以在平台上快速、准确地获取自己所需要的数据。而对于企业生产经营数据或学科研究数据等保密性要求较高的数据，也可以通过与企业或研究机构合作，使用特定系统接口等相关方式采集数据。

8.2.2 大数据处理的基本流程

大数据处理的基本流程主要包括数据采集、数据预处理、数据处理与分析、数据可视化与应用等，其中数据质量贯穿于整个处理过程，每个数据处理环节都会对大数据质量产生影响。

1．数据采集

数据采集是指从真实世界中获得原始数据的过程。它是大数据分析的入口，所以是相当重要的一个起始环节。没有高质量的数据，就没有高质量的数据挖掘结果。要尽可能收集异源，甚至是异构的数据，还可与历史数据对照，多角度验证数据的全面性和可信性。

因此，大数据采集不是采样，而是要获取全部的数据。

2．数据预处理

数据预处理是指在进行数据分析和挖掘之前，对原始数据进行变换、清洗与集成等一系列操作。通过数据预处理工作，可以使残缺的数据完整，并将错误的数据纠正，将多余的数据去除，有效提高数据质量。

数据预处理环节有利于提高大数据的一致性、准确性、真实性、可用性、完整性、安全性和价值性等方面的质量，而大数据预处理中的相关技术是影响大数据过程质量的关键因素。

1）数据集成

数据集成是将多个数据源中的数据进行合并处理，结合在一起并形成一个统一数据集合，为数据分析提供完整的数据基础。数据集成涉及模式集成、属性冗余、数据值冲突检测与消除等问题。

2）数据清洗

数据清洗用于提高数据的质量，即使数据具有一致性、精确性、完整性、时效性和实体同一性。用于数据洗涤的方法有缺失值填充、平滑噪声、识别和去除离群点、不一致检测与修复、实体识别与真值发现等。

3）数据归约

数据归约指在减小数据存储空间的同时，尽可能保证数据的完整性，获得比原始数据小得多的数据，将数据以合乎要求的方式表示，最大限度地精简数据量。主要的数据归约方法有数据立方体聚集、维规约、数据压缩、数值规约、离散化和概念分层等。

4）数据变换

数据变换是采用数学变换方法将多维数据压缩成较少维数的数据，消除它们在时间、空间、属性及精度等特征表现方面的差异。其方法主要有数据平滑、数据聚集、数据概化、规范化、属性构造等。

3．数据处理与分析

大数据的复杂性使得其难以用传统的方法描述与度量，需要将高维图像等多媒体数据降维后进行度量与处理。可利用上下文关联进行语义分析,从大量动态及可能模棱两可的数据中综合分析信息,并导出可理解的内容,常会使用统计和分析、机器学习、数据挖掘等技术。

大数据分析注重分析数据的相关关系,而不是因果关系。

4．数据可视化与应用

数据可视化是指将大数据分析与预测结果以计算机图形或图像的直观方式显示给用户的过程,并可与用户进行交互。数据可视化技术有利于发现大量业务数据中隐含的规律性信息,以支持管理决策。数据可视化环节可大大提高大数据分析结果的直观性,便于用户理解与使用。

大数据应用是指将经过分析处理挖掘得到的大数据结果应用于管理决策、战略规划等的过程。它是对大数据分析结果的检验与验证。大数据应用过程直接体现了大数据分析处理结果的价值性和可用性。大数据应用对大数据的分析处理具有引导作用。

8.2.3 大数据分析的基本方面

1．可视化分析

不管是对数据分析专家还是普通用户,数据可视化分析都是数据分析最基本的要求。可视化分析可以直观地展示数据及数据特点。

2．数据挖掘算法

大数据分析的理论核心就是数据挖掘算法,各种数据挖掘算法基于不同的数据类型和格式才能更加科学地呈现出数据本身具备的特点。通过集群、分割、孤立点分析,以及其他的算法使我们可以深入数据内部,挖掘其价值。

3．预测性分析能力

大数据分析的应用领域之一就是预测性分析,我们可以通过大数据挖掘、分析出数据特点,然后科学地建立模型,从而预测未来的情况。

数据挖掘可以让分析员更好地理解数据,而预测性分析可以让分析员根据可视化分析和数据挖掘的结果做出一些预测性的判断。

4．语义引擎

大数据分析广泛应用于网络数据挖掘,可根据用户的搜索关键词、标签关键词或其他输入语义,分析、判断用户需求,从而实现更好的用户体验和广告匹配。

由于非结构化数据的多样性带来了数据分析的新挑战,因此我们需要一系列的工具去解析、提取、分析数据,而语义引擎能够从文档中智能提取信息。

5．数据质量和数据管理

大数据分析离不开数据质量和数据管理,无论是在学术研究中还是在商业应用领域,使用高质量的数据和有效的数据管理,都能够保证分析结果的真实性和价值性。

通过标准化的流程和工具对数据进行处理,可以保证生成一个预先定义好的高质量的分析结果。

6．数据仓库

数据仓库是为了进行多维分析和多角度展示数据,通过特定模式进行存储,建立起来的关系型数据库。在商业智能系统的设计中,数据仓库的构建是关键,其是商业智能系统的基础,承担对业务系统数据整合的任务。数据仓库为商业智能系统提供数据抽取、转换和加载功能,并可按主题对数据进行查询和访问,为联机数据分析和数据挖掘提供数据平台。

8.2.4 大数据分析的技术基础

1．云技术

云计算是一种技术解决方案,可以解决计算、存储等一系列信息技术基础设施的按需构建需求。大数据是云计算非常重要的应用场景,大数据处理需要拥有大规模物理资源的云数据中心和具备高效、高度管理功能的云计算平台的支撑。

因此,云计算为大数据的处理和数据挖掘都提供了最佳的技术解决方案。云计算是大数据汇聚和分析的计算机基础设施,客观上促进了数据资源的集中。云计算提供了云存储中心和分布式处理,一方面降低了存储成本,另一方面提供了强大的计算能力。

2．分布式处理技术

分布式处理技术用于管理多台分布式计算机系统中多个进程的执行。

分布式处理系统可以将不同地点的、具有不同功能的或拥有不同数据的多台计算机用通信网络连接起来,在控制系统的统一管理下,协调地完成信息处理任务。

3．存储技术

如今,数据量激增,新的服务器工作负载不仅要求更快的 CPU 性能,还要求大容量内存和更快的存储速度。为了有效应对现实世界中复杂多样的大数据处理需求,我们需要针对不同的大数据应用特征,从多个角度、多个层次对大数据进行存储和管理。大数据可以抽象地分为大数据存储和大数据分析,大数据存储致力于研发可以扩展至 PB 甚至 EB 级别的数据存储平台;大数据分析关注在最短时间内处理大量不同类型的数据集。

4．感知技术

大数据的采集和感知技术的发展是紧密联系的。以传感器技术、指纹识别技术、RFID 技术、坐标定位技术等为基础的感知技术的提升同样是物联网发展的基石。在工业设备、汽车、电表上都装有数码传感器,传感器可随时测量和传递有关位置、运动、振动、温度、湿度等信息,从而产生海量的数据信息。

随着智能手机的普及,感知技术迎来了发展的高峰,部分手机可通过用户呼气直接检测其燃烧脂肪量,手机的嗅觉传感器可以监测空气污染及危险的化学药品,微软研发了可感知用户心情的智能手机等。其实,这些感知被逐渐捕获的过程就是世界被数据化的过程。

8.2.5 大数据分析工具

为了满足企业的主要需求,大数据分析工具迅速得到应用。

1．Hadoop

Hadoop 是由 Apache 软件基金会研发的一种开源、高可靠、伸缩性强的分布式计算系统,主要用于处理大于 1TB 的海量数据。Hadoop 被公认为行业大数据标准开源软件,成为大数据技术领域的事实标准。

Hadoop 支持不同的操作系统,通常用于云中的任何平台。

作为分布式计算领域的代表,Hadoop 具有更多的优点。

1)高扩展性

Hadoop 可以在不停止集群服务的情况下,在可用的计算机集簇间分配数据并完成计算,这些集簇可以方便地扩展到数千个节点。

2)简单性

Hadoop 实现了简单并行编程模式,用户不需要了解分布式存储和计算的底层细节即可编写和运行分布式应用,在集群上处理大规模数据集,所以使用 Hadoop 的用户可以轻松搭建自己的分布式平台。

3)高效性

Hadoop 的分布式文件系统具有高效的数据交互设计,可以通过并行处理加快处理速度。Hadoop 还是可伸缩的,能够在节点间动态地移动数据,并保证各节点的动态平衡,因此处理速度非常快。

4）可靠性

Hadoop 的分布式文件系统将数据分块储存，每个数据块在集群节点上依据一定的策略冗余储存，确保能够针对失败的节点重新分布处理，从而保证了数据的可靠性。

5）高容错性

Hadoop 能够自动保存数据的多个副本，并自动将失败的任务重新分配。

6）低成本

Hadoop 是开源的，依赖于廉价服务器，它的成本比较低，任何人都可以使用。

2. HDFS

HDFS 是 Hadoop 的重要组成部分，其是 Hadoop 中的存储组件及分布式计算中数据存储管理的基础。

HDFS 是基于流数据模式访问和处理超大文件的需求而开发的，可以运行于廉价的商用服务器上。它所具有的高容错性、高可靠性、高扩展性、高获得性、高吞吐率等特征为海量数据的存储提供了安全保障，为超大数据集的应用处理带来了便利。

HDFS 采用了主从（Master/Slave）结构模型，一个 HDFS 集群是由一个 NameNode 和若干个 DataNode 组成的。其中，NameNode 作为主服务器，管理文件系统的命名空间和客户端对文件的访问操作，集群中的 DataNode 管理存储的数据。

以下重点介绍几个概念。

1）超大文件

Hadoop 集群能够存储几百 TB，甚至是 PB 级的数据。

2）流式数据访问

HDFS 的访问模式是：一次写入，多次读取，受关注的是读取整个数据集的整体时间。

3）商用硬件

HDFS 集群的设备不需要多么昂贵和特殊，只要是一些日常使用的普通硬件即可，正因如此，HDFS 节点故障的可能性较高，所以必须制定相应机制来处理这种单点故障，保证数据的可靠。

4）不支持低时间延迟数据访问

HDFS 关心的是高数据吞吐量，不适合那些要求低时间延迟数据访问的应用。

5）单用户写入，不支持任意修改

HDFS 的数据以读为主，只支持单个写入者，并且写操作总是以添加的形式在文末追加，不支持在任意位置进行修改。

3. MapReduce

MapReduce 由 Google 于 2003 年设计，被认为是处理海量数据的先锋平台，也是通过分割数据文件进行数据处理的范例，它用于并行处理大量信息中的硬件，同时为用户提供底层集群资源的轻松透明管理。

MapReduce 将处理分为两个功能：Map 和 Reduce。

MapReduce 是一种编程模型，是面向大数据并行处理的计算模型、框架和平台，包括以下三层含义：

（1）MapReduce 是一个基于集群的高性能并行计算平台（Cluster Infrastructure）；

（2）MapReduce 是一个并行计算与运行软件框架（Software Framework）；

（3）MapReduce 是一个并行程序设计模型与方法（Programming Model & Methodology）。

MapReduce 已成为当今大数据处理背后的最具影响力的"发动机"。

当处理一个大数据集查询时，MapReduce 会将任务分解并运行在多个节点中，同时与 Linux 服务器结合可获得高性价比的替代大规模计算矩阵的方法。

HDFS 与 MapReduce 的结合使得系统的运行更为稳健。在处理大数据的过程中，当 Hadoop 集群中的服务器出现错误时，整个计算过程并不会终止，同时，HDFS 可保障在整个集群中发生故障错误时的数据冗余。当计算完成时，将结果写入 HDFS 的一个节点，HDFS 对存储的数据格式并无苛刻的要求，数据可以是非结构化的或者是其他类别的。

4．其他

HBase 是 Hadoop database，即 Hadoop 数据库。它是一个适合于非结构化数据存储的数据库，是基于列的模式，而不是基于行的模式。它是 Google Bigtable 的开源实现，类似于 Google Bigtable 利用 GFS 作为其文件存储系统，HBase 利用 HDFS 作为其文件存储系统。Google 运行 MapReduce 来处理 Bigtable 中的海量数据，HBase 同样利用 MapReduce 来处理 HBase 中的海量数据。

Hive 是基于 Hadoop 的一个数据仓库工具，可以将结构化的数据文件映射为一张数据库表，并提供完整的 SQL 查询功能。SQL 语句可以转换为 MapReduce 任务进行运行，而 Hive 与 HBase 的数据一般都存储在 HDFS 中。

Hive 不支持更改数据的操作，Hive 基于数据仓库，提供静态数据的动态查询。其使用类 SQL 语言，底层经过编译转为 MapReduce 程序，在 Hadoop 上运行，数据存储在 HDFS 中，HDFS 为其提供了高可靠性的底层存储支持。

Pig 是一门编程语言、一种数据流语言和运行环境，用于检索非常大的数据集。Pig 包括两部分：一是用于描述数据流的语言，称为 Pig Latin；二是用于运行 Pig Latin 程序的执行环境。

使用 Sqoop，可在 Hadoop 与传统的数据库间进行数据的传递。

Zookeeper 即分布式锁，提供类似于 Google Chubby 的功能。

8.3　大数据应用场景

大数据无处不在，大数据应用于各个行业并融入了人们的生活。

1．教育大数据

信息技术在教育领域广泛应用，教学、考试、师生互动、校园安全、家校关系等都会涉及数据。

通过大数据分析，可优化教育机制，做出更加科学的决策。在不久的将来，个性化学习终端将会更多地融入学习资源云平台，其根据每个学生的不同兴趣爱好和特长，可推送相关领域的前沿技术、资讯、资源，以及未来职业发展方向。例如，"智慧教育大数据应用实验室"和"智慧教育数字化学习实验室"的建成，深入推进了大数据应用研究及数字化学习。

2．医疗大数据

医疗行业拥有大量的病例、病理报告、治愈方案、药物报告等，通过对这些数据进行整理和分析可辅助医生提出治疗方案，帮助患者早日康复。可以构建大数据平台来收集不同病例和治疗方案，以及患者的基本特征，建立针对疾病特点的数据库，帮助医生进行疾病诊断。

医疗大数据应用一直在进行，但会出现数据孤岛情况，不易于进行大规模应用。因此，医疗大数据的应用涉及跨学科问题。

3．智慧城市大数据

智慧城市是新一代城市形态。大数据技术可以分析社会经济发展情况、各产业发展情况、消费支出和产品销售情况等，依据分析结果，相关人员可以科学地制定宏观政策，平衡各产业发展，避免产能过剩，有效利用自然资源和社会资源，提高社会生产效率。

4．农业大数据

借助于大数据提供的消费能力和趋势报告，政府可对农业生产进行合理引导，依据需求进行生产，避免产能过剩，造成不必要的资源和社会财富浪费。

通过大数据的分析将会更精确地预测未来的天气，帮助农民做好自然灾害的预防工作，实现农业的精细化管理和科学决策。例如，广西农业云积极打造农业大数据平台，推进智慧农业发展。

5．环境大数据

借助于大数据技术，天气预报的准确性和实效性将会大大提高，预报的及时性也会大大提升。同时，通过大数据计算平台，人们可以更加精确地了解重大自然灾害的运动轨迹和危害等级，有利于人们提高应对自然灾害的能力。

6．新零售大数据

新零售大数据的应用有两个层面：一是通过获取的数据，零售行业可以了解客户的消费喜好和趋势，进行商品的精准营销，降低营销成本；二是依据客户购买的产品，为客户提供可能购买的其他产品，扩大销售额，也属于精准营销范畴。

新零售以互联网为依托，通过运用大数据、人工智能等先进技术手段，对商品的生产、流通与销售过程进行升级改造，进而重塑业态结构与生态圈。未来，新零售企业需要具备挖掘消费者需求，以及高效整合供应链，以满足相关需求的能力。因此，信息技术水平的高低成为获得竞争优势的关键要素。

7．互联网金融大数据

1）银行数据应用场景

利用数据挖掘技术分析一些交易数据背后的商业价值。

2）保险数据应用场景

通过数据分析提升保险产品的精算水平，提高利润水平和投资收益。

3）证券数据应用场景

对客户交易习惯和行为进行分析，帮助证券公司获得更多收益。

8.4 大数据产业特点

1．产业数据资产化

在大数据时代，数据渗透到每个行业，逐渐成为企业资产，也成为大数据产业创新的核心驱动力。通过挖掘数据的潜在价值，洞察用户的行为，可推动产业利用数据实现精准和个性化的生产、营销。

2．产业技术的高创新性

如何有效地获取数据、存储数据、整合数据和服务用户，需要大数据产业技术的不断革新，包括大数据的去冗降噪技术、高效率低成本的大数据存储与有效融合技术、非结构化和半结构化数据的高效处理技术、存储和通信能耗技术等。

3．产业决策智能化

首先是指产业自身决策智能化的发展，其次是为行业决策智能化提供数据、技术与管理平台。随着大数据产业的发展，分布式计算推动生产组织向去中心、扁平化、自组织、自协调方向演化，促进劳动与资本一体化，推动决策朝着智能化、科学化的方向发展。

4．产业服务个性化

产业通过数据挖掘，分析用户的兴趣和偏好，针对个体需求开展个性化定制与云推荐业务，从而有效提升产品服务质量，满足用户更高级别的需求，以获得更高的经济收益。

8.5 大数据发展趋势

大数据在各行各业的作用较为突出，在未来具有广阔的发展前景。如今，数据的属性和来源正在发生变化，我们对于数据的关注点也在变化。当我们谈论大数据时，关于风险、道德、管理方面的问题越来越多，这是技术发展的普遍规律，也表明大数据发展进入了一个新阶段。

1．数据的资源化

资源化是指大数据成为企业和社会关注的重要战略资源，因此，企业需要提前制订大数据营销计划，以获得更好的市场机会。

2．与云计算深度结合

大数据离不开云处理，云计算为大数据提供了弹性可拓展的基础设备，它的特色在于对海量数据进行分布式数据挖掘，是产生大数据的平台之一。大数据必然无法用单台的计算机进行处理，必须采用分布式架构，它的特点在于对海量数据进行分布式数据挖掘，因此必须依托云计算的分布式处理、分布式数据库、云存储技术、虚拟化技术等。

3．科学理论的突破

随着大数据的快速发展，数据挖掘、机器学习和人工智能等相关技术兴起，或实现科学理论的突破。

4．数据泄露防范

随着数据的增多，所有企业，无论规模大小，都需要重新审视数据安全问题。企业需要加强防范，避免数据泄露事件的发生。

5．数据管理成为企业核心竞争力

数据管理将成为企业的核心竞争力，直接影响财务表现。当"数据资产是企业核心资产"的概念深入人心后，企业对于数据管理便有了更清晰的界定。

6．数据质量是 BI（商业智能）成功的关键

未来，采用自助式商业智能工具进行大数据处理的企业将会脱颖而出。但企业要面临的一个挑战是，很多数据源可能产生大量低质量数据。因此，企业需要理解原始数据与数据分析之间的关系，从而消除低质量数据，并进行合理决策。

7．数据生态系统复合化程度加强

大数据的世界不只是一个单一的、巨大的计算机网络，而是一个由大量活动构件与多元参与者元素共同构成的生态系统，指包括终端设备提供商、基础设施提供商、网络服务提供商、网络接入服务提供商、数据服务使用者、数据服务提供商、触点服务提供商、数据服务零售商等在内的参与者共同构建的生态系统。

如今，这样的数据生态系统的雏形已然形成，接下来的发展将趋向于系统内部角色的细分，也就是市场的细分；系统机制的调整，也就是商业模式的创新；系统结构的调整，也就是竞争环境的调整等，从而使得数据生态系统复合化程度逐渐提高。

未来，数据分析将会成为大数据发展的核心，大数据除了能够更好地解决社会、科技、经济等问题，还可以解决人们关心的各种问题。

8.6 自主实践

一、预习内容

（1）了解大数据的应用。

(2) 了解获取数据的方法。

二、实践目的

(1) 掌握大数据的简单应用。

(2) 掌握大数据获取信息的简单方法。

三、实践内容

(一) 实训任务

(1) 获取网页信息。

(2) 显示结果。

(二) 操作提示

获取网页上信息的方法有很多，可以通过使用第三方工具，或者编写程序实现。

(1) 正确安装 Python，并启动 Python 程序，如图 8-3 所示。

(2) 新建文件，并输入如下代码，完成网页信息的初步获取，如图 8-4 所示。

代码如下：

```
import requests
def getHTMLText(url):
    try:
        r=requests.get(url,timeout=30)
        r.raise_for_status
        r.encoding=r.apparent_encoding
        return r.text
    except:
        return "产生异常"
if __name__=="__main__":       #全局变量__name__存放的就是当前模块的名字。
    url = "http://www.baidu.com"
    print(getHTMLText(url))
```

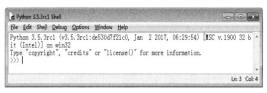

图 8-3　启动 Python 程序

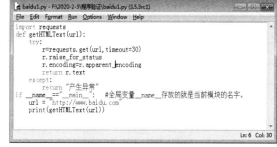

图 8-4　输入代码界面

(3) 可自行继续编写代码，进一步获取数据。

(三) 思考与探究

(1) 获取网页信息的方式有哪些？

(2) 大数据分析工具有哪些？

8.7　拓展实训

从网页上获取名牌大学排名。

(一) 操作提示

(1) 从网络上获取大学排名网页内容。

（2）使用合适的数据结构提取网页中的信息。

（3）利用数据展示并输出结果。

（二）思考与探究

（1）需要具备哪些基础知识？

（2）获取网络数据的规则是什么？

习题 8

1. 当前大数据技术的基础是由（　　）首先提出的。
   A. 微软　　　　　　B. 百度　　　　　　C. 谷歌　　　　　　D. 阿里巴巴
2. 大数据的起源是（　　）。
   A. 金融　　　　　　B. 电信　　　　　　C. 互联网　　　　　D. 公共管理
3. 能够支撑"大数据无所不能"的观点的是（　　）。
   A. 互联网金融打破了传统的观念和行为
   B. 大数据存在泡沫
   C. 大数据具有非常高的成本
   D. 个人隐私泄露与信息安全担忧
4. 数据清洗的方法不包括（　　）。
   A. 缺乏值处理　　　　　　　　　　B. 噪声数据清除
   C. 一致性检查　　　　　　　　　　D. 重复数据记录处理
5. 大数据时代，数据使用的关键是（　　）。
   A. 数据收集　　　　　　　　　　　B. 数据存储
   C. 数据分析　　　　　　　　　　　D. 数据再利用
6. 下面（　　）不是大数据的结构。
   A. 结构化数据　　　　　　　　　　B. 半结构化数据
   C. 非结构化数据　　　　　　　　　D. 混合式结构数据
7. （　　）越来越成为数据的主要部分。
   A. 结构化数据　　　　　　　　　　B. 半结构化数据
   C. 非结构化数据　　　　　　　　　D. 混合式结构数据
8. （　　）不是大数据的特点。
   A. Volume　　　　　　　　　　　　B. Velocity
   C. Variety　　　　　　　　　　　　D. Vain
9. （　　）反映数据的精细化程度，越细化的数据，价值越高。
   A. 规模　　　　　　B. 活性　　　　　　C. 关联度　　　　　D. 颗粒度
10. 智能健康手环的应用开发，体现了（　　）的数据采集技术的应用。
    A. 统计报表　　　　B. 网络爬虫　　　　C. API 接口　　　　D. 传感器

（习题答案）

第 9 章　云计算基础及新技术

中国的云计算已经从概念导入进入到广泛普及、应用繁荣的新阶段，成为提升信息化发展水平、打造数字经济新动能的重要支撑。随着数字化、智能化转型深入推进，云计算正扮演着越来越重要的角色。企业和个人用户只要在云服务平台注册一个账号，就可以通过互联网方便快捷地获取所需的信息技术资源，既降低使用成本，又满足灵活部署、执行高效的业务需求。

9.1 云与云计算

9.1.1 云的概念

"云"是网络、互联网的一种比喻说法。通俗来讲，云是对互联网的升级，意味着互联网并不仅用于存储数据，还可为用户提供某种服务。

"云"是指以云计算、网络及虚拟化为核心技术，通过一系列的硬件和软件，实现"按需服务"的一种计算机技术。

如今，上"云"已经成为社会各界的共识，各行业云，包括金融云、医疗云、电信云、能源云、交通云正加快应用。

9.1.2 云的特点

云是一种新型的信息技术，包括硬件和软件，是可以进行自我维护和管理的虚拟计算资源，通常为一些大型服务器集群，包括计算机服务器、存储服务器、宽带资源等，同时也包括应用端或网络端的硬件及接入服务。

9.1.3 云计算的概念

1. 狭义云计算

狭义"云计算"是指信息技术基础设施的交付和使用模式，指用户通过网络以按需、易扩展的方式获得所需资源。换句话说，云计算指的是厂商通过分布式计算和虚拟化技术搭建数据中心或超级计算机，以免费或按需租用方式向技术开发者或者企业客户等用户提供数据存储、分析及科学计算等服务。

提供资源的网络被称为"云"。"云"中的资源在使用者看来是可以无限扩展的，并且可以随时获取，按需使用，随时扩展，按使用付费。

2. 广义云计算

广义"云计算"是指服务的交付和使用模式，指用户通过网络以按需、易扩展的方式获得所需服务。这种服务可以是信息技术、软件等，也可以是其他服务。

云计算的核心思想是将大量用网络连接的计算资源统一管理和调度，构成一个计算资源池，向用户提供按需服务。

云计算是一种计算模型，它将计算任务分布在大量计算机构成的资源池中，使用户能够按照自己的需要获取计算、存储和信息服务。从本质上讲，云计算是网格计算、分布式计算、并行计算、效用计算、风格存储、虚拟化、负载均衡等传统计算机技术和网络技术发展结合的产物。

云计算实现了通过网络提供可伸缩的、廉价的分布式计算机能力，用户只需要在具备网络接入条件的地方，就可以随时随地获得所需的各种资源。

因此，云计算并不是对某一项独立技术的表示，而是对实现云计算模式所需要的所有技术的总称。

9.1.4 云计算的特点

云计算通过网络，将庞大的计算处理程序自动拆分成无数个较小的子程序，移交给多个服务器，再组成庞大的系统。在完成搜寻、计算分析后，将处理结果回传给用户。基于多种技术混合演进的云计算具备如下特点。

1．超大规模

云计算管理系统具有相当大的规模。Amazon、Google、IBM、Microsoft、Yahoo 等都拥有至少几十万台服务器，如 Google 云计算已经拥有 100 多万台服务器。

2．虚拟化

虚拟化突破了时间、空间的界限，支持用户在任意位置，使用各种终端获取应用服务，所请求的资源来自"云"服务器，应用在"云"中运行，用户无须了解，也不用担心应用运行的具体位置。物理平台与应用部署的环境在空间上是没有任何联系的，可使用虚拟平台对相应终端的操作完成数据备份、迁移和扩展等。

3．高可靠性

云计算提供了可靠、安全的数据存储中心。其使用了数据多副本容错、计算节点同构可互换等措施来保障使用的可靠性。

4．通用性强

云计算不针对特定的应用，在"云"的支撑下可以构造出千变万化的应用，对用户端的设备要求较低，使用方便，同一个"云"可以支撑不同的应用运行。

5．动态可扩展性

云计算可实现不同设备间的数据与应用共享，进行动态可扩展，满足应用和用户的增长需要。并且，云计算具有高效的运算能力，在原有服务器的基础上增加云计算功能可使计算速度迅速提高。

6．廉价按需服务

由于云计算的特殊容错措施，因此可以采用廉价的节点来构成云，企业无须负担高昂的数据中心管理成本。例如，如果没有云计算，那么网站很难用更经济的方式支撑起"峰值应用"。

7．网络接入便捷

不需要考虑时间、地点和复杂的软/硬件设施，只需要简单的网络接入设备，如手机，用户就能够接入"云"，使用现有资源或者购买所需要的服务。

8．灵活性大

目前，市场上的大多数信息技术资源、软/硬件都支持虚拟化，如存储网络、操作系统和开发软/硬件等。虚拟化要素统一放在云系统资源虚拟池中进行管理，可见云计算的兼容性非常强，不仅可以兼容低配置机器、不同厂商的硬件产品，还能够兼容外设，获得更高性能的计算。

云计算的灵活性体现在它能够快速准备计算资源，这也就意味着在数分钟内就能够提供新计算实例或存储能力，这样可以大幅缩短工作的准备与开展时间。

9.2 云计算服务类型及模式

9.2.1 云计算服务类型

1. 公有云

公有云（Public Clouds）是基础服务，通常指第三方提供商为用户提供的能够使用的云。公有云一般可通过 Internet 使用，部分是免费的或成本低廉的。公有云的核心属性是共享资源服务，可在开放的公有网络中提供服务。

公有云的最大意义是能够以低廉的价格，提供有吸引力的服务给最终用户，为用户创造新的业务价值。公有云作为一个支撑平台，还能够整合上游的服务（如增值业务、广告）提供者和下游的终端用户，打造新的价值链和生态系统。它使用户能够访问和共享基本的计算机基础设施，包括硬件、存储和带宽等资源。

优点：用户只需为他们使用的资源支付相应费用。由于服务提供商可以访问云计算基础设施，因此用户无须担心安装和维护的问题。

缺点：由于不同的服务器可能驻留在多个国家，因此不利于统一管理。另外，虽然公有云通过按需付费的定价方式运营，成本效益可观，但在移动大量数据时，其花销会迅速增加。

2. 私有云

私有云（Private Clouds）是为某些客户单独使用而构建的，因此可对数据、安全性和服务质量提供最有效的控制。私有云可部署在企业数据中心的防火墙内，也可以将它们部署在一个安全的主机托管场所，从而保障应用安全。

目前，部分企业已经开始构建自己的私有云，虽然公有云成本低，但是部分规模大的企业（如金融、保险行业）为了兼顾行业、客户私隐，不会将重要数据存放到公共网络上，而是倾向于架设私有云端网络。私有云的使用形式与公有云类似。

然而，架设私有云却是一项重大投资，企业需自行设计数据中心、网络、存储设备，并且拥有专业的顾问团队。

优点：提供了更高的安全性，也可满足特定用户的定制需求。

缺点：安装成本很高。

由于私有云的高度安全性，因此可能会使远程访问变得困难。

3. 混合云

混合云（Hybrid Clouds）是公有云和私有云的结合。由于安全和控制原因，并非所有的企业信息都能放置在公有云上，因此大部分已经应用云计算的企业将会使用混合云模式。

由于公有云只会针对用户使用的资源进行收费，因此混合云将会变成处理需求高峰的一个非常便宜的方式。例如，对一些零售商来说，其操作需求会随着假日的到来而剧增。同时混合云也为其他目的的弹性需求提供了一个很好的基础，如灾难恢复。这意味着私有云把公有云作为灾难转移的平台，并会在需要时使用它。

优点：允许用户利用公有云和私有云的优势。还为应用程序在多云环境中的移动提供了极大的灵活性。此外，混合云模式具有成本效益，企业可以根据需要决定使用成本更高的云计算资源。

缺点：由于混合云是不同的云平台、数据和应用程序的组合，因此将它们整合是一项挑战。在开发混合云时，基础设施之间也会出现兼容性问题。

9.2.2 云计算服务模式

云计算服务模式包括 IaaS、PaaS 和 SaaS。

1. IaaS（Infrastructure as a Service）：基础设施即服务

IaaS 处于底层，是所有应用和平台的基础，也是虚拟化、自动化等云计算关键技术的集中体现层。用来按需提供云计算的计算、存储、带宽等基础设施，消费者通过 Internet 可以从完善的计算机基础设施处获得服务。

IaaS 是把数据中心、基础设施等硬件资源通过 Web 分配给用户的商业模式。这种服务模式需要较大的基础设施投入和长期运营管理经验，但 IaaS 服务单纯出租资源，赢利能力有限。

2. PaaS（Platform as a Service）：平台即服务

PaaS 处于中间层，在一个公共的平台上为应用开发提供接口和软件运行环境等服务。也可以说是向用户提供虚拟的操作系统、数据库管理系统、Web 应用等平台化的服务。

但是，PaaS 的出现可以加快 SaaS 的发展，尤其是加快 SaaS 应用的开发速度。PaaS 服务使得软件开发人员可以在不购买服务器等设备环境的情况下开发新的应用程序。

PaaS 服务的重点不在于直接的经济效益，而是更注重构建和形成紧密的产业生态。

3. SaaS（Software as a Service）：软件即服务

SaaS 处于顶层，提供在线的软件服务，它是一种通过 Internet 提供软件的模式，用户无须购买软件，而是向提供商租用基于 Web 的软件，来管理企业活动。

SaaS 模式大大降低了软件，尤其是大型软件的使用成本，并且由于软件是托管在服务商的服务器上的，因此降低了客户的管理维护成本，可靠性也更高。

PaaS 实际上是指将软件研发的平台作为一种服务，以 SaaS 的模式提交给用户。因此，PaaS 也是 SaaS 模式的一种应用。

SaaS 模式向用户提供应用软件（如 CRM、办公软件等）、组件、工作流等虚拟化软件的服务。SaaS 一般采用 Web 技术和 SOA 架构，通过 Internet 向用户提供多租户、可定制的应用能力，缩短了软件产业的渠道链条，减少了软件升级、定制和运行维护的复杂程度，促使软件提供商从软件产品的生产者转变为应用服务的运营者。

虽然云计算具有三种服务模式，但在使用过程中并不需要严格地对其进行区分。随着技术的发展，底层的基础服务和顶层的平台与软件服务之间的界限并不绝对，三种模式的服务在使用过程中也并不是相互独立的。

底层的云服务商提供最基本的信息技术架构服务，SaaS 层和 PaaS 层的用户可以是 IaaS 云服务商的用户，也可以是终端用户的云服务提供者。

PaaS 层的用户同样也可能是 SaaS 层用户的云服务提供者。从 IaaS 到 PaaS 再到 SaaS，不同层的用户之间互相支持，扮演多重角色。并且，企业根据不同的使用目的同时采用云计算三层服务的情况也很常见。

目前，云计算提供的服务正在从传统的 IaaS 发展到 PaaS 和 SaaS。云服务也从互联网领域扩展到广阔的传统领域。与大数据技术相比，云计算的普及程度相对较快。在云计算服务的推动下，大数据、物联网和人工智能等技术将逐渐应用于传统产业。

9.3 云计算的关键技术

云计算涉及的关键技术如下。

1．虚拟化技术

虚拟化技术是指计算元器件在虚拟的基础资源上运行，而不是在真实的基础资源上运行。使用虚拟化技术可以扩大硬件的容量，简化软件的重新配置过程，减少软件虚拟机相关开销，以及支持更广泛的操作系统。通过虚拟化技术可实现软件应用与底层硬件相隔离。虚拟化技术可分为存储虚拟化、计算虚拟化、网络虚拟化等，计算虚拟化又可分为系统级虚拟化、应用级虚拟化和桌面虚拟化等。

在云计算实现中，计算虚拟化是一切建立在"云"上的服务与应用的基础。虚拟化技术主要应用在 CPU、操作系统、服务器等多个方面，是提高服务效率的最佳解决方案。

2．分布式海量数据存储技术

云计算系统由大量服务器组成，同时为大量用户服务，因此，云计算系统采用分布式存储的方式存储数据，用冗余存储的方式保证数据的可靠性。冗余通过任务分解和集群的方式，用低配机器替代超级计算机的性能来实现低成本，这种方式保证分布式数据的高可用、高可靠和经济性，即为同一份数据存储多个副本。云计算系统中广泛使用的数据存储系统是 Google 的 GFS 和 Hadoop 的 GFS。

3．海量数据管理技术

云计算需要对分布的、海量的数据进行处理、分析，因此，数据管理技术必需能够高效管理大量数据。云计算系统中的数据管理技术主要是 Google 的 BigTable 和 Hadoop 的 HBase。由于云数据存储管理方式不同于传统的 RDBMS 数据管理方式，因此如何在规模巨大的分布式数据中找到特定的数据，也是云计算数据管理技术所必须解决的问题。

同时，管理形式的不同造成传统的 SQL 数据库接口无法直接移植到云管理系统中。另外，在云数据管理方面，如何保证数据的安全性和数据访问的高效性也是研究的重点问题之一。

4．编程模式

云计算提供了分布式的计算模式，客观上要求必须有分布式的编程模式。云计算采用了一种简洁模型 Map-Reduce。Map-Reduce 是一种编程模型和任务调度模型，主要用于数据集的并行运算和并行任务的调度处理。在该模式下，用户只需要自行编写 Map 函数和 Reduce 函数即可进行并行计算。

其中，Map 函数定义各节点中的分块数据的处理方法，Reduce 函数定义中间结果的保存方法及最终结果的归纳方法。

5．云计算平台管理技术

云计算资源规模庞大，服务器数量众多且分布在不同的地点，同时还运行着数百种应用，因此如何有效地管理这些服务器，保证整个系统提供不间断的服务挑战巨大。云计算平台管理技术能够使大量的服务器协同工作，方便进行业务部署和开通，可快速发现和恢复系统故障，通过自动化、智能化的手段实现大规模系统的可靠运营。

9.4 云计算的应用

云计算技术已经普遍用于互联网服务中，最为常见的就是网络搜索引擎和网络邮箱。随着云计算技术的日益成熟，人们可以切实体会到云计算带来的更多便利。

1．云存储应用

云存储是指通过网络技术、分布式文件系统、服务器虚拟化、集群应用等技术将网络中海量的异构存储设备构成可弹性扩张、低成本、低能耗的共享存储资源池，并提供数据存储访问、处理功能的系统服务。

云存储是伴随着云计算技术的发展而衍生出来的一种新兴的网络存储技术，它是云计算的重要组成部分，也是云计算的重要应用之一。它不仅是数据信息存储的新技术、新设备模型，也是一种服务的创新模型。

使用云存储应用，用户可以在本地计算机上创建及修改文件，然后自动同步到网络的微盘中。当用户去其他地点时，可以使用平板电脑等移动设备，继续修改微盘中的文件，并再次进行同步。对于用户来说，微盘就像一个不需要随时携带，但可以随时使用的 U 盘。

2．云呼叫应用

云呼叫应用是基于云计算技术而搭建起来的呼叫中心系统，企业无须购买任何软/硬件系统，只需具备人员、场地等基本条件，就可以快速拥有属于自己的呼叫中心。云呼叫应用具有建设周期短、投入少、风险低、部署灵活、系统容量伸缩性强、运营维护成本低等众多特点。无论是电话营销中心还是客户服务中心，企业只需按需租用服务，便可建立一套功能全面、稳定、可靠，座席遍布全国各地的呼叫中心系统。

3．云搜索应用

搜索引擎对于大家来说并不陌生，不过很多人可能还不知道，搜索也已经步入"云"时代。云计算的核心是让用户从繁重的工作中解放出来，可以将更多的工作交由远程云计算机完成。谷歌抛弃了繁重的目录式搜索方式，大量的工作均可在谷歌的搜索服务器中完成，并可以直接将搜索的结果反馈给用户。

4．云安全应用

云安全是指通过网状的大量客户端对网络中软件行为的异常监测，获取互联网中木马、恶意程序的新信息，推送到服务端进行自动分析和处理，再把解决方案分发到每个客户端。

5．云教育应用

云教育可以将所需要的任何教育硬件资源虚拟化，然后将其传入互联网，以向教育机构及学生、老师提供一个方便使用的平台。例如，慕课（MOOC）、流媒体平台均是云教育的应用。流媒体平台采用分布式架构部署，分为 Web 服务器、数据库服务器、直播服务器和流服务器，如有必要，可在信息中心架设采集工作站，搭建网络电视或实况直播应用。在学校已经部署了录播系统或直播系统的教室配置流媒体功能组件后，录播实况可以实时传送到流媒体平台管理中心的全局直播服务器上，同时学校也可以将录播的内容上传存储到信息中心的流存储服务器，方便今后进行检索、点播、评估等。

6．云会议应用

国内云会议主要是以 SaaS 模式为主体的服务内容，包括电话、网络、视频等服务形式。

云会议是基于云计算技术的一种高效、便捷、低成本的会议形式。使用者只需要通过应用界面进行简单易用的操作，便可快速、高效地与全球各地团队及客户同步分享语音、数据文件及视频等，而会议中数据的传输、处理等复杂技术由云会议服务商提供。

即时语音移动云电话会议是云计算技术与移动互联网技术的完美融合，使用者只需通过移动终端进行简单的操作，即可随时随地、高效地召集和管理会议。

7．云社交应用

云社交是包含物联网、云计算和移动互联网技术的虚拟社交应用模式，以建立"资源分享关系图谱"为目的，进而开展网络社交。云社交的主要特征就是把大量的社会资源统一整合和评测，构成一个资源有效池，向用户按需提供服务。参与分享的用户越多，云社交能够创造的利用价值就越大。

8．云医疗应用

云医疗是指医疗卫生领域在云计算、物联网、大数据、通信、移动应用、多媒体等新技术的基础上，结合医疗技术，使用"云计算"的理念来构建医疗健康服务云平台。

9. 云制造应用

云制造是云计算向制造业信息化领域延伸与发展后的成果。用户通过网络和终端就能随时按需获取制造资源与能力服务，进而完成制造全生命周期的各类活动。

10. 云交通应用

云交通是指在云计算中整合现有资源，并针对未来的交通行业发展整合所需要的各种硬件、软件、数据等。

此外，随着云计算技术产品、解决方案的不断成熟，云计算的应用领域也在不断扩展，衍生出了云音乐、云视频、云杀毒、云物流、云游戏、云环保等，对医药医疗领域、制造领域、金融与能源领域、电子政务领域、教育科研领域等影响巨大，同时，在数据存储、虚拟办公等方面，也发挥了巨大的作用。

9.5 物联网

"物联网"是在互联网的基础上延伸和扩展出来的网络，是新一代信息技术的重要组成部分，也是"信息化"时代的重要发展阶段。物联网通过智能感知、识别技术与普适计算等技术，广泛应用于网络的融合中，也因此被称为继计算机、互联网之后，世界信息产业发展的第三次浪潮。

9.5.1 物联网的起源

1999 年，美国 Auto-ID 实验室首先提出"物联网"的概念。2005 年 11 月 17 日，在突尼斯举行的信息社会世界峰会（WSIS）上，国际电信联盟（ITU）发布了《ITU 互联网报告 2005：物联网》，正式提出了"物联网"的概念。报告指出，无所不在的"物联网"通信时代即将来临，世界上所有的物体，从轮胎到牙刷、从房屋到纸巾都可以通过因特网主动进行交换。我国在 1999 年提出"传感网"概念，并在当年启动了传感网的研究和开发。

物联网概念的问世，打破了之前人们的传统思维。在过去，人们的思路一直是将物理基础设施和信息技术基础设施分开，一方面是机场、公路、建筑物，另一方面是数据中心、个人计算机、宽带等。而物联网的设计思路在于物体之间的通信，以及物体之间的在线互动。

9.5.2 物联网的概念

物联网是指通过信息传感设备，按约定的协议，将物体与网络相连接，物体通过信息传播媒介进行信息交换和通信，以实现智能化识别、定位、跟踪、监管等功能。

简单来说，"物联网"就是物物相连的互联网，其涵盖两层含义：

（1）物联网的核心和基础仍然是互联网，是在互联网基础上的延伸和扩展；

（2）在任意物体之间都能够进行信息交换和通信。

而"物联网"中"物"本身需要满足如下条件，才能够被纳入"物联网"的范畴：

（1）要有数据传输通路；

（2）要有一定的存储功能；

（3）要有 CPU；

（4）要有操作系统；

（5）要有专门的应用程序；

（6）遵循物联网的通信协议；

（7）在世界网络中有可被识别的唯一编号。

9.5.3 物联网的特征

从通信对象和通信过程来看，物联网的实质是通过计算机互联网实现物品的自动识别和信息的互联与共享，因此物与物、人与物之间的信息交互才是物联网的核心，并且以用户体验为核心的创新才是物联网发展的关键。

物联网的特征如下。

1．整体感知

物联网可以利用射频识别、二维码、智能传感器等感知设备感知获取物体的各类信息。

2．可靠传输

物联网通过对互联网、无线网络的融合，可将物体的信息实时、准确地传送，以便信息交流、分享。

3．智能处理

物联网使用各种智能技术，对感知和传送到的数据、信息进行分析处理，实现监测与控制的智能化。

9.5.4 物联网的功能

1．获取信息的功能

获取信息的功能主要是指信息的感知、识别。

信息的感知是指对事物属性状态及其变化方式的知觉；信息的识别是指能把所感受到的事物状态用一定的方式表示出来。

2．传送信息的功能

获取信息的功能主要是指在信息的发送、传输、接收等环节，将获取的事物状态信息及其变化的方式从时间（或空间）上的一点传送到另一点，也就是常说的通信过程。

3．处理信息的功能

处理信息的功能主要是指信息的加工过程，实际是制定决策的过程。

4．施效信息的功能

施效信息的功能主要是指信息最终发挥效用的过程，有很多的表现形式，比较重要的是通过调节对象事物的状态及其变换方式，始终使对象事物处于预先设计的状态。

9.5.5 物联网的关键技术

物联网的关键技术分别对应物联网结构的 3 个层次，即感知层、网络传输层和应用层。

感知层主要以二维码、射频识别技术为主，实现"物"的识别；

网络传输层通过现有的互联网、广电网、通信网或 NGN（下一代网络），实现数据的传输与计算；

应用层包括输入/输出控制终端。

1．射频识别技术（RFID）

RFID 是一种无接触的自动识别技术，利用射频信号及其空间耦合传输特性，实现对静态或移动待识别物体的自动识别，用于对采集点的信息进行"标准化"标识，让物体能够"开口说话"。鉴于 RFID 具有可实现无接触的自动识别、全天候、识别穿透能力强、无接触磨损、可同时实现对多个物体的自动识别、可以随时掌握物体的准确位置及其周边环境等诸多特点，因此将其应用到物联网领域，使其与互联网、通信技术相结合，可实现全球范围内物品的跟踪与信息的共享，在物联网"识别"信息和近程通信中起着至关重要的作用。

2．传感器技术

传感器作为现代科技的前沿技术，被认为是现代信息技术的三大支柱之一。

传感器可通过声、光、电、热、力、位移、湿度等信号来感知现实世界，为物联网提供原始的信息。传感器可以采集大量信息，它是许多装备和信息系统必备的信息摄取手段。若无传感器对最初信息的检测和捕获，所有控制与测试都不能实现。物联网经常处在自然环境中，传感器会受到恶劣环境的考验。所以，对传感器技术的要求就会更加严格、更加苛刻。我们可以通过温度传感器感知鱼塘水温，通过压力传感器感知桥梁受力情况等。

3．网络通信技术

网络通信技术包含很多重要技术，其中 M2M（Machine to Machine/Man）技术最为关键，其是一种以机器终端智能交互为核心的、网络化的应用与服务。基于云计算平台和智能网络，我们可以依据传感器网络获取的数据进行决策。网络通信技术的应用范围广泛，不仅能与远距离技术相衔接，还能与近距离技术相衔接。现在的 M2M 技术以机器对机器通信为核心。

4．信息融合技术

使用信息融合技术对收集到的各种感知信息进行综合分析处理，可以实现实时监控、信息管理、实时预警、智能决策等功能。

例如，通过对感知到的鱼塘水温、pH 值、溶解氧及氨氮等信息进行融合处理，可实时对鱼塘水质状况进行综合评价。

5．云计算

云计算旨在通过网络把多个成本相对较低的计算实体整合成一个具有强大计算能力的系统，具体介绍可见前面的内容。

9.5.6　物联网的应用领域

物联网的应用领域涉及方方面面，其在工业、农业、环境、交通、物流、安保等基础设施领域的应用，有效地推动了领域的智能化发展，使得有限的资源可以更加合理地进行使用和分配，从而提高行业的工作效率及效益。物联网在智能交通、智能家居、公共安全、智慧城市、智能物流、医疗健康、教育、金融与服务、旅游等领域的应用，大大地提高了人们的生活质量。

2019 年，物联网技术行业应用高峰论坛暨年度研究发布会在北京举行，会上正式发布了《物联网技术行业应用年度研究报告（2018—2019 年度）》。研究报告指出，当前，我国物联网产业已形成包括芯片和元器件、传感设备、软件平台、系统集成、电信运营、物联网应用和服务在内的较为完善的产业体系。

在市场和政府的驱动引领下，物联网产业正在进入加速发展阶段。物联网除了自身的产业发展，还与众多领域融合，拉动更多产业快速增长。

9.5.7　物联网的安全性问题

虽然物联网近年来的发展渐成规模，各国都投入了巨大的人力、物力、财力来进行研究和开发。但是在技术、管理、成本、政策、安全等方面仍然存在许多需要攻克的难题。

传统的互联网发展成熟、应用广泛，尚存在安全漏洞。物联网作为新兴产物，体系结构更为复杂，且没有统一标准，面临更多安全挑战。

因此，我们应该经常思考"现有防御能力够不够，能否抵抗攻击"，不能盲目乐观，要时刻绷紧"网络安全"这根弦。

（1）要构建物联网信息安全的完备体系，完善自身组织架构、理论框架和制度设计等顶层设计；

（2）要关注技术本身，物联网安全与传统的网络安全相比有自身特点，更需要深入研究、持续创新、寻找解决方案；

（3）关注物联网信息安全生态圈建设，联合地方政府、行业协会、企业、高校及科研院所等共建安全生态圈。

9.6 人工智能

9.6.1 人工智能的概念

人工智能（Artificial Intelligence，AI）是研究、开发用于模拟、延伸和扩展人的智能的理论、方法、技术及应用系统的一门技术科学。

人工智能的定义可以分为两部分，即"人工"和"智能"。"人工"较好理解。关于什么是"智能"，涉及意识、自我、思维等问题。人类唯一了解的智能是人类本身的智能，这是普遍认同的观点。人工智能是相对于人类自然智能而言的，即用人工的方法和技术实现某些"机器思维"。

总的来说，人工智能研究的一个主要目标是使机器能够胜任一些通常需要人类智能才能完成的复杂工作。

9.6.2 人工智能的发展历程

1956年夏季，麦卡赛、明斯基、罗切斯特和申农等一批具有远见卓识的科学家在美国汉诺弗小镇的达特茅斯学院举行学术会议，这次会议被命名为"人工智能夏季研讨会"，也被公认为是人工智能研究的起点，首次提出了"人工智能"概念，它标志着"人工智能"的正式诞生。

人工智能的发展大致经历了三个重要的阶段。

（1）人工智能第一阶段：科学家制作出具有初步智能的机器，但由于只能完成指定的工作，因此局限性明显。

1956—1974年是人工智能发展的第一个黄金时期，除了在数学算法和方法论方面取得了新进展，科学家们还制作出具有初步智能的机器，如能证明应用题的机器STUDENT，可以实现简单人机对话的机器ELIZA。不过后来人们发现，这一时期的人工智能只能完成指定的工作，对于超出范围的任务则无法应对，存在局限性。

（2）人工智能第二阶段：模拟人类专家解决某个领域问题的计算机程序系统，即"专家系统"得到开发应用。

进入20世纪80年代，人工智能相关的数学模型取得了一系列重大发现，技术的突破催生了专家系统的开发应用。专家系统是一种模拟人类专家解决某个领域问题的计算机程序系统，由于这个系统只能在人工智能计算机上运行，而这种计算机普遍存在价格昂贵且难以维护的缺点。随着个人计算机性能的提升和价格的降低，这种人工智能计算机逐渐被市场淘汰，专家系统也逐渐淡出人们的视野。

（3）人工智能第三阶段：人工智能在人类社会的各个领域得到广泛应用。

2006年，杰弗瑞·辛顿突破性地提出了"深度学习"的概念，"深度学习"可以高度模拟人脑的思维模式，就像初生的婴儿一点一点开始学习一样，人工智能也可以依靠神经网络这一新技术进行无监督的自我学习。

随着近年来计算机硬件水平的提升，互联网、大数据、云计算等新一代信息技术正在加速演进，互联网的信息呈现爆炸性增长，这也为人工智能的学习提供了海量的资料，人工智能迎来第三次高速发展。2016 年，Alpha Go 战胜韩国围棋手李世石，如图 9-1 所示。

图 9-1　Alpha Go 战胜韩国围棋手

9.6.3　人工智能的应用领域

在技术突破和应用需求的双重驱动下，人工智能在智能机器人、无人机、金融、医疗、安防、驾驶、搜索、教育等领域得到了较为广泛的应用。

在大数据、算力和算法"三驾马车"的拉动下，人工智能技术快速进步并在一些方面超越了人类。人工智能的应用领域包括：

（1）问题求解；

（2）逻辑推理与定理证明；

（3）自然语言处理；

（4）自动程序设计；

（5）智能信息检索技术；

（6）专家系统；

（7）机器学习；

（8）人工神经网络；

（9）机器人学；

（10）指纹识别；

（11）人脸识别；

（12）掌纹识别；

（13）模式识别；

（14）机器视觉；

（15）智能控制。

在很多人看来，人工智能技术似乎已经无所不能，更有一些观点认为人工智能会导致人类失业。但事实上，人工智能的发展仍然处在初级阶段，需要解决的问题还有很多。与大脑相比，人工智能还存在"算法黑箱"，且有数据需求量大、抗噪性差、能耗高等不足，人工智能的发展之路还很长。

9.6.4　人工智能与大数据、云计算、物联网的关系

大数据带来的最大价值就是"智慧"，大数据是人工智能的基石，同时，人工智能可以进一步提升分析和理解数据的能力。云计算可以为人工智能的开发提供足够的计算能力，云计算技术与人

工智能技术的结合不仅可以降低开发难度，还可以增强应用体验。人工智能与大数据、云计算、物联网的关系如图 9-2 所示。

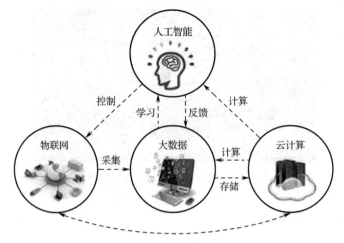

图 9-2　人工智能与大数据、云计算、物联网的关系

（1）物联网解决的是感知真实世界的能力；
（2）云计算解决的是提供强大的能力去承载数据；
（3）大数据解决的是对海量的数据进行挖掘和分析，把数据变成信息；
（4）人工智能解决的是对数据进行学习和理解，把数据变成知识和智慧。

在这 4 个层次中，物联网处在采集层，云计算处在承载层，大数据处在挖掘层，人工智能处在学习层，它们之间彼此联系，相互支撑。

9.7　区块链

9.7.1　区块链的概念

1. 区块的概念

"区块"是一种记录交易的数据结构。每个区块由区块头和区块主体组成，区块主体负责记录前一段时间内的所有交易信息，区块链的大部分功能都由区块头实现。区块头中包括多重数据，如父区块哈希值、版本、时间戳、难度、Nonce、Merkle 根。父区块哈希值是让每个区块首尾相连的关键信息，以保证数据难以篡改。区块头中还有时间戳的值，记录该区块产生的时间，能够精确到秒，使得每笔数据可以追溯。

2. 区块链的概念

区块链是一种由多方共同维护，使用密码学保证传输和访问安全，能够实现数据一致存储、难以篡改、防止抵赖的记账技术，也称为分布式账本技术。

区块链是一个链式数据结构存储的分布式账本（数据库），可以在弱信任环境下，帮助用户分布式地建立一套信任机制，保障用户业务数据难以被非法篡改、公开透明、可溯源。

简而言之，每个参与者手上都有一个独立账本。每一次变化，记一次账，都要对所有参与者进行广播，所有人都确认后，才能被记录到账本中。

2018 年 6 月，《工业互联网发展行动计划（2018－2020）》发布，鼓励区块链等新兴前沿技术在工业互联网中的应用研究与探索。区块链产业从上游的平台服务、安全服务，到下游的产业技术应用服务,再到保障产业发展的行业投资融资、媒体、人才服务,各领域的公司已经基本完备,协同有序,共同推动产业不断发展。

9.7.2 区块链的类型

1. 公有区块链

公有区块链是指世界上任何个体或者团体都可以发送交易,且交易能够获得该区块链的有效确认,任何人都可以参与其共识过程。公有区块链是最早的区块链,也是应用最广泛的区块链。

2. 联盟(行业)区块链

联盟区块链由某个群体内部指定多个预选的节点为记账人,每个块的生成由所有的预选节点共同决定(预选节点参与共识过程),其他接入节点可以参与交易,但不过问记账过程(本质上还是托管记账,只是变成分布式记账,预选节点的多少、如何决定每个块的记账者成为该区块链的主要风险点),其他任何人都可以通过该区块链开放的 API 进行限定查询。

3. 私有区块链

私有区块链仅仅使用区块链的总账技术进行记账,可以是一个公司,也可以是个人,独享该区块链的写入权限,本链与其他的分布式存储方案没有太大区别。

9.7.3 区块链的特征

1. 去中心化

区块链技术不依赖额外的第三方管理机构或硬件设施,没有中心管制。去中心化是区块链最突出的特征。

2. 开放性

区块链技术基础是开源的,除了交易各方的私有信息被加密,区块链的数据对所有人开放,任何人都可以通过公开的接口查询区块链数据和开发相关应用,因此整个系统信息高度透明。

3. 独立性

区块链基于协商一致的规范和协议(类似比特币采用的哈希算法等各种数学算法),整个区块链系统不依赖其他第三方,所有节点能够在系统内自动、安全地进行验证、交换数据,不需要任何人为干预。

4. 安全性

只要不能掌控全部数据节点的 51%,就无法肆意操控修改网络数据,这使区块链本身变得相对安全,避免了主观人为的数据变更。

5. 匿名性

除非有法律规范要求,单从技术上来讲,各区块节点的身份信息不需要公开或验证,信息传递可以匿名进行。

9.7.4 区块链的核心技术

1. 分布式账本

分布式账本指的是交易记账由分布在不同地方的多个节点共同完成,而且每一个节点记录的是完整的账目,因此它们都可以参与监督交易的合法性,同时也可以共同为其作证。

跟传统的分布式存储有所不同,区块链的分布式存储的独特性主要体现在两个方面:一是区块链每个节点都按照块链式结构存储完整的数据,传统分布式存储一般是将数据按照一定的规则分成多份进行存储;二是区块链每个节点的存储都是独立的、地位等同的,依靠共识机制保证存储的一致性,而传统分布式存储一般是通过中心节点往其他备份节点同步数据。没有任何一个节点可以单独记录账本数据，从而避免了单一记账人被控制或者被贿赂，从而出现记假账的可能性。由于记账节点足够多，理论上讲，除非所有的节点被破坏，否则账目不会丢失，从而保证了账目数据的安全性。

2．非对称加密

存储在区块链上的交易信息是公开的，但是账户身份信息是高度加密的，只有在数据拥有者授权的情况下才能访问到，从而保证了数据的安全和个人的隐私。

3．共识机制

共识机制就是使所有的记账节点之间达成共识，以及认定一个记录的有效性，这既是认定的手段，也是防止篡改的手段。区块链提出工作量证明、权益证明和股份授权证明等共识机制，适用于不同的应用场景，在效率和安全性之间取得平衡。

区块链的共识机制具备"少数服从多数"以及"人人平等"的特点，其中"少数服从多数"并不完全指节点个数，也可以是计算能力、股权数或者其他的计算机可以比较的特征量。"人人平等"是指当节点满足条件时，所有节点都有权优先提出共识结果、直接被其他节点认同后并有可能成为最终共识结果。以比特币为例，其采用的是工作量证明，只有在控制了全网超过 51% 的记账节点的情况下，才有可能伪造出一条不存在的记录。当加入区块链的节点足够多的时候，基本不可能出现类似情况，从而杜绝了造假的可能。

4．智能合约

智能合约基于这些可信的、不可篡改的数据，自动化地执行一些预先定义好的规则和条款。以保险为例，如果说每个人的信息（包括医疗信息和风险发生的信息）都是真实可信的，那么在一些标准化的保险产品中，就可以很容易地进行自动化的理赔。在保险公司的日常业务中，虽然交易不像银行和证券行业那样频繁，但是对可信数据的依赖有增无减。因此，利用区块链技术，从数据管理的角度切入，能够有效地帮助保险公司提高风险管理能力。具体来讲主要分为投保人的风险管理和保险公司的风险监督。

9.7.5 区块链的应用

1．金融领域

区块链在国际汇兑、信用证、股权登记和证券交易等金融领域有着潜在的巨大应用价值。将区块链技术应用在金融行业中，能够省去第三方中介环节，实现点对点的直接对接，从而在大大降低成本的同时，还可以快速完成交易支付。

例如，Visa 推出基于区块链技术的 Visa B2B Connect，它能为机构提供一种费用更低、更快速和更安全的跨境支付方式，以处理全球范围的企业对企业的交易。Visa 还联合 Coinbase 推出了首张比特币借记卡，花旗银行则在区块链上测试运行加密货币"花旗币"。

目前，区块链技术已从数字资产向票据管理、产品溯源、存证取证、版权保护、数据共享、智能制造等诸多领域延伸拓展。

2．物联网和物流领域

通过区块链可以降低物流成本，追溯物品的生产和运送过程，并且提高供应链管理的效率。该领域被认为是区块链一个很有前景的应用方向。

区块链通过节点连接的散状网络分层结构，能够在整个网络中实现信息的全面传递，并能够检验信息的准确程度。这种特性在一定程度上提高了物联网交易的便利性和智能化。区块链+大数据的解决方案就利用了大数据的自动筛选过滤模式，在区块链中建立信用资源，可双重提高交易的安全性，并提高物联网交易便利程度，为智能物流模式应用节约时间成本。区块链节点具有十分自由的进出能力，可独立参与或离开区块链体系，不对整个区块链体系有任何干扰。区块链+大数据解决方案就利用了大数据的整合能力，促使物联网基础用户拓展更具方向性，便于在智能物流的分散用户之间实现用户拓展。

3. 公共服务领域

区块链在公共管理、能源、交通等领域的应用都与民众的生产、生活息息相关，这些领域的中心化特质所带来的问题，可以用区块链来改造。区块链提供的去中心化的完全分布式 DNS 服务，通过网络中各个节点之间的点对点数据传输服务就能实现域名的查询和解析，可用于确保某个重要的基础设施的操作系统和固件没有被篡改，可以监控软件的状态和完整性，发现不良的篡改，并确保使用了物联网技术的系统所传输的数据没有经过篡改。

4. 数字版权领域

通过区块链技术，可以对作品进行鉴权，证明文字、视频、音频等作品的存在，保证权属的真实性、唯一性。作品在区块链上被确权后，后续交易都会进行实时记录，实现数字版权全生命周期管理，也可作为司法取证中的技术性保障。例如，美国纽约一家创业公司 Mine Labs 开发了一个基于区块链的元数据协议，这个名为 Mediachain 的系统利用 IPFS 文件系统，实现数字作品版权保护，主要是面向数字图片的版权保护应用。

5. 保险领域

在保险理赔方面，保险机构负责资金归集、投资、理赔，往往管理和运营成本较高。通过智能合约的应用，既无须投保人申请，又无须保险公司批准，只要触发理赔条件，即可实现保单自动理赔。一个典型的应用案例就是 LenderBot，其是 2016 年由区块链企业 Stratumn、德勤与支付服务商 Lemonway 合作推出的，它允许人们通过 Facebook Messenger 的聊天功能注册定制化的微保险产品，为个人与个人之间交换的高价值物品进行投保，而区块链在贷款合同中代替了第三方角色。

6. 公益领域

区块链上存储的数据高可靠且不可篡改，适合用在社会公益场景。公益流程中的相关信息，如捐赠项目、募集明细、资金流向、受助人反馈等，均可以存放于区块链上，并且有条件地进行公示，方便社会监督。

从目前的"互联网+"到未来的"区块链+"，区块链技术的广泛应用以及和人工智能、大数据、物联网等前沿信息技术的深度融合，将为经济、金融、交通、教育、医疗、养老、扶贫、社会保障等许多领域赋能，并推动这些领域技术应用和公共服务的集成化、智能化和智慧化。区块链技术的应用场景将从目前的跨境交易、金融创新、供应链整合等经济领域，延伸到民生需求、城市治理和政务服务等社会政策和公共服务领域，使人民群众可以享受到区块链技术带来的美好生活。

9.7.6 区块链面临的挑战

从实践进展来看，区块链技术在商业银行的应用大部分仍处于构想和测试之中，距离在生活、生产中的运用还有很长的路，而要获得监管部门和市场的认可也面临诸多困难。

1. 受到现行观念、制度、法律制约

区块链去中心化、自我管理、集体维护的特性颠覆了人们的生产生活方式，淡化了监管概念。对于这些，我们还缺少理论准备和制度探讨。即使是区块链应用最成熟的比特币，不同国家持有的态度也不相同，不可避免地阻碍了区块链技术的应用与发展。

2. 在技术层面，区块链尚需突破性进展

区块链应用尚在实验室初创开发阶段，没有直观可用的成熟产品。另外，区块链还存在区块容量问题，由于区块链需要复制之前产生的全部信息，下一个区块信息量要大于之前的区块信息量，因此这样传递下去，区块写入信息会无限增大，带来的信息存储、验证、容量问题有待解决。

只有不断加强基础技术理论的研究和突破，区块链才能安全、可靠、持续地发展与应用。不断完善基础支撑设施，区块链应用的落地才能有序、健康。

一方面，要加强相关基础技术理论的研究，例如，与区块链性能和安全相关的共识算法、与数据隐私相关的零知识证明等密码算法；另一方面，需加快完善基础支撑设施的建设，例如，区块链行业公共网络、分布式数字身份体系等。

3. 竞争性技术挑战

虽然有很多人看好区块链技术，但我们也要看到推动人类发展的技术有很多种，哪种技术更方便、更高效，人们就会应用该技术。例如，在通信领域应用区块链技术，发信息的方式是每次发给全网的所有人，但是只有那个有私钥的人才能解密打开信件，这样信息传递的安全性会大大增加。同样，利用量子纠缠效应进行信息传递，同样具有高效、安全的特点，近年来更是取得了不小的进展，这对于区块链技术来说，就具有很强的竞争优势。

目前，我国在区块链领域已具备一定发展基础。在技术研发方面，骨干企业加大投入力度，加快突破关键核心技术，提升区块链性能、效率、安全性；在标准化方面，全国区块链和分布式记账技术标准化委员会已获筹建，标准体系加快完善；在产业生态方面，底层基础设施、应用基础平台、行业应用开发以及周边配套服务的产业链已初步形成。

虽然我国已经开始探索区块链在物联网、智能制造等领域的应用落地，但总体看，由于区块链涉及场景较为复杂，落地模式还不够清晰，区块链在实体经济领域的应用还处于起步阶段，因此还须完善技术，找准应用场景，解决工程实施等现实难题。未来，区块链技术在我国政务、金融、民生等相关领域都将具有广阔的应用前景。

9.8 5G

随着移动互联网的发展，越来越多的设备接入移动网络，新的服务和应用层出不穷，移动数据流量的急速增长给网络带来了严峻的挑战。

首先，如果按照当前移动通信网络的发展，容量难以支持千倍流量的增长，网络能耗和比特成本难以承受。

其次，流量增长必然对频谱提出新要求，而移动通信频谱稀缺，可用频谱呈大跨度、碎片化分布，难以实现频谱的高效使用。

再次，要提升网络容量，必须智能高效地利用网络资源。

最后，未来网络必然是一个多网并存的异构移动网络，要提升网络容量，必须解决高效管理各个网络、简化互操作、提高用户体验的问题。

因此，为了解决上述挑战，满足日益增长的移动流量需求，急需发展新一代移动通信网络。

9.8.1 基本概念

第五代移动通信技术（简称5G）是新一代蜂窝移动通信技术，也是4G、3G和2G的延伸。

与4G相比，5G传输速率提高了10至100倍。5G的性能目标是高数据速率、减少延迟、节省能源、降低成本、提高系统容量和大规模设备连接等，分别对应着三大技术场景，即增强移动宽带、大规模移动通信、高可靠和低时延。

9.8.2 网络特点

（1）峰值速率需要达到Gbit/s的标准，以满足高清视频、虚拟现实等大数据量传输。

（2）空中接口时延水平需要在 1ms 左右，满足自动驾驶、远程医疗等实时应用。

（3）超大网络容量，提供千亿台设备的连接能力，满足物联网通信。

（4）频谱效率要比 LTE 提升 10 倍以上。

（5）连续广域覆盖和高移动性下，用户体验速率达到 100Mbit/s。

（6）流量密度和连接数密度大幅度提高。

（7）系统协同化、智能化水平提升，表现为多用户、多点、多天线、多摄取的协同组网，以及网络间灵活地自动调整。

9.8.3 关键技术

我国拥有完善的终端产业链与全球领先的 5G 技术，尤其在频谱资源、基站站址数量及建设能力、消费者的认知和需求、行业与企业的参与度、政府的支持等方面具备优势。随着 5G 商用落地，也加速了区块链、人工智能等前沿技术与传统产业融合发展。

1. 超密集异构网络

5G 网络正朝着网络多元化、宽带化、综合化、智能化的方向发展。在未来的 5G 网络中，减小小区半径，增加低功率节点数量，是保证未来 5G 网络支持 1000 倍流量增长的核心技术之一。因此，超密集异构网络成为未来 5G 网络提高数据流量的关键技术。

准确、有效地感知相邻节点是实现大规模节点协作的前提条件。由于超密集网络的部署，使得小区边界数量剧增。为了满足移动性需求，势必出现新的切换算法。另外，由于用户部署的大量节点的开启和关闭具有突发性和随机性，使得网络拓扑和干扰具有大范围动态变化特性；各小站中较少的服务用户也容易导致业务的空间和时间分布出现剧烈动态变化。因此，网络动态部署技术也是研究的重点。

2. 自组织网络

在传统移动通信网络中，主要依靠人工方式完成网络部署及运维，既耗费大量人力资源，又增加运行成本，而且网络优化也不理想。在未来 5G 网络中，将面临网络的部署、运营及维护的挑战，这主要是由于网络存在各种无线接入技术，且网络节点覆盖能力各不相同，它们之间的关系错综复杂。因此，自组织网络的智能化将成为 5G 网络必不可少的一项关键技术。

自组织网络技术解决的关键问题主要有以下两点：

（1）网络部署阶段的自规划和自配；

（2）网络维护阶段的自优化和自愈合。

3. 内容分发网络

在 5G 网络中，面向大规模用户的音频、视频、图像等业务急剧增长，网络流量的急速增长会极大地影响用户访问互联网的服务质量。如何有效地分发大流量的业务内容，降低用户获取信息的时延，成为网络运营商和内容提供商面临的一大难题。仅仅依靠增加带宽并不能解决问题，它还受到传输中路由阻塞和延迟、网站服务器的处理能力等因素的影响。内容分发网络会对未来 5G 网络的容量与用户访问具有重要的支撑作用。

内容分发网络是在传统网络中添加新的层次，即智能虚拟网络。内容分发网络综合考虑各节点连接状态、负载情况以及用户距离等信息，通过将相关内容分发至靠近用户的内容分发网络代理服务器上，以实现用户就近获取所需的信息，网络拥塞状况得以缓解，缩短响应时间，提高响应速度。

因此，源服务器只需要将内容发给各个代理服务器，用户即可从就近的、带宽充足的代理服务器上获取内容，减小网络时延并提高用户体验。

随着云计算、移动互联网及动态网络内容技术的推进，内容分发网络逐步趋向于专业化、定制化，在内容路由、管理、推送以及安全性方面面临新的挑战。

4．D2D 通信

在 5G 网络中，网络容量、频谱效率需要进一步提升，更丰富的通信模式以及更好的终端用户体验也是 5G 网络的演进方向。设备到设备（D2D）通信具有潜在的提升系统性能、增强用户体验、减轻基站压力、提高频谱利用率的前景。因此，D2D 通信是未来 5G 网络中的关键技术之一。

D2D 通信是一种基于蜂窝系统的近距离数据直接传输技术。D2D 会话的数据直接在终端之间进行传输，不需要通过基站转发，而相关的控制信令，如会话的建立、维持、无线资源分配以及计费、鉴权、识别、移动性管理等仍由蜂窝网络负责。蜂窝网络引入 D2D 通信，可以减轻基站负担，降低端到端的传输时延，提升频谱效率，减小终端发射功率。当无线通信基础设施损坏，或者存在无线网络的覆盖盲区时，终端可借助 D2D 通信实现端到端通信，甚至接入蜂窝网络。在 5G 网络中，用户既可以在授权频段部署 D2D 通信，也可在非授权频段部署。

5．M2M 通信

M2M 作为物联网最常见的应用形式，在智能电网、安全监测、城市信息化、环境监测等领域实现了商业化应用。3GPP 已经针对 M2M 网络制定了一些标准，并已立项开始研究 M2M 关键技术。M2M 的定义主要有广义和狭义两种。广义的 M2M 主要是指机器与机器、人与机器以及移动网络与机器之间的通信，它涵盖了所有实现人、机器、系统之间通信的技术；从狭义上说，M2M 仅仅指机器与机器之间的通信。智能化、交互式是 M2M 有别于其他应用的典型特征，这一特征下的机器也被赋予了更多的"智慧"。

6．信息中心网络

随着实时音频、高清视频等服务的日益激增，基于位置通信的传统 TCP/IP 网络无法满足数据流量分发的要求。网络呈现出以信息为中心的发展趋势。信息中心网络（ICN）的思想最早是于 1979 年由 Nelson 提出来的，后来被 Baccala 强化。作为一种新型网络体系结构，ICN 的目标是取代现有的 IP。

ICN 虽然具备一定的优势，但挑战同样存在，如目前面临 5G 建网运营成本较高、计费机制不完善、物联网碎片化，以及存在行业壁垒、跨界整合不充分，"最后一公里"落地难等挑战。

9.8.4　5G 创新应用领域

1G 技术实现移动通话，2G 技术实现收发短信，3G 技术满足图片传输需求，宽带化的 4G 技术让即时通信、移动支付等蓬勃兴起。作为新一代移动通信技术，5G 技术必须通过应用才能体现出来，无论是消费级的应用，还是行业级的应用，终将会在多种场景下形成丰富的标志性应用，深刻改变人类的生产生活。

1．车联网与自动驾驶

车联网技术经历了利用有线通信的路侧单元（道路提示牌）以及 2G/3G/4G 网络承载车载信息服务的阶段，如今正在依托高速移动的通信技术，逐步步入自动驾驶时代。根据国家的汽车发展规划，依托传输速率更高、时延更低的 5G 网络，将在未来实现自动驾驶汽车的量产。

2．AI 医疗辅助系统

5G 技术将开辟许多新的应用领域，其因为传输速率更高、时延更低的特点首次满足了远程呈现，甚至远程手术的要求。

3．全媒体应用

5G 具有"两高"特性，即高速率和高容量。

因此，媒介中的视频内容成为主流表达方式。高容量则意味着在网络的一定区域内可以接入的传感器、信号源数量非常丰富,从而强化媒介的关联作用。

此外,5G 还具有"两低"特性,即低时延和低能耗。

低时延能带来场景的同步分享,促使无人设备实现自动化和远程操控。低能耗则可以使传感器降低维持成本,实现全时在线、永远在线。传感器的使用将不再受限,与人类活动相关的场景都可能通过传感器记录数据、描述数据。

这些数据如果能被记录,那么在未来的产业和社会发展中,就会成为具有重大价值、发挥重要功能的动力资源,成为促进社会发展的巨大变量,为全媒体时代的到来创造更多可能。

除此之外,在 5G 智慧港口建设、5G+智慧零售、5G 智慧社区、5G 工业互联网端到端应用、5G 肺癌筛查车、5G 智慧博物馆等各个不同领域也已实现 5G 的应用。

5G 将触发大数据、云计算、物联网、人工智能、区块链等技术深度结合,产生远远超过单个技术能力的聚合效应。

9.9 自主实践

百度网盘是百度推出的一项云存储服务,用户可以轻松将自己的文件上传到网盘,并可跨终端,随时随地查看和分享文件。百度网盘的登录方式有两种:计算机登录和手机登录。

一、预习内容

(1) 了解网盘的概念。

(2) 了解网盘的功能。

二、实践目的

(1) 掌握申请网盘的步骤。

(2) 掌握网盘的应用。

三、实践内容

(一) 实训任务

(1) 使用计算机登录百度网盘。

(2) 使用手机登录百度网盘。

(二) 操作提示

(1) 使用计算机登录。

在百度搜索引擎搜索"百度网盘",如图 9-3 所示,找到"百度网盘"的官网,进入官网,选择客户端下载。

图 9-3 百度搜索界面

选择"Windows",也可根据需要选择其他版本,单击"下载 PC 端"按钮,如图 9-4 所示。

图 9-4　百度网盘下载界面

安装后，打开百度网盘的登录界面，如图 9-5 所示。

图 9-5　百度网盘的登录界面

首先要先有一个百度账号，如果没有，可以单击"立即注册"。注册完成后进行登录，可以看到百度网盘中的内容。

（2）使用手机登录。

在手机应用商城搜索百度网盘，下载、安装完成后，打开手机 App，即可看到百度网盘中的内容。

9.10　拓展实训

云视频会议是视频会议与云计算的完美结合。云视频会议以云计算为核心，服务提供商建设云计算中心，企业无须大规模改造网络，无须配备专业信息技术人员，通过租用服务的形式，就可实现在会议室、个人计算机、移动状态下进行多方视频沟通。云视频会议系统支持多服务器动态集群部署，并提供多台高性能服务器，大大提升了会议稳定性、安全性、可用性。云视频会议因能大幅提高沟通效率、持续降低沟通成本、带来内部管理水平升级，而获得众多用户欢迎，已广泛应用在各个领域。

请选用一个云视频会议客户端（如腾讯会议）下载并安装，体验一键预约、发起、加入会议、多终端设备同步会议、会议管控、协助主持人有序管理、开展会议等功能。

习题 9

1. 云计算最显著的特征是（　　）。
   A．数据规模大　　　　　　　　B．数据类型多样
   C．数据处理速度快　　　　　　D．数据价值密度高
2. 下列选项中，（　　）不是区块链的特征。
   A．去中心化　　　　　　　　　B．开放性
   C．独立性　　　　　　　　　　D．非安全性
3. 2008年，（　　）先后在无锡和北京建立了两个云计算中心。
   A．IBM　　　　B．Google　　　　C．Amazon　　　　D．微软
4. 微软于2008年10月推出的云计算操作系统是（　　）。
   A．Google App Engine　　　　B．蓝云
   C．Azure　　　　　　　　　　D．EC2
5. 将基础设施作为服务的云计算服务类型是（　　）。
   A．IaaS　　　　B．PaaS　　　　C．SaaS　　　　D．以上都不是
6. 将平台作为服务的云计算服务类型是（　　）。
   A．IaaS　　　　B．PaaS　　　　C．SaaS　　　　D．以上都不是
8. 云计算体系结构的（　　）负责资源管理、任务管理、用户管理和安全管理等工作。
   A．物理资源层　　　　　　　　B．资源池层
   C．管理中间件层　　　　　　　D．SOA构建层
9. IaaS计算实现机制中，系统管理模块的核心功能是（　　）。
   A．负载均衡　　　　　　　　　B．监视节点的运行状态
   C．应用API　　　　　　　　　D．节点环境配置
9. 下列选项中，（　　）不是GFS选择在用户态下实现的原因。
   A．调试简单　　　　　　　　　B．不影响数据块服务器的稳定性
   C．降低实现难度，提高通用性　D．容易扩展
10. 下列不属于Google云计算平台技术架构的是（　　）。
    A．并行数据处理 MapReduce　　B．分布式锁 Chubby
    C．结构化数据表 BigTable　　　D．弹性云计算 EC2

（习题答案）

参 考 文 献

[1] 董卫军，等. 计算机导论（第 3 版）[M]. 北京：电子工业出版社，2017.
[2] 刘艳菊，等. 计算机基础及数据应用[M]. 北京：电子工业出版社，2017.
[3] 贾宗福，等. 新编大学计算机基础教程（第 3 版）[M]. 北京：中国铁道出版社，2015.
[4] 周志敏，等. 人工智能：改变未来的颠覆性技术[M]. 北京：人民邮电出版社，2017.
[5] 彭帅兴. 区块链从入门到精通[M]. 北京：中信出版社，2017.
[6] 陈淑鑫，等. 信息技术基础[M]. 北京：清华大学出版社，2013.